测绘行业职业教育工学结合一体化规划教材

普通地图编制

时会省　朱文军　边志华　黄　琰
琚丽君　崔晓惠　张戈兰　编著

黄河水利出版社
·郑州·

内 容 提 要

本书根据普通地图编制的需要，采用“项目引领、任务驱动”的方式编写，对知识点进行了细致的取舍和编排，全书共包含9个项目，以认识普通地图，认识地图的数学基础，地图的分幅和编号，水系的编绘，居民地的编绘，交通网的编绘，地貌的编绘，土质、植被及境界线的编绘，全要素普通地图的编绘等作为主线，紧密联系生产实际，在每个项目中都有相应的任务，以实用为目的，给制图工作者提供了许多非常有价值的实例。

本书内容新颖、图文并茂、文字简练，可作为地图制图学与地理信息系统专业的教材或有关地图生产部门的教学参考书。

图书在版编目(CIP)数据

普通地图编制/时会省等编著.—郑州：黄河水利出版社，2015.8

ISBN 978-7-5509-1111-6

Ⅰ.①普…　Ⅱ.①时…　Ⅲ.①地图编绘　Ⅳ.①P283

中国版本图书馆CIP数据核字(2015)第084124号

出 版 社：黄河水利出版社

地址：河南省郑州市顺河路黄委会综合楼14层　　邮政编码：450003

发行单位：黄河水利出版社

发行部电话：0371-66026940、66020550、66028024、66022620(传真)

E-mail：hhslcbs@126.com

承印单位：河南承创印务有限公司

开本：787 mm×1 092 mm　1/16

印张：12

字数：270千字　　印数：1—3 000

版次：2015年8月第1版　　印次：2015年8月第1次印刷

定价：28.00元

前　言

随着社会的发展，计算机技术、地理信息系统及卫星遥感等高新技术在地图制图领域的应用不断深入，地图学的理论、地图制图数据的来源、地图的生产方式及生产过程、地图的表达形式及地图的功能等都发生了很大变化，地图制图学乃至整个测绘行业正在经历着一场技术性的革命。

本书根据国家职业院校“地图制图与地理信息系统专业教学标准”、国家示范院校建设方案，以及测绘地理信息企事业单位的生产情况，在总结长期教学经验和生产实践经验的基础上，采用基于工作过程的系统化课程开发思路，按项目引领、任务驱动的方式，由郑州测绘学校骨干教师与黄河勘测规划设计有限公司的行业专家组成教材开发团队完成编写。在编写过程中，参考了有关专著、论文和大量的地图作品，特别注意从中引出同当前地图生产相结合的理论概念、计算方法等，努力使本书内容完整、结构紧凑、图文并茂、重点突出，能兼顾读者学习知识的需要和符合时代发展的需要。

本书保证了普通地图基础理论知识完整性，其内容涉及地图学、地图投影、普通地图编制，并根据计算机技术的推广应用情况对教材的传统内容进行了相应的修改。在编排时，既考虑学习上循序渐进的需要，又照顾实际生产的要点。在运用文字上力求做到通俗易懂，全书体系设计合理，循序渐进，符合读者学习的心理特征和认知规律。教材共分9个项目进行编写，项目取舍合理，份量合适。对知识点进行了细致的取舍和编排，以实用为目的，注重对读者专业技能的培养。

本书编写分工如下：项目1和项目2由朱文军负责编写；项目3、项目4和项目6由时会省负责编写；项目5和项目7由边志华负责编写；项目8和项目9由黄琰、琚丽君负责编写；黄河勘测规划设计有限公司高级工程师崔晓惠、张戈兰负责了大纲的审定，并参与了项目实施内容的编写。全书由时会省、朱文军负责大纲编写、项目编写统稿工作。

全书由付翔和河南省地图院高级工程师李建丽负责审稿。本书在编写过程也得到了郑州测绘学校领导、地图制图与地理信息系统教学部老师们的大力支持。

由于作者水平有限，书中难免有不足和不妥之处，恳请读者批评指正！

编　者

2015年2月

目　录

项目1　认识普通地图

项目描述

掌握普通地图相关专业知识，通过全面学习地图的基本知识，包括地图的基本特性及定义、地图的分类、普通地图的内容等，通过对收集的不同种类的地图资料进行分析整理，达到对普通地图基本理论知识的理解。

项目目的

通过学习理论知识和参与实践等环节，目的是建立起普通地图基本知识的框架，为深入学习普通地图专业知识打好基础。要求做到能解释地图的含义，能区分地图的类型，能说出地图的组成，能理解地图的功能等。

背景知识

1　地图的基本特性和定义

大约在原始社会，就出现了用树枝、贝壳等在地上摆成的地表缩小模型，用来表示当时人们关心的地表信息（见图1-1）。在一万至一万五千年前，出现了用线划或简单符号表示的原始地图。社会经历了上万年的发展，人类一直以地图作为认识客观世界、传输时空信息的主要方式之一。近百年来，随着科学技术的不断发展，地图的表现形式更加多样化，制作的精度也愈来愈高，应用范围也不断扩大。地图作为人类认识世界和改造世界的主要工具之一，越来越多地被人们认识和接受，掌握地图的基本知识并能正确地使用地图成为当今社会人们需要具备的必备知识和技能。

地图的发展经历了悠久的历史，我们要认识地图，必须首先认识地图的基本特性，其基本特性主要包括以下四个方面。

1.1　使用特殊的数学法则而产生的可量测性

这是现代地图的重要特性之一，它是由现代空间技术、军事、经济建设和科学技术对地图提出的更高要求而形成的。地球或星球上的各种现象，不论范围大小都按一定的比例尺缩小，并要将曲面上的事物现象等转为平面图形（地图投影），还要确定地图的理论方向（地图定向）。由于地图采用了特定投影方法、比例尺和定向，人们可以从地图上量取方位、距离、面积、体积、密度等。在数字地图和电子地图上，人们还可以从地图上进行路径查询分析、统计分析等空间分析。

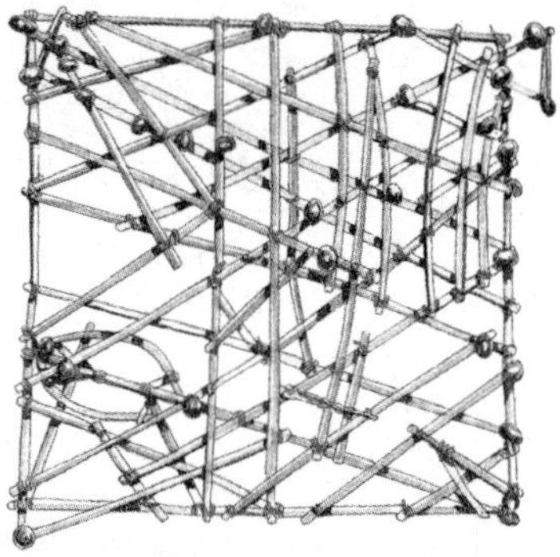

图 1-1　古代刻在石头上及用树枝、贝壳做成的地表缩小模型

1.2　特定的符号系统而产生的直观性

地图上表示的图形不是地面物体形象的简单缩小，而是使用特殊的符号系统来表示的，这些地图符号就是地图的语言，也是地图重要的基本特性之一。像片、风景画或经过纠正并展绘有经纬网的像片图等都不具有这种符号系统。航片与地图表示内容的对比见图 1-2。

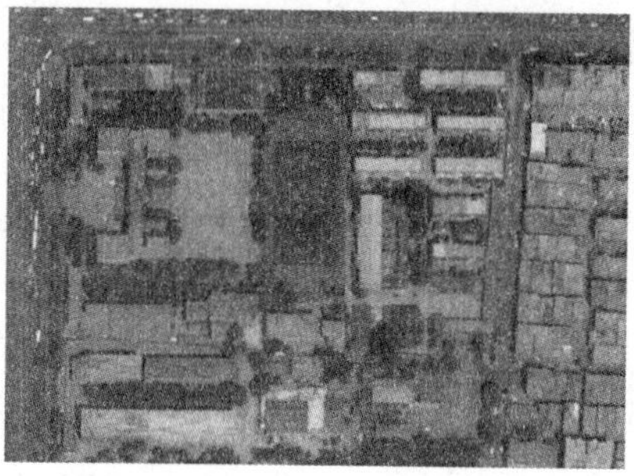
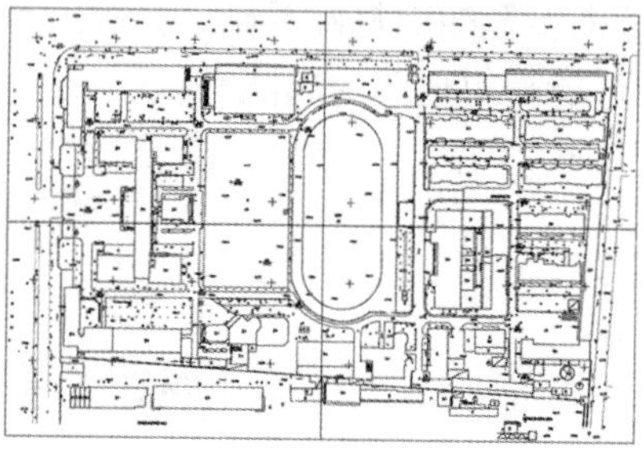

图 1-2　航片与地图表示内容的对比

地图之所以用符号系统表示内容，是因为使用符号表示地图内容具有很多优点，并且这些优点是其他表示方式所不可替代的。

(1)使用符号表示内容能简化地物的图形，使地图清晰易读。

地面物体种类繁多、形态各异，我们不可能将它们真实地描绘到地图上去，只能按照事物的具体特征进行分类、分级，把那些具有共同特征的物体用一种符号表示。这就使得地面上的各种地物图形大大简化，不受地图比例尺缩小的限制，使地图清晰易读。

(2)使用符号表示内容能根据需要，显示实地上小而重要的物体。

实地上有些物体，如三角点、水准点等，它们的形体很小，在像片上不易辨认或完全没有影像，但在地图上可以根据需要，即使在较小的比例尺地图上，也能使用符号清晰地表示出来。

(3)使用符号表示内容能显示出物体或现象的本质特征。

例如，植被的种类、湖水的性质、海水的温度和含盐量、房屋的坚固程度、沼泽的通行程度等，都可以在地图上配合符号或注记等表示出来。

(4)使用符号表示内容能显示出一些被遮盖的地物。

例如，地铁、隧道、涵洞、地下管线等地下建筑物，在像片上无法显示，但在地图上可以用符号表示出来。

(5)使用符号表示内容能显示出无形的自然现象和社会现象。

有些自然现象和社会现象,如境界线、经纬线、等温线、地下径流、日照、降雨量等无形的现象,在像片上根本不可能有影像,只有在地图上通过符号或注记才能表示出来。

(6)使用符号表示内容能在平面上显示出物体的立体特征。

地图上使用等高线表示地貌的方法,能把地面的起伏、坡度变化、切割程度、高程和高差等立体特征详细地表示在平面上。

总之,地图发展到今天,不管以什么样的形式展现的地图,仍然是采用符号系统表示地图的内容,符号系统是地图的语言,它能直观地给读者呈现出各种事物或现象的可见形象,这是任何像片、图画或文字叙述所不能替代的,也是地图不能被替代的原因之一。

1.3 由制图综合而产生的一览性

地图上虽然使用了符号系统,但所能表达的内容毕竟是有限的,随着地图比例尺的缩小,不可能也没有必要将地面上的一切物体或现象都表示出来,势必要进行选取、简化和概括,以便在有限的图画上表达制图区域的基本特征和典型特点,这就是制图综合。

由于实施了制图综合,地图上表示的事物不是简单的缩小,而是经过科学加工,有目的选择和概括的。这样不仅使地图内容主次分明、清晰易读,还能正确表达各要素间的相互关系、容易理解事物的本质和规律,因而使地图具有航空像片所不及的一览性。

1.4 地图是地理信息的载体

地图容纳和储存了数量巨大的信息,而作为信息的载体,可以是传统概念上的纸质地图、实体模型,也可以是各种可视化屏幕影像、声像地图,也可以是触觉地图。

结合以上对地图基本特性的分析,形成了现阶段较广泛的地图的定义,即“地图是遵循一定的数学法则,将客体上的地理信息,通过科学的概括,并运用符号系统表示在一定载体上的图形,以传递它们的数量特征和质量特征在时间与空间上的分布规律和发展变化”。

2 地图的分类

地图的分类就是根据地图的某些特征,把它们分别归纳成一定的种类。地图通常按比例尺、内容、用途、制图区域和使用形式等特征来划分。

2.1 按地图的内容分类

2.1.1 普通地图

普通地图(如图1-3所示)是以相对平衡的详细程度表示地面上主要的自然现象和社会现象的地图,能比较完整地反映出制图区域的地理特征,通常以水系、地貌、居民地、交通网、土质植被、境界六要素为基本内容。

由于地图比例尺不同,普通地图表示内容的详细程度有很大差别,大致可以分为地形图和普通地理图两种。能详细表示地面各基本要素的地图叫地形图,地形图的比例尺一般大于或等于1:100万;普通地理图的内容比较概略、概括程度较高,但主要目标很突出,以反映各要素基本分布规律为主(又称一览图)。

我国把 1∶500、1∶1 000、1∶2 000、1∶5 000、1∶1万、1∶2.5 万、1∶5万、1∶10 万、1∶25 万、1∶50 万、1∶100 万等 11 种比例尺的普通地图称为国家基本比例尺地形图。

2.1.2　专题地图

专题地图(如图 1-4 所示)的内容和普通地图的内容不同,专题地图是根据地图主题的要求,突出而完善地表示与主体相关的一种或几种要素,使地图的内容专题化、形式多样化、用途专门化的地图。按专题地图和普通地图之间的关系,专题地图又可以分为以下两大类:

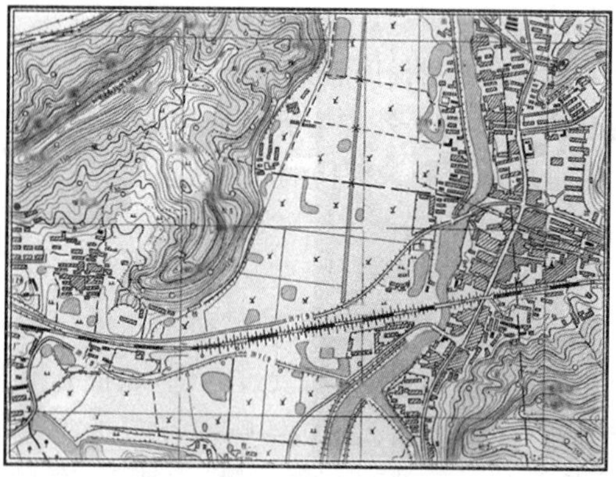

图 1-3　普通地图

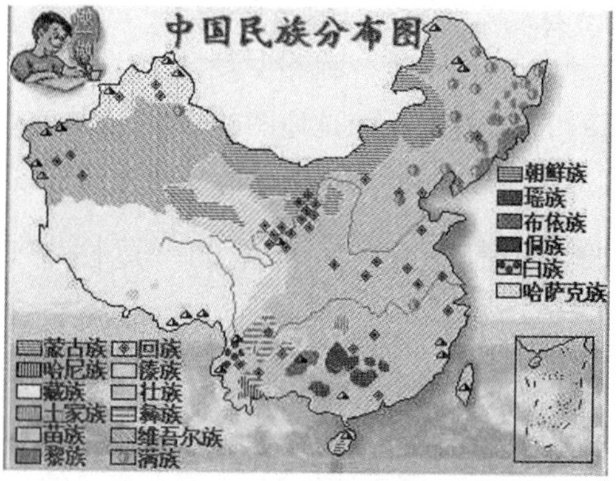

图 1-4　专题地图

(1)将普通地理图的个别要素(如道路或地貌)显示得特别完备和详细,而将其余的内容要素列于次要的地位,就是突出地表示某种要素,使其内容专题化的地图。如交通图、地貌图、水文图、地质图和行政区划图等都属于这种地图。

(2)以普通地理图的要素作为地理基础(底图),在此基础上表示某种专题现象(如气候、地质、人口、经济、旅游等)的地图。

专题地图根据内容又可分为自然地图、社会经济地图和其他专题地图三类。

2.2　按地图比例尺分类

按地图比例尺的大小可以将地图分为大比例尺地图、中比例尺地图、小比例尺地图三类。

2.2.1　大比例尺地图

大比例尺地图是指比例尺大于或等于 1∶10 万的地图,它能详细而精确地表示地面的地形和地物或某种专题要素。它一般是在实测或实地调查的基础上编制而成的。作为城市、县乡规划和专业详细调查使用,可进行图上量算或作为编制中小比例尺地图的基础资料。

2.2.2　中比例尺地图

中比例尺地图是指小于 1∶10 万而大于 1∶100 万比例尺的地图,它表示的内容比较简要,由大比例尺地图或根据卫星图像经过地图概括编制而成,可供全国性部门和省级机关总体规划、专用普查使用。

2.2.3　小比例尺地图

小比例尺地图是指小于或等于 1∶100 万比例尺的地图,这种地图随着比例尺的缩小,内容概括程度增大,几何精度相对降低,用以表示制图区域的总体特点和地理分布规律的区域差异等,主要用于一般参考及科学普及等方面。

地图按比例尺的大小分类是相对的，不同的国家、不同的生产部门的分法都不一定相同。

2.3 按制图区域分类

按制图区域及范围从整体到局部、从大到小进行分类，地图可以包括多个层次：

(1)星球图、地球图。

(2)世界图、大洲图、大洋图、半球图。

(3)国家图及下属的一级行政区、二级行政区以及更小的行政区域地图。

(4)局部区域图，如海洋图、海湾图、流域图。

按地形分，有青藏高原地图、黄土高原地图、华北平原地图等。

此外，从扩大了的地图定义来说，还有月球图、火星图或星球图等。

2.4 按地图的视觉化状况分类

按地图的视觉化状况地图可分为实地图与虚地图两种。实地图是空间数据可视化的地图，包括纸介质和屏幕地图，它是将地图信息经过抽象和符号化以后，在指定的载体上形成的。虚地图指存储于人脑或电脑中的地图，前者即为“心象地图”，后者即为“数字地图”。实地图和虚地图可以相互转换，如屏幕地图与存储在磁带上的数字地图。

2.5 按地图的瞬时状态分类

按地图的瞬时状态地图可分为静态地图和动态地图。静态地图所标示的内容都是被固化的，以静态地图来反映动态事物，可以借助于地图符号的变化等实现，动态地图是连续快速呈现的一组反映随时间变化的地图，只能在屏幕上以播放的形式实现。

2.6 按地图维数分类

地图按维数分类，可有二维地图(平面地图)及三维地图(立体图形)。在三维地图的基础上利用虚拟现实技术，通过头盔、数据手套等工具，形成了一种称为“可进入”地图(虚拟显示地图)的新品种，使用者能产生身临其境的感觉。

2.7 按其他指标分类

地图按表示形式分类，有纸质地图、丝绸地图、电子地图(数字地图)、多媒体地图、互联网地图、卫星地图、全景地图等。

地图按使用方式分类，有挂图、桌面用图、野外用图。

地图按出版形式分类，有公开出版地图、非公开出版地图(内部用图、密级地图)。

地图按纸张规格分类，有全开地图、对开地图、四开地图等。

地图按结构形式分类，有单幅地图、拼幅地图、系列地图、地图集。

此外，地图还可以按用途、语言种类、感受方式、历史年代、色彩等分为多种类型的地图。总之，地图的分类标志很多，按照不同的分类标志，一幅地图可以归入这类，也可以纳入别的分类，尤其新型地图不断涌现，分类也在不断变化。

3 普通地图的内容

地图种类很多,其内容、形式也各有差异,但它们都是由基本要素组成的。普通地图上所表示的内容可分为三个部分:数学基础、地理要素和辅助要素。

3.1 数学基础

数学基础包括地图投影及与之有联系的坐标网(包括经纬网和方里网)、地图比例尺、地图定向、控制点(平面控制点和高程控制点)。

3.2 地理要素

地理要素指地图上表示的具有地理位置、分布特点的自然现象和社会现象,以及它们之间的相互关系。地理要素分为自然地理要素、社会经济要素和其他要素。

自然地理要素包括水系、地貌(含土质)、植被。

社会经济要素包括居民地、交通网、境界及行政中心、经济标志等。

其他要素指方位物、革命和历史性标志及科学、文化、卫生等方面的标志。

3.3 辅助要素(图廓外要素)

普通地图图廓外配置有供读图、用图的大量工具性图表和说明性内容,统称为地图的辅助要素。它可分为读图工具和说明资料两类。

读图工具通常包括图例、比例尺、坡度尺、三北方向图、图幅接合表和政治、行政区划略图等。

说明资料大致包括以下内容:测、编图单位,出版单位,航测、成图时间,地图的投影,坐标系,高程系,资料说明及资料略图等。

4 现代地图的功能与应用

4.1 地图的功能

地图的功能从总体上可归纳为以下几个方面。

4.1.1 模拟功能

模型与其表示的对象具有相似性,模型可以有物质模型与概念模型之分。物质模型是比较容易理解的,因为地图特别是表示各种基本地理要素的普通地图,可以直观地感受到是制图区域的一种实体模型。概念模型是对实体的一种概括与抽象,它又可分为形象模型与符号模型。形象模型是运用思维能力对客观存在进行的简化与概括;符号模型是运用符号和图形对客观存在进行简化和抽象的过程。地图兼具这两方面的特点,被视为是一种形象－符号模型。作为一种时空模型,地图还在科学预测中发挥作用,如气象预报、灾害性要素的变迁及过程预测等。

4.1.2 认识功能

(1)地图可以组成整体、全局的概念,也就是确立地理信息明确的空间位置。例如,我国的各民族的区域分布十分分散,依靠语言或文字描述,无法构成整体分布状况的概念,而通过绘制“中国民族区域分布图”则能圆满地解决问题。

(2)提供空间分布物体和现象的尺寸、维数、范围等概念。形成正确的对比概念、图形感受及制图对象空间立体分布和时间过程变化，也就是获得物体所具有的定性及定量特征。

(3)建立地物与地物或现象与现象间的空间关系。

(4)易于建立正确的空间图像。只有地图才能帮助人们迅速建立正确的空间图形。地图是人类认识自己赖以生存环境的最主要的，并且永远不可代替的工具。

4.1.3　信息的载负和传递功能

地图能容纳和储存的信息量是十分巨大的，是空间信息的理想载体，地图信息由直接信息和间接信息两部分组成，直接信息是地图上用图形符号直接表示的地理信息，如道路、河流网、居民点等；间接信息是经过分析解译而获得有关现象或物体规律的信息，磁介质相比于纸介质的地图，能储存更大的地理信息。地图也是空间信息十分良好的传递工具，因为信息的重要特征之一就是具有可传递性。

4.2　地图的应用

4.2.1　经济建设方面的应用

自然资源的调查和开发需要精度高、现势性强的地图作为必要的工具。工矿、交通、水利等基本建设，从选址、选线、勘测设计到工程施工，都离不开地图。城市规划、居民地布局、地籍管理等需要以比例尺较大的平面地图作为基础图件。农业方面的应用十分广泛，荒地开垦、沙漠治理、旱地灌溉、水土保持、防洪排涝、盐碱地改良、大规模的改造自然工程都离不开地图。

4.2.2　科学研究方面的应用

进行科学研究时，一方面需要选用各种适宜的比例尺的地图作为地理底图，通过野外工作及室内地图分析，研究各种要素的分布规律、动态变化及相互联系得到重要的研究结论综合评价或作出预测预报；另一方面把地图作为一种重要及独立的成果表达形式。

4.2.3　国防建设方面的应用

地图对军事活动的作用是不言而喻的，古今中外，军事家都非常重视地图。管子在《地图篇》中指出“凡兵主者，必先审知地图”，就系统地阐明了地图在军事上的作用和使用地图的方法。从各兵种、军种的首脑机关决策战略方针，指挥员制订战役计划及指挥具体的战斗行动，都无法离开地图，在近现代军事作战中，把地图称为“指挥官的眼睛”。空军和海军也都要利用地图定航线、找目标。巡航导弹还专门配有以地形数字模型为基础，以数字表示地物点的数字地图，以便随时迅速自动确定航行方向与路线，并通过与实地快速建立的数字地形模型匹配，选择打击目标。

4.2.4　政治活动、文化教育、日常生活方面的应用

地图具有鲜明的政治性及法律效力。地图是进行思想政治教育的有力工具。在教学活动中，特别是在地理教学中，地图更是不可忽视的重要教学手段。在日常生活中，也都离不开地图，如随着汽车的普及，地图在汽车导航中的作用越来越重要，这都需要我们具备一定的地图知识。

5　地图的制作过程

地图的制作过程主要包括实测成图法与编绘成图法。

5.1　实测成图法

实测成图法一直是测制大比例尺地图最基本的方法。其工作过程主要包括四个步骤：首先在国家控制网点的基础上进行扩展加密成实测地图所需的图根控制点或网；其次以图根控制点为标准，对实际地物的平面位置及高程进行施测；然后转入内业，对图件进行整理、清绘；最后制作成地图。实测的方法可以分为地面实测和高空实测两种。地面实测地图采用全站仪，将野外点位的各种数据在实测的同时一起输入仪器内由计算机储存、计算，使成图工作量大为减轻，精度大为提高。高空实测地图的主要手段是航摄成图，通过航摄仪器获得地面影像后，转入室内进行各种处理，并对实地调绘后形成地图。

5.2　编绘成图法

根据编图的数据来源不同，普通地图制图工艺流程一般可分为两种：一种是以纸质地图为制图资料的工艺流程（见图 1-5）；另一种是以地图数据为制图资料的工艺流程，该工艺流程将资料收集改为地图数据收集，地图扫描改为地图数据导入，地图图像缩小、匹配改为地图投影变换，图形数据的矢量跟踪、制图综合改为地图数据编辑、制图综合，工序完全一样。图 1-6 是以 1∶100 万地图数据和 1∶25 万 DEM 制作 1∶250 万 9 拼彩色地貌晕渲全开挂图的参考工艺流程。

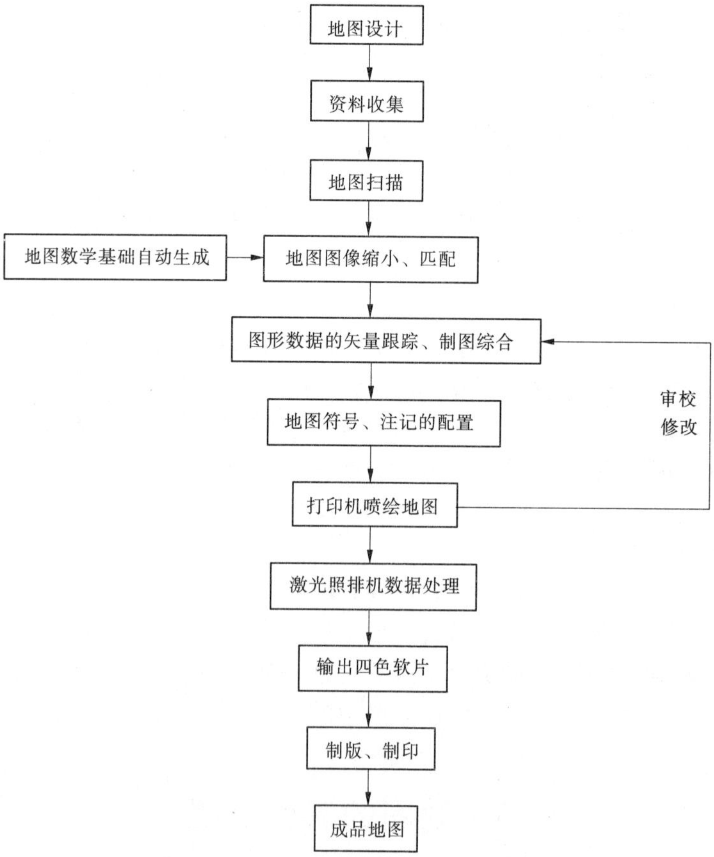

图 1-5　以地图为制图资料的工艺流程

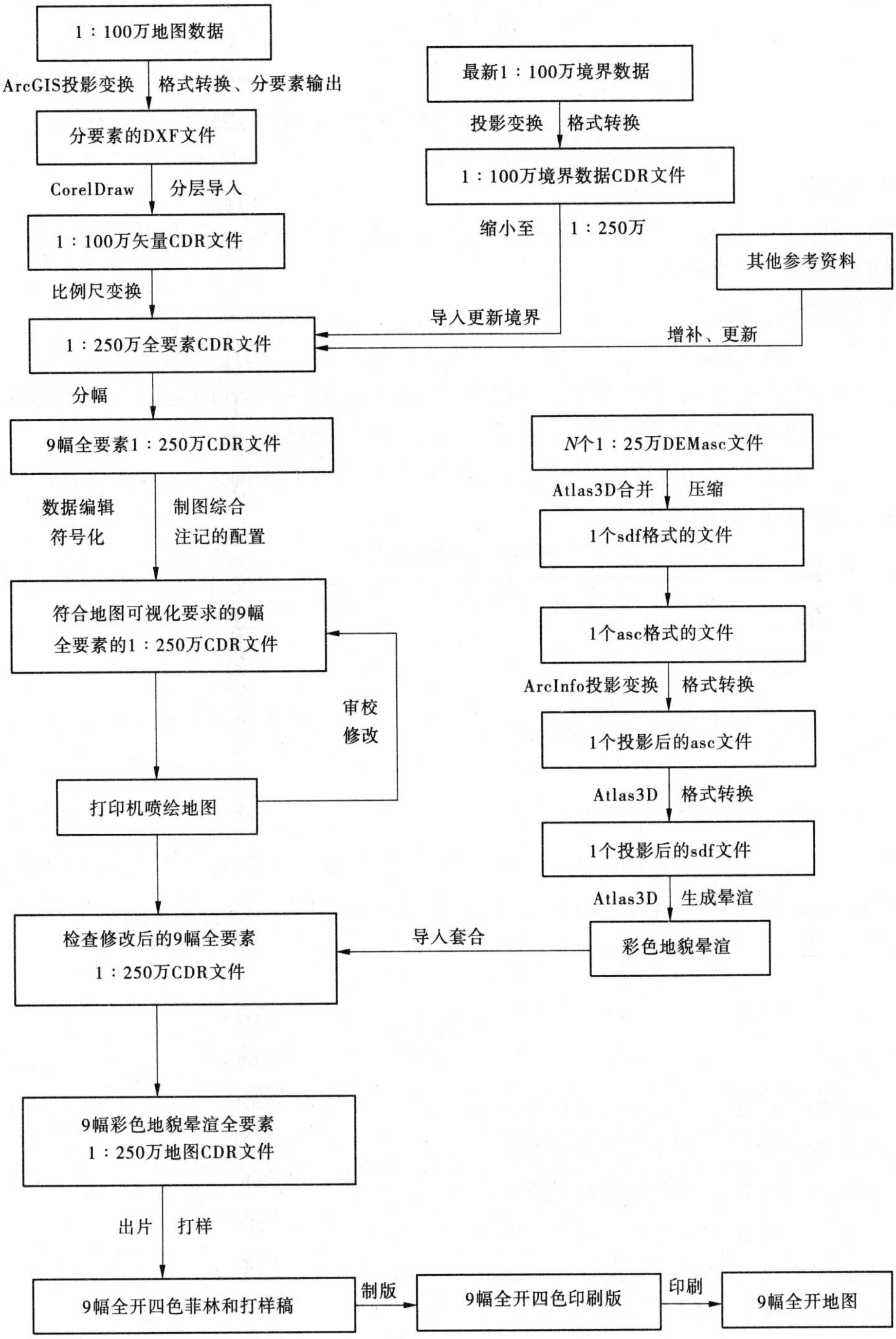

图1-6　基于数据的地图制图工艺流程图

项目实施

任务1　认识普通地图

【任务内容】

收集不同类型的地图资料，通过阅读和讨论，掌握地图的基本特征、地图的类型、地图的内容及地图比例尺等基础知识。

【任务实施】

（1）收集资料：收集地图资料时，注意要收集不同种类、不同比例尺的地图资料。

（2）分析阅读：把收集到的地图资料进行汇总和对比（收集到的地图资料越多越好，并且要包括不同的地图种类及比例尺，可以用表格的形式管理起来，可参考表1-1，也可以自己设计表格），仔细阅读地图资料的类型、比例尺及地图内容的表达等（如果在课堂教学中，这一环节可采用分小组讨论法）。

表1-1　地图资料汇总

图名	比例尺（大、中、小）	类型	内容

（3）总结：读者根据对地图资料的分析阅读进行总结。主要包括不同比例尺对地图表示内容的影响，地图的基本特性及用地图符号表示内容的优越性，不同种类的地图表示内容的不同等，加深自己对地图基本知识的理解。

思考题

1. 地面像片和风景画为什么不能称之为地图？
2. 什么是地图？它有哪些基本特性？
3. 地图用符号表示内容有哪些优点？
4. 地图是如何进行分类的？说出几种常用的分类。
5. 什么是普通地图？普通地图的内容由哪几部分组成？分别是什么？
6. 地图是怎样制作出来的？
7. 结合日常生活，谈谈你是如何使用地图的。

项目 2　认识地图的数学基础

项目描述

地图的数学基础是地图内容精确表达的保证，通过学习地图的数学基础知识，要求完成三个任务，分别是认识地图的比例尺、认识地图的方向、对地图投影的判断，从而加强对地图的数学基础知识的理解。

项目目的

通过学习，要求能说出地图的数学基础包括哪些内容；能理解地图投影的概念；能理解高斯－克吕格投影、墨卡托投影、等角圆锥投影等常用地图投影的概念及变形特点；能掌握地图比例尺的概念及种类；能理解地图定向的概念。

背景知识

1　坐标系

1.1　地理坐标系

地球表面上由经线和纬线构成的两组相互正交的曲线坐标网叫地理坐标网，由经纬度构成的坐标系统称为地理坐标系。地面点的地理坐标是由该点的纬度和经度构成的。

首先，我们应明确什么是经纬线和经纬度。地球椭球的中心叫地心，从南到北通过地心的自转轴叫地轴，地轴与椭球面的交点叫地球的北极和南极。通过地轴的任何平面称为子午面，子午面与椭球面的交线称为子午圈，也就是经线，它是有一个长半轴和一个短半轴的椭球圆。首子午圈（起始经线）平面与某点子午圈平面所构成的二面角称为经度，在地图学中用 λ 表示。国际上把通过英国格林尼治天文台的经线定为起始经线（0°），向东称为东经、向西称为西经，东西经各 180°。

垂直于地轴的平面与椭球体的交线称为纬圈，也就是纬线。其中，通过地心的平面称为赤道面，赤道面与椭球面的交线称为赤道（最大纬圈），它是一个以地球椭球体的长半轴为半径的圆。纬度就是椭球面上某一点的法线与赤道面的交角，在地图制图学中用 φ 表示。赤道的纬度为 0°，赤道以北称北纬，赤道以南称南纬，南北纬各 90°。

地理坐标可以分为天文地理坐标和大地地理坐标两种。前者是由天文方法测定的，其经、纬度称天文经度和天文纬度；后者是用大地测量方法测定的，其经、纬度称为大地经度和大地纬度。我们在地球椭球面上所用的地理坐标系属于大地地理坐标系，简称大地坐标系

(见图 2-1)。

大地坐标系的确定包括两方面的内容:一是确定所采用椭球体的大小,二是确定椭球与大地体的相关位置。假如其中有一个方面不同就会对地面上同一点的地理坐标计算出不同的结果来。因此,选定一个一定大小的椭球体,并确定了它与大地体的相关位置,就算确定了一个大地坐标系。

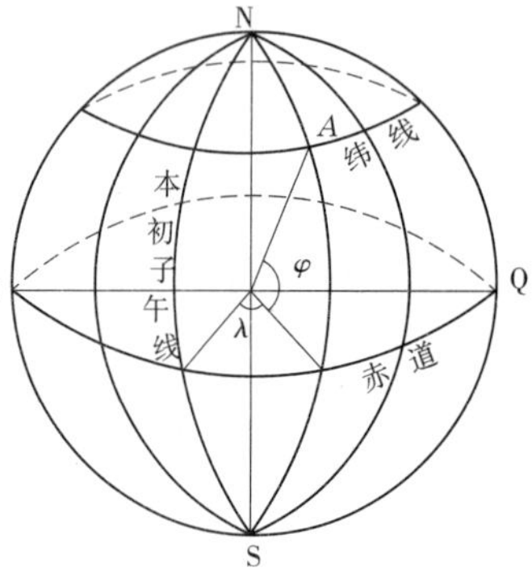

图 2-1　**大地坐标系**

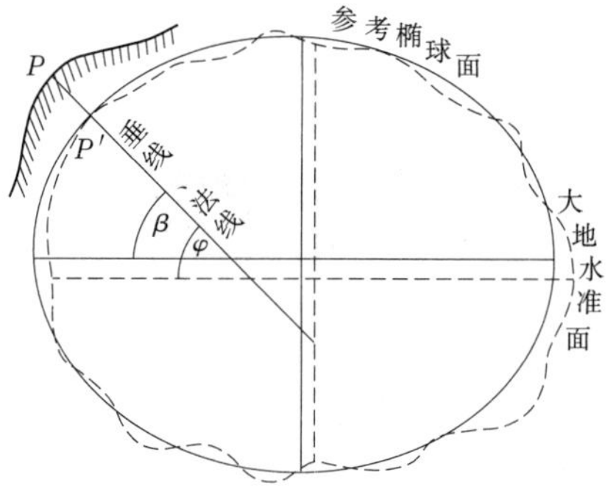

图 2-2　**椭球体的定位**

确定椭球体与大地体相关位置的工作叫椭球体的定位,定位的椭球体叫参考椭球体。椭球体的定位工作,就是在适当的位置上选择一个天文点 P,过 P 点作大地水准面的垂线交大地水准面于 P' 点,椭球面的法线与水准面的垂线重合(见图 2-2)。用精密天文测量的方法测定 P 点的天文经、纬度,P 点到大地水准面的垂直距离(高程)和 P 点对另一点的方位角。这样两个面的相关位置就被确定了。定位点称为大地原点,地面上其他点的大地坐标都是根据大地原点用大地测量的方法推算的。

1.2　空间直角坐标系统

平常用的椭球体称为密切椭球体或参考椭球体,仅与国家或地区的大地水准面密切,适用于局部研究,不适用于全球,其建立的坐标系称为局部坐标系。随着科技的发展,要求椭球体和全球的大地水准面有最佳的密切,要求椭球体的中心与地心一致,称为总地球椭球体,以地球质心为原点建立的空间直角坐标系,或以球心与地球质心重合的地球椭球面为基准面所建立的大地坐标系称为地心坐标系。

20 世纪 50 年代之前,一个国家或一个地区都是在使所选择的参考椭球与其所在地区的大地水准面最佳拟合的条件下,按弧度测量方法来建立各自的局部大地坐标系的。由于当时除海洋上有稀疏的重力测量外,大地测量工作只能在各个大陆上进行,而各大陆的局部大地坐标系间几乎没有联系。不过在当时的科学发展水平下,局部大地坐标系已能基本满足各国大地测量和制图工作的要求。但是,为了研究地球形状的整体及其外部重力场以及地球动力现象;特别是 20 世纪 50 年代末,人造地球卫星和远程弹道武器出现后,为了描述它们在空间的位置和运动,以及表示其地面发射站和跟踪站的位置,都必须采用地心坐标系。因此,建立全球地心坐标系(也称为世界坐标系)已成为大地测量所面临的迫切任务。

20 世纪 60 年代以来建立起来的 1972 年全球坐标系和 1984 年全球坐标系都属于地心

坐标。美国的全球定位系统(GPS),在试验阶段采用的是 WGS-72 大地坐标系,1986年之后采用的是 WGS-84 大地坐标系,如图 2-3所示。

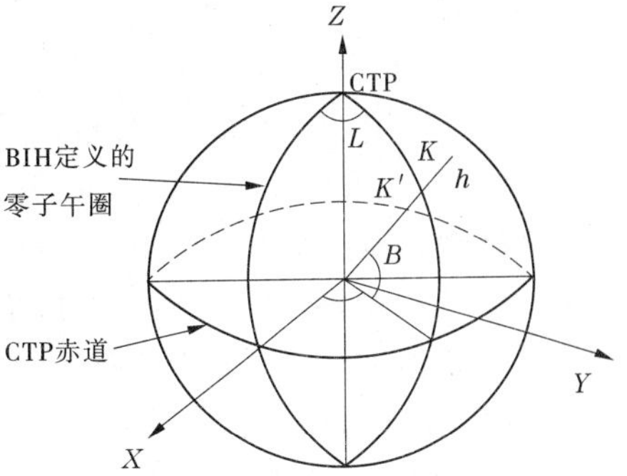

图 2-3 WGS-84 坐标系

WGS-84 坐标系是一种国际上采用的地心坐标系,坐标原点位于整个地球的质心,其地心空间直角坐标系的 Z 轴指向国际时间局(BIH)1984.0 定义的协议地极(CTP)方向,X 轴指向国际时间局 1984.0 的协议子午面和赤道的交点,Y 轴与 Z 轴、X 轴垂直构成右手坐标系,称为 1984 世界大地坐标系。这是一个国际协议地球参考系统(ITRS),是目前国际上统一采用的大地坐标系。

1.3 我国的大地坐标系

世界各国基本上都有自己国家的坐标系,我国的大地坐标系包括过去使用的 1954 年北京坐标系和 1980 国家大地坐标系,及现用的 2000 国家大地坐标系三种。

1.3.1 1954 年北京坐标系

新中国成立前,我国实际上没有统一的大地坐标系。新中国成立初期从苏联 1942 年坐标系联测并经过平差计算而引伸到我国,才建立了 1954 年北京坐标系。该坐标系的原点在苏联西部的普尔科夫,采用克拉索夫斯基椭球体元素,致使椭球面与我国大地水准面不能很好地符合,产生的误差较大,加上 1954 年北京坐标系的大地控制点的坐标多为局部平差逐次获得的,实际上连不成一个统一的整体,这对于我国发展空间技术和大规模经济建设等都是不利的。

1.3.2 1980 国家大地坐标系

我国在积累了 30 多年测绘资料的基础上,通过全国天文大地网整体平差建立了我国的大地坐标系,该坐标系采用 1975 年国际大地测量协会第 16 届会议推荐的地球椭球体参数(长半径 a =6 378 140 m,及动力形状因子、地心引力常数、自动角速度等数据);椭球短轴平行于由地球质心指向 1968.0 地极原点的方向,首子午面平行于英国格林尼治天文台的子午面,国家大地原点设在陕西省泾阳县永乐镇(在西安市西北方向,相距 60 km),简称西安原点。

该坐标的优越性主要表现在以下几个方面:第一,椭球参数精度高;第二,4 个参数是一个完整的系统(克氏椭球只给定了长半轴与扁率,仅描述了地球面的几何形状);第三,定位所决定的椭球面与我国大地水准面符合较好;第四,天文大地网坐标传算误差、天文重力水准路线传算误差都不太大;第五,天文大地网坐标经过了全国的整体平差,坐标统一,精度优良,可直接满足 1:5000 甚至更大比例尺测图的需要。

采用这一坐标系后,对于国家已成的基本比例尺地形图将主要带来如下变化:图廓尺寸变化在各种比例尺地形图上均不会超过 0.1 mm,但图角点位发生显著变化;图幅内点位相对关系发生变化,但一般不大于实地 1.5 m,少数为 1.5 ~15 m;图幅内的点在高斯平面坐标系中位置发生显著变化,即使是 1:50 万地图,点位在图上的变化也不超过 0.1 mm。

1.3.3　2000 国家大地坐标系

随着社会的进步,国民经济建设、国防建设和社会发展、科学研究等对国家大地坐标系提出了新的要求,迫切需要采用原点位于地球质量中心的坐标系统(简称地心坐标系)作为国家大地坐标系。采用地心坐标系,有利于采用现代空间技术对坐标系进行维护和快速更新,测定高精度大地控制点三维坐标,并提高测图工作效率。

2008 年 3 月,由国土资源部正式上报国务院《关于中国采用 2000 国家大地坐标系的请示》,并于 2008 年 4 月获得国务院批准。自 2008 年 7 月 1 日起,中国全面启用 2000 国家大地坐标系,国家测绘局授权组织实施。

2000 国家大地坐标系是全球地心坐标系在我国的具体体现,其原点为包括海洋和大气的整个地球的质量中心。使用地心坐标系,应用现代空间技术进行地形图测绘和定位,可以大幅度提高点位表达的准确性,并且可以快速获取精确的三维地心坐标;可以提高测量精度和工作效率;并且能广泛地应用于数字农业、数字林业,智能交通(车辆的导航、调度与监控),以及民航(飞机的导航、调度与监控)、海事(船舶的导航、调度与监控)、水利(数字黄河和数字长江)、渔政部门、城市物流(城市精细管理中的基于位置服务)、突发事故预警与快速响应系统、通信供电网络维护系统、旅游、科学考察与探险等。

1.4　平面坐标系

将椭球面上的点通过地图投影的方法投影到平面上时,通常使用平面坐标系,主要包括平面直角坐标系和平面极坐标系。它们与数学中的坐标系原理相同。

1.4.1　平面直角坐标系

平面直角坐标系是用直角坐标原理确定一点的平面位置。只是测绘中所用的直角坐标系与数学中有所不同,即 X 轴与 Y 轴互换了位置,以便角度从 X 轴开始按顺时针方向计算(如图 2-4 所示)。

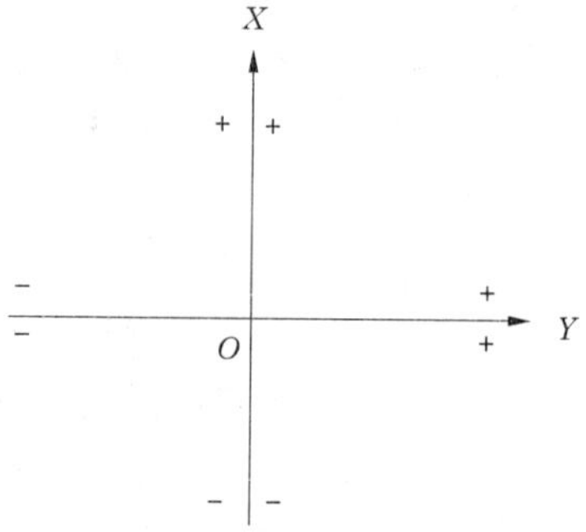

图 2-4　平面直角坐标系

1.4.2　平面极坐标系

平面极坐标系用某点与极点的距离和方向(矢量角)表示该点位置的方法,称为极坐标法。这种方法主要用于地图投影理论研究。

在实际测绘作业中,多采用平面直角坐标系来建立地图的数学基础,通过地图投影,将地面控制点和一些特殊点(如图廓点、经纬网交点等)的地理坐标换算成平面直角坐标,进行展绘,制作地图。

2　高程系

高程是指从高程基准面起算的地面点高度。高程基准面是根据验潮站所确定的多年平均海水面而确定的。

2.1　1956 年黄海高程系

新中国成立前及新中国成立初期,我国曾用过许多高程系。为了全国高程系统的统一,决定以 1950 ~ 1956 年青岛验潮站测定的黄海平均海水面的位置作为全国高程起算的零点,故称为1956年黄海高程系。该高程系水准原点设在青岛市的观象山,它对黄海平均海水面的高程为72.289 m。国家各等级的高程控制点的高程数值都由该点起算,通过水准测量等方法传算,构成全国高程控制网,从而为测绘地图提供了必要条件。任何点与零点的高程之差就称为它的海拔高度。

2.2 1985国家高程基准

由于观测数据的积累,黄海平均海水面发生了微小变化,国家决定启用新的高程系,并命名为1985国家高程基准。

该系统采用青岛验潮站1952~1979年潮汐观测资料计算的平均海水面,国家水准原点的高程值为72.260 m,使高程控制点的高程产生了微小变化。

两个高程基准的换算关系是:$H_{85} = H_{56} - 0.029$ m。

3 地图投影

3.1 地图投影的基本概念

地球椭球面是严格不可展开的曲面,而地图是一个平面,要先把地球表面的图形表示到平面上就不可能采用简单的展开方法,这好比将一个篮球剪开铺成一个完整的平面一样是不可能的,它必然会产生裂缝或褶皱。那么如何解决这个曲面与平面的矛盾呢?这就需要采用地图投影的方法。

所谓地图投影,就是将地球椭球面上的图形,按照一定的投影条件用某种方法(几何透视或数学分析)投影在一个平面或可展的曲面(如圆柱面、圆锥面)上。其实质就是确定地面点的经纬度坐标(φ、λ)与平面上对应的直角坐标(x、y)之间的解析关系,如图2-5所示,这种关系可由下式表达为

$$x = f_1(\varphi、\lambda)$$
$$y = f_2(\varphi、\lambda)$$

式中,f_1、f_2是单值、连续、有限的函数,随着它们的形式不同,可以有不同种类和性质的投影。

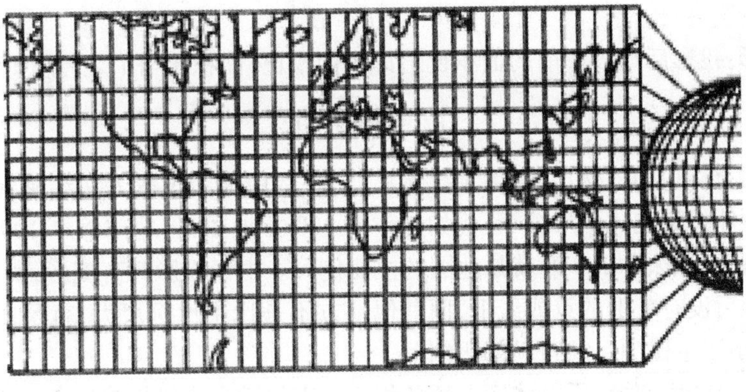

图2-5 地图投影

依据这种数学方法,若给出地面某点的经纬度(φ、λ),即可计算出该点的平面位置坐标

(x、y)。将同一经度的各点连线即得经线,将同一纬度的各点连线即得纬线,这样就构成了地图的经纬线网格,也就将椭球面上的经纬网相应地转绘到平面上。地图投影不同,地图上经纬网的形状也就不一样。

3.2 地图投影变形相关的概念

由于地球椭球面是不可展的曲面,所以无论用什么数学方法将其换算成平面都会产生某种变形(即误差)。这种变形表现在形状和大小两个方面。从实质上讲,是由长度变形和方向变形引起的。

把地图上的经纬线和地球仪上的经纬线网进行比较,可以发现变形表现在长度、角度和面积三个方面(如图 2-6 所示)。

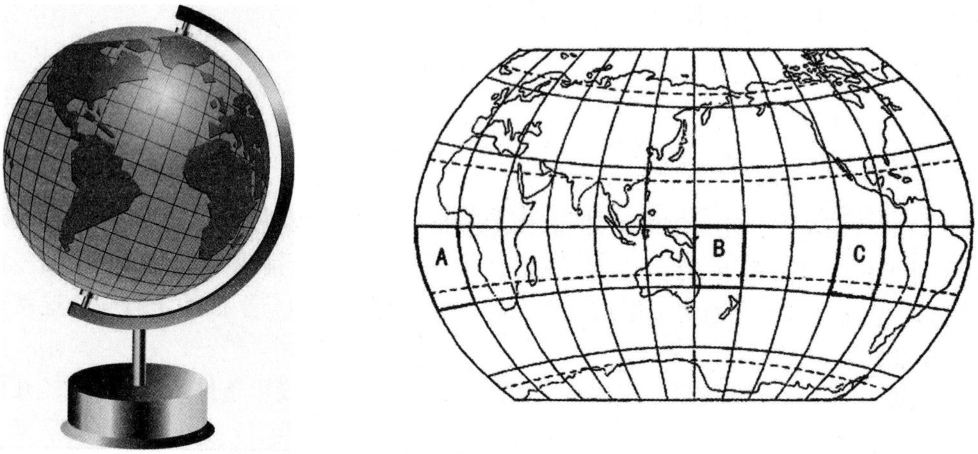

图 2-6 投影变形示例

长度变形:地面上一微分线段 ds,它投影在平面上为 ds′。ds′与 ds 之比,称为长度比,以 μ 表示($\mu = \mathrm{d}s'/\mathrm{d}s$), 长度比与 1 之差可衡量长度变形。

$$V_\mu = \mu - 1$$

角度变形:某一角度投影后角值为 β' ,它与在地面上固有角值 β 之差,即角度变形。

$$\omega = |\beta - \beta'|$$

面积变形:投影后与投影前的面积比值即为面积比,面积比与 1 之差值即面积变形。

$$V_P = \frac{\mathrm{d}F'}{\mathrm{d}F} - 1$$

平常地图上注记的比例尺,称为主比例尺,它是运用地图投影方法绘制经纬线网时,首先把地球椭球体按规定比例尺缩小,例如制作 1∶100 万地图,将地球缩小 100 万倍,而后将其投影到平面上,那么 1∶100 万就是地图的主比例尺。由于投影时有变形,所以主比例尺仅能保留在投影后没有变形的点或线上,而其他地方不是比主比例尺大,就是比主比例尺小。所以,大于或小于主比例尺的叫局部比例尺。

由于投影要产生变形,所以球面上两条相互垂直的微小线段投影后不一定正交,例如设 O 是球面上两条互相垂直的微小线段,过 O 作两条垂线 ac 和 bd,投影后得到 $a'c'$和 $b'd'$。即地球面上角 aOb 和角 bOc 为直角投影后分别为锐角 $a'O'b'$和钝角 $b'O'c'$(见图 2-7)。

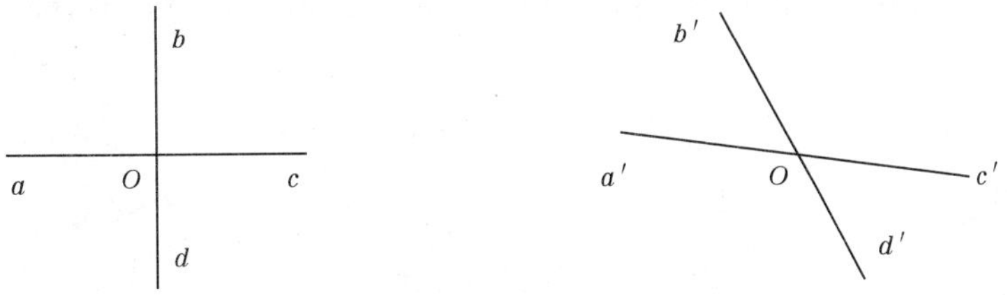

图2-7 投影变形

设想 ac、bd 二垂线相对位置保持不变,并绕 O 点顺时针旋转,当旋转90°时,直角 aOb 转到原来 bOc 的位置,这时投影由原来的锐角转变成钝角;同样,直角 bOc 转到了 aOb 的位置,它的投影由原来的钝角变为锐角。由此可见,一个直角在不同的位置下的投影,有着不同的大小,可以由锐角变为钝角,或者相反。那么在变化的过程中,必然有一特殊位置,直角投影后仍保持直角,此二直交直线方向,称为主方向。在主方向上,具有极大和极小长度比。例如,高斯-克吕格投影,经纬线投影后均保持垂直。所以,在该投影中,经纬线方向就是主方向。经纬线投影后正交,经纬线方向均为主方向。但也有一些投影经纬网斜交,主方向与经纬线方向并不一致。

变形椭圆在地球球面上取一微小圆,它在平面上的投影除在接触点位置外,一般情况下为椭圆。这种椭圆可以用来表示投影的变形,故叫作变形椭圆。

在研究投影时,可借助变形椭圆与微小圆比较,来说明变形的性质和数量。椭圆半径与小圆半径之比,可以说明长度变形。很明显,长度变形是随方向的变化而变化的,在长短半径方向上有极大和极小长度比,椭圆面积与小圆面积之比,可以说明面积变形。椭圆上任意两条方向线的夹角与小圆上相应的两条方向线夹角之差为角度变形。

3.3 地图投影的分类

3.3.1 按地图投影的构成方法分类

3.3.1.1 几何投影

几保投影是将椭球面上的经纬线网投影到几何面上,然后将几何面展为平面。根据几何面及其位置的不同,几何投影可以分为以下几种类型。

方位投影:以平面作投影面,使平面与球面相切或相割,将球面上的经纬线投影到平面上而成。

圆柱投影:以圆柱面作投影面,使圆柱面与球面相切或相割,将球面上的经纬线投影到圆柱面上,然后将圆柱面展为平面而成。

圆锥投影:以圆锥面作投影面,使圆锥面与球面相切或相割,将球面上的经纬线投影到圆锥面上,然后将圆锥面展为平面而成。

正轴方位投影:投影面与地轴相垂直。

横轴方位投影:投影面与地轴相平行。

斜轴方位投影:投影面与地轴相斜交。

正轴圆柱和圆锥:圆柱轴、圆锥轴与地轴重合。

横轴圆柱和圆锥:圆柱轴、圆锥轴与地轴垂直。

斜轴圆柱和圆锥:圆柱轴、圆锥轴与地轴斜交。

上述投影根据球面与投影面的几何位置不同，分为正轴投影 、横轴投影和斜轴投影（如图 2-8 所示）。

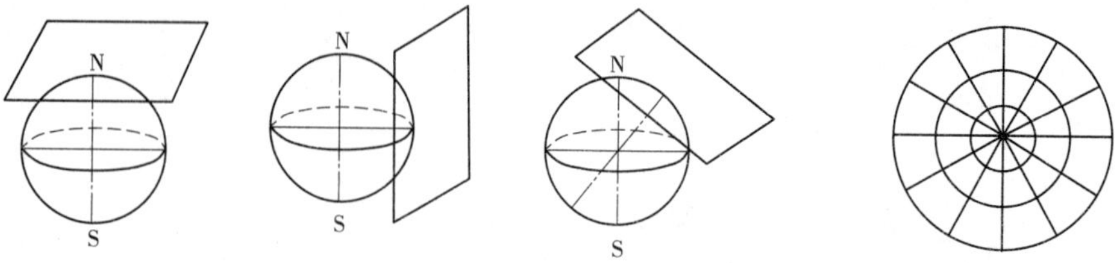

(a)正、横、斜轴方位投影

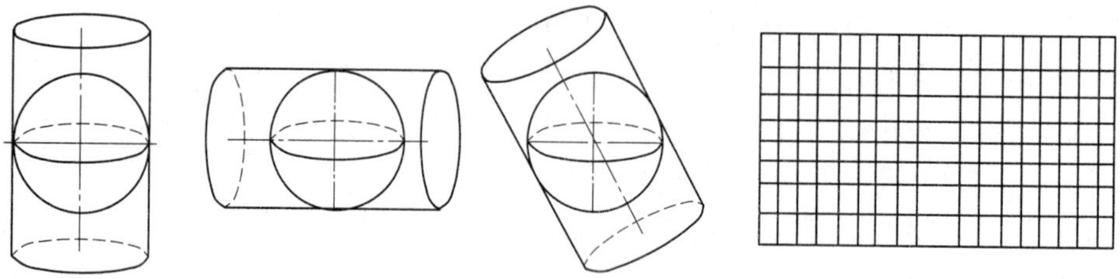
(b)正、横、斜轴圆柱投影

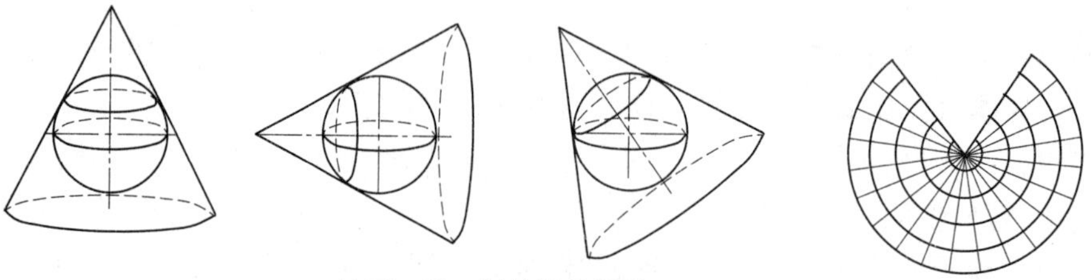
(c)正、横、斜轴圆锥投影

图 2-8　正轴投影、横轴投影和斜轴投影

3.3.1.2　非几何投影

根据某些条件，用数学解析法确定球面与平面之间点与点的函数关系（如图 2-9 所示）。

伪方位投影：在方位投影的基础上，根据某些条件改变经线形状而成，除中央经线为直线外，其余均投影为对称中央经线的曲线。

伪圆柱投影：在圆柱投影的基础上，根据某些条件改变经线形状而成，无等角投影。除中央经线为直线外，其余均投影为对称中央经线的曲线。

伪圆锥投影：在圆锥投影的基础上，根据某些条件改变经线形状而成，无等角投影。除中央经线为直线外，其余均投影为对称中央经线的曲线。

多圆锥投影：设想有更多的圆锥面与球面相切，投影后沿着一条母线剪开再展平。纬线投影为同轴圆弧，其圆心都在中央经线的延长线上。中央经线为直线，其余经线投影为对称于中央经线的曲线。

3.3.2　按地图投影的变形性质分类

按地图投影的变形性质可分为等角投影、等积投影和任意投影（如图 2-10 所示）。

等角投影：投影面上某点的任意两方向线夹角与椭球面上相应两线段夹角相等，即角度变形为零（$\omega=0$）。

等角投影的角度变形为零，地球面上的微小圆经过投影后仍为相似的微小圆，其形状保持不变，只有长度和面积变形。等角投影在同一点任何方向的长度比都相等，但在不同地点

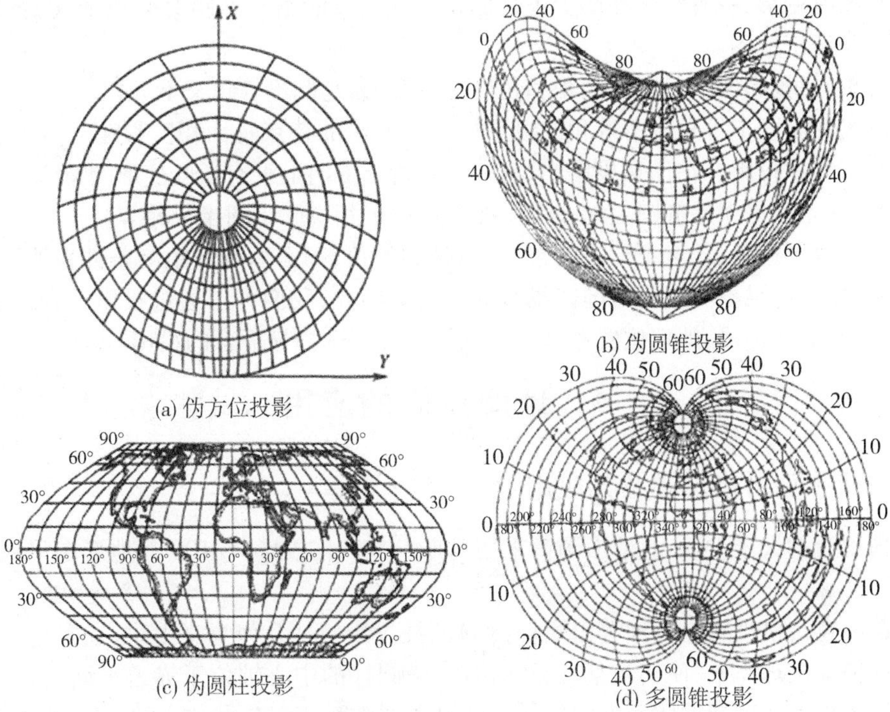

(a) 伪方位投影　(b) 伪圆锥投影　(c) 伪圆柱投影　(d) 多圆锥投影

图 2-9　非几何投影

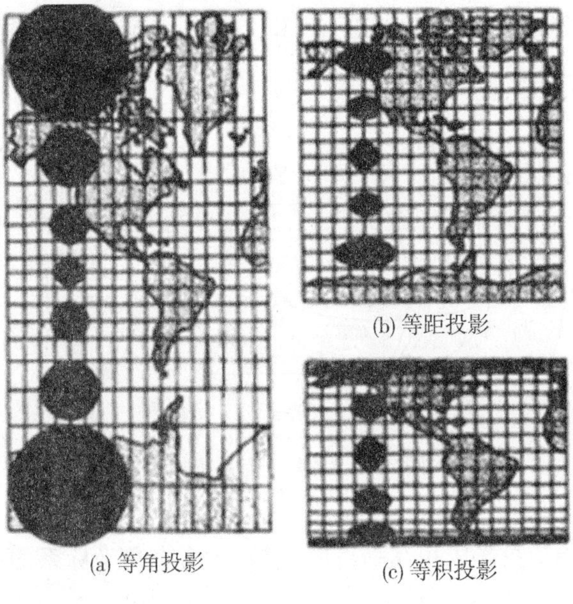

(a) 等角投影　(b) 等距投影　(c) 等积投影

图 2-10　等角投影、等距投影和等积投影示意图的不同

长度比是不同的。其多用于编制航海图、洋流图、风向图等地形图。

等积投影：投影面与椭球面上相应区域的面积相等，即面积变形为零（$V_p=0$）。

等积投影后图形保持面积大小相等，没有面积误差。也就是球面上微小圆投影后为面积相等的各个椭圆，但椭圆的形状不一样，因此有角度变形和长度变形。由于这类投影可以保持面积没有变形，故有利于在图上进行面积对比。一般用于绘制对面积精度要求较高的自然地图和经济地图。

任意投影：投影图上，长度、面积和角度都有变形，它既不等角又不等积。

任意投影是既不等角也不等积的投影。这种投影的特点是面积变形小于等角投影，角度变形小于等积投影。在任意投影中，有一种在特定方向上没有长度变形的特殊投影，叫作等距投影，其条件是误差椭圆上的一个半径和球面上相应微小圆半径相等。

变形虽不可避免，若给予一定的条件限制（如等角、等面积或等距离条件），则可使某种变形为零，用以满足不同用途对地图投影的要求。因此，我们可以通过投影选择的方法，根据地图的用途、比例尺、地理位置和区域形状等条件去选择最适合的投影。

4　地图投影的应用

4.1　高斯－克吕格投影及其应用

我国现行的大于1∶50万地形图都采用高斯－克吕格投影，1∶100万地形图采用等角圆锥投影。

高斯－克吕格投影是一种等角横切（椭）圆柱投影。从几何意义上讲，它是把一个椭球筒横套在地球椭球体上，使其与某一经线相切，椭圆柱的中心轴位于赤道平面上，而后按等角条件用解析方法把椭球体面上的经纬线网投影到椭圆柱面上去，然后将圆柱面展开，即可获得投影后的图形（如图2-11所示）。这种投影是由德国数学家、天文学家高斯（C. F. Gauss，1777～1855）及大地测量学家克吕格（J. Krüger，1857～1923）共同创建的，故命名为高斯－克吕格投影。

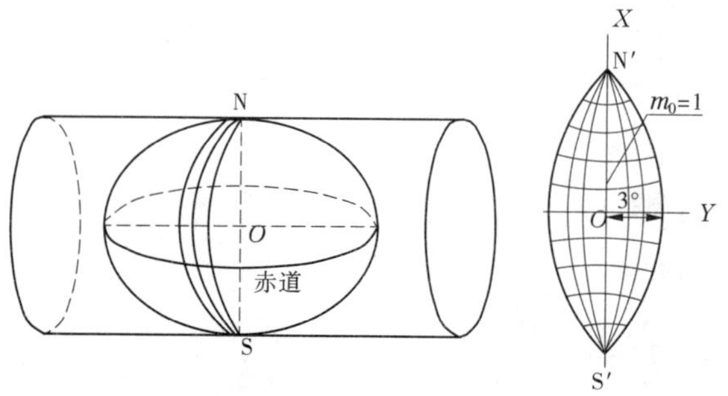

图2-11　高斯－克吕格投影

4.1.1　投影的基本条件

（1）中央经线和赤道投影成相互垂直的直线，作为直角坐标系的纵、横轴，也是经纬网图形的对称轴。

（2）具有等角投影的性质。投影后没有角度变形，任意两个方向的夹角保持不变，从而保证区域图形视觉上的正确性。

（3）中央经线上没有长度变形。

4.1.2　投影的变形分析

高斯－克吕格投影的最大特点是投影后角度不变，长度变化，其规律是：

(1)中央经线上没有长度变形。

(2)沿纬线方向,离中央经线越远变形越大。

(3)沿经线方向,纬度越低变形越大。整个投影变形最大部位在赤道最外一条经线与 Y 坐标轴的交点上(见图 2-11)。

4.1.3　投影分带的规定

为了控制变形,采用分带(按经度分带)投影的方法,即把投影范围限制在中央经线两侧狭窄的范围内。我国 1∶2.5 万 ~1∶50 万地形图采用 6°分带;1∶1万及更大比例尺地形图采用 3°分带,以保证必要的精度(如图 2-12 所示)。

4.1.3.1　6°分带法

从零子午线起自西向东,每隔 6°为一带,全球共分为 60 个投影带,用自然序数 1,2,3,…,60 编号(见图 2-12),即东经 0° ~6°,6° ~12°,…,174° ~180°,西经 180° ~174°,174° ~168°,…,6° ~0°。各投影带中央经线的经度分别为 3°,9°,…。我国位于东经 72° ~136°,共包括 11 个投影带,即 13 ~23 带,各带中央经线分别为 75°,81°,…,135°。

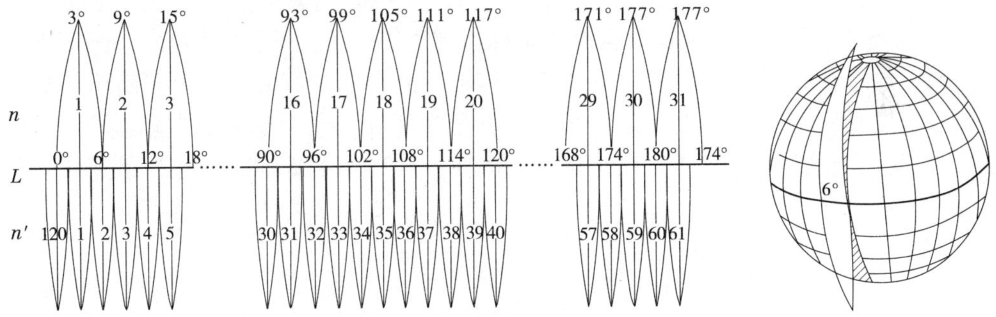

图 2-12　高斯 - 克吕格投影分带

4.1.3.2　3°分带法

从东经 1°30′算起,将全球划分为 120 个投影带,用自然序数 1,2,3,…,120 编号(如图 2-12所示)。东经 1°30′ ~4°30′为第 1 带,其中央经线的经度为 3°;东经 4°30′ ~7°30′为第 2 带,中央经线的经度为 6°;依次类推。投影带号 n'与中央经线的经度 λ_0'的关系为 $\lambda_0' = 3n'$。

这样分带的目的在于使 6°带的中央经线均为 3°带的中央经线,即 3°带中有半数的中央经线同 6°带的中央经线重合,在从 3°带转换成 6°带时,这些带可直接转用,不必计算。

由于高斯 - 克吕格投影每一个投影带的坐标都是本带坐标原点的相对值,所以各带的坐标值完全相同。因此,只要计算一个带的坐标值,制成表格,就可查取各投影带的坐标,使用时只需换一个带号即可。

4.1.4　坐标网的规定

坐标网是地图上地理坐标网(经纬网)和直角坐标网(方里网)的总称。编绘地图时坐标网是绘制地图图形的控制网;使用地图时可以根据它确定地面点的位置进行各种量算。一般的地图上只绘制经纬网,在高斯 - 克吕格投影的地图上,为了迅速而准确地确定方向、距离、面积等,除绘制经纬网外,还绘有方里网,其规定如下。

4.1.4.1　经纬网

经纬网是由经线和纬线组成的坐标网,它标示制图物体在图上的地理位置,又称地理坐标网。

在1:1万~1:10万的地形图上，内图廓线就是经纬线。为了在使用时能加密成网，在内外图廓间绘有分度带，需要时将对应点连线就可以构成经纬线网。

1:20万~1:100万地形图上，不但图廓线是经纬线，图面上直接绘出经纬线网，并在内图廓和图内经纬网格上，绘有按规定间隔供加密的分割线。

1:25万地形图编绘规范规定，图面不用绘经纬线网，只绘直角坐标网。

4.1.4.2　方里网

图上由平行于投影坐标轴的两组平行线构成的网格，称为直角坐标网。因为它们表现为方格形式，而且又是按某整公里数通过的，所以又称方里网。

方里网以中央经线投影后的直线为 X 轴（纵轴），以赤道投影后的直线为 Y 轴（横轴）。其他点为原点，构成四个象限。纵坐标从赤道算起向北为正、向南为负；横坐标从中央经线算起向东为正、向西为负。

由于我国位于北半球，所以全部 X 值都是正值，而 Y 坐标值在每一带中都有正有负。为了避免 Y 坐标出现负值，规定纵坐标轴向西平移500 km（半个投影带的最大距离约330 km），即将所有 Y 值加上500 km，这样全部坐标值都为正值了，如图2-13所示。地图上注出的方里网里数 X 值是从赤道算起的，Y 值是按移轴后的坐标轴算起的。由于高斯－克吕格投影每一带投影值完全相同，为了表明该点坐标值属于哪一个投影带，则规定在Y坐标前加上带号，我们把这种坐标称为通用坐标值。例如：$Y=21\ 814\ 057.2$ m，则21表明该点位于21投影带。

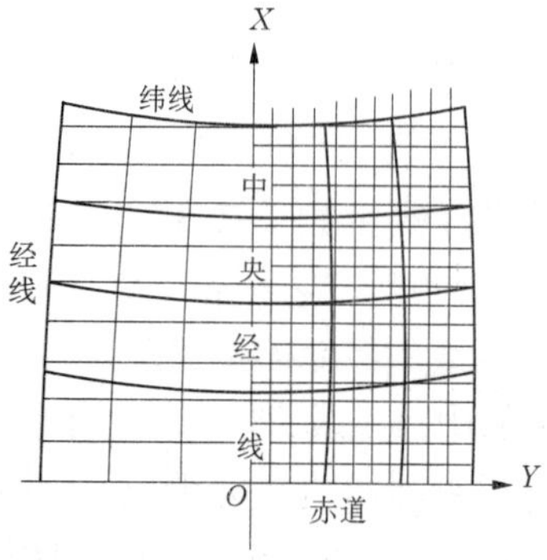

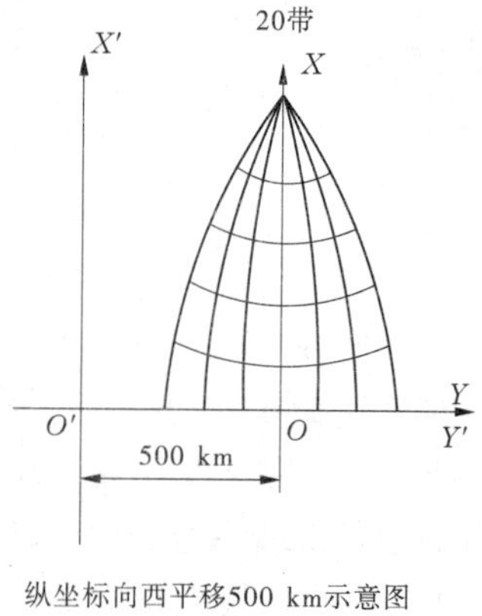

图2-13　纵坐标轴西移500km示意图

4.1.4.3　邻带坐标网

由于分带投影的结果，各带都具有各自独立的坐标系统，而且投影后的经纬线都是向中央经线收敛的，它和纵坐标线有一定的夹角。所以，当两带之间的相邻图幅拼接使用时，方里网接不起来而产生折角（如图2-14所示）。这时要在图上量算 A、B 两点的距离和方向是很不方便的。为此，我们规定把一定范围内的邻带坐标延伸到本带的图幅上（即在一幅图内不仅有本带坐标，还有邻带坐标），将17带的坐标系延伸到18带，使 B 点处在17带坐标系中，这时就可直接量测了。为了区别，图面上都以本带方里网为主，邻带方里网系统只在图廓线外绘出一小段，在需要时才将其连绘出来。

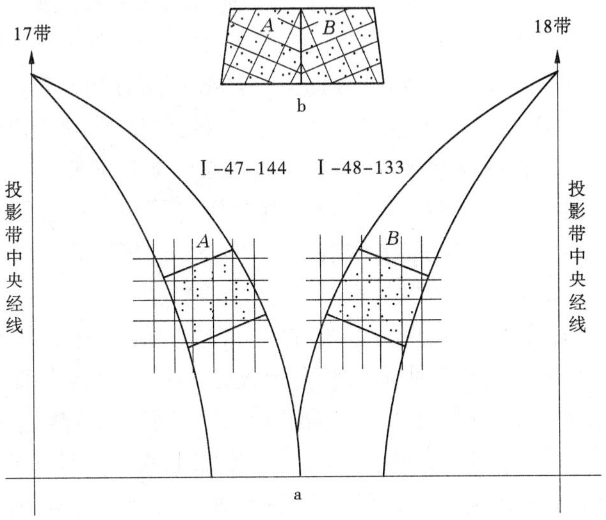

图 2-14　相邻图幅拼接产生折角

4.2　等角正轴切圆柱投影(墨卡托投影)

等角正轴切圆柱投影是荷兰地图学家墨卡托于 1569 年所创的,所以又称墨卡托投影。

在墨卡托投影中,赤道投影为正长,纬线投影成和赤道等长的平行线段,即离赤道越远,纬线投影的长度也越大,为了保持等角条件,必须使地图上每一点的经线方向上的长度比和纬线方向上的长度比相等。所以,随着纬线长度比的增加,相应经线方向上的长度比也要增加,并且增加的程度相等。所以,在墨卡托投影中,从赤道向两极,纬线间隔越来越大(见图 2-15)。

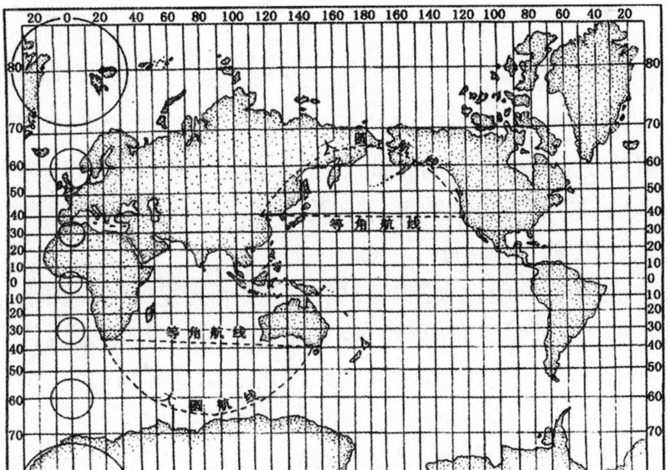

墨卡托投影及等角航线与大圆航线

图 2-15　墨卡托投影

在墨卡托投影中,面积变形最大,如在纬度 60°地区,经线和纬线比都扩大了 2 倍,面积比扩大了 4 倍,愈接近两极,经纬线扩大得越多,在纬度为 80°时,经纬线都扩大了近 6 倍,面积比扩大了36倍,所以墨卡托投影在80°以上高纬地区通常就不绘出来了。

墨卡托投影被广泛应用于航海和航空方面,这是因为等角航线(或称斜航线)在此投影中表现为直线。所谓等角航线,就是地球表面上与经线相交有相同角度的曲线,或者说地球上两点间的一条等方位线,也就是说,船只要按照等角航线航行,不用改变方位角就能从起点到达终点。由于经线是收敛于两极的,所以地球表面上的等角航线是除经线和纬线外,以极点为渐近点的旋转曲线(见图2-16)。因墨卡托投影是等角投影,而且经线投影为平行直线,那么两点间的那两条等方位螺旋线在投影中只能是连接该两点的一条直线(见图2-15)。

等角航线在墨卡托投影图上表现为直线,这一点对于航海、航空具有重要意义。因为有这个特征,在航行时,在墨卡托投影图上只要将出发地和目的地连一直线,用量角器测出直线与经线的夹角,船上的航海罗盘按照这个角度指示船只航行,就能达到目的地。

但是等角航线不是地球上两点间的最短距离,地球上两点间的最短距离是通过两点的大圆弧(又称大圆航线或正航线);大圆航线与各经线的夹角是不等的,因此它在墨卡托投影图上表现为曲线(见图2-17)。

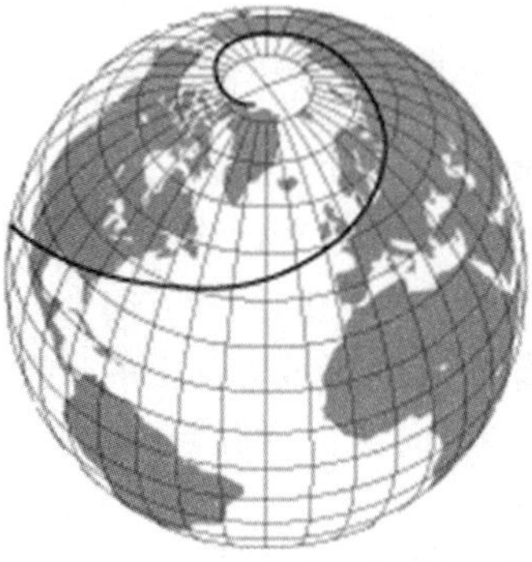

图2-16　**等角航线**

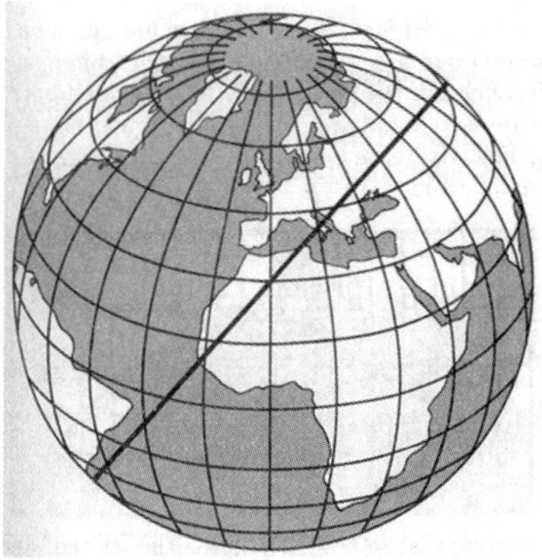

图2-17　**大圆航线**

如果船只完全沿着等角航线航行,走的是一条较远路线,这样是不经济的,但船只不必时常改变方向,大圆航线是一条最近的路线,但船只航行时要不断改变方向,如从非洲的好望角到澳大利亚的墨尔本,沿等角航线航行航程是6 020海里,沿大圆航线航行航程是5 450海里,二者相差570海里(约1 000 km)。

实际上,在远洋航行时,一般把大圆航线展绘到墨卡托投影的海图上,然后把大圆航线分成几段,每一段连成直线就是等角航线。船只航行时,总的情况来说,大致是沿大圆航线航行。因而走的是一条较近路线,但就每一段来说走的又是等角航线,不用随时改变航向,从而领航十分方便。

4.3　等角圆锥投影(正轴)

4.3.1　等角圆锥投影的几何概念

假设有一个圆锥,其轴与地轴一致,套在地球椭球体上,然后将椭球体面的经纬线网按照等角的条件投影到圆锥面上,再把圆锥面沿母线切开展平,即得到正轴圆锥投影的经纬网图形(地图上注明是圆锥投影的,一般都是正轴圆锥投影)。其中,纬线投影成为同心圆弧,经线投影成为向一点收敛的直线束(如图2-18、图2-19所示)。

当圆锥面与椭球体相切时,称切圆锥投影,投影后只有一条标准纬线,如图2-18所示;当圆锥面与椭球体相割时,称割圆锥投影,投影后有两条标准纬线,如图2-19所示。

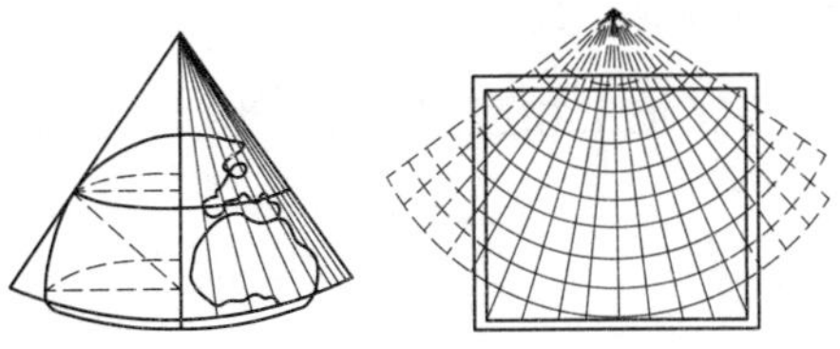

图2-18 正轴切圆锥投影

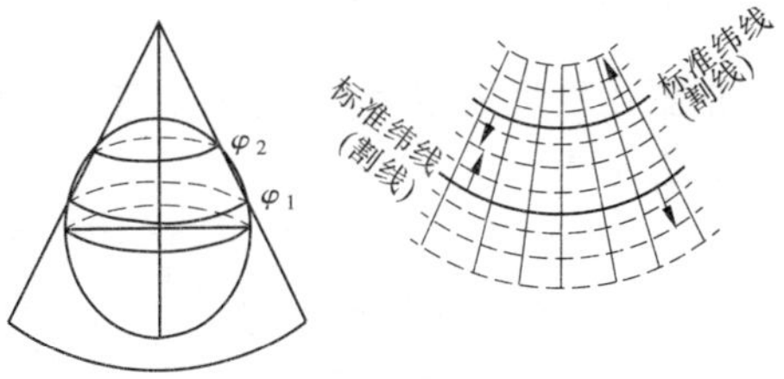

图2-19 正轴割圆锥投影

4.3.2 等角圆锥投影的变形分布规律

(1)角度没有变形,可以保持制图区域的形状与实地相似。

(2)等变形线与纬线一致。同一条纬线上的变形处处相等,同一条纬线上等经差的线段长度相等。

(3)标准纬线上没有变形。

(4)在同一条经线上,标准纬线外侧为正变形,两条标准纬线之间为负变形。因此,切圆锥投影只有正变形,割圆锥投影既有正变形又有负变形。

(5)两条纬线间的经线长度处处相等。根据圆锥投影变形分布规律,此投影适用于制作沿纬线方向延伸的中纬度地区的中、小比例尺地图。国际上用此投影编制1∶100万地形图和航空图。我国大部分地区地处中纬度,所以各省(区)地图也适宜使用这种投影。

4.3.3 1∶100万地形图采用的投影

我国1∶100万地形图采用边纬与中纬变形绝对值相等的正轴等角圆锥投影。按纬差4°分带(投影带的划分和1∶100万地形图划分的横列相一致),自赤道到北纬56°分为14个投影带,各投影带的边纬与中纬变形绝对值相等,每个投影带具有两条标准纬线。

因为是分带投影,每幅图的纬差仅4°,所以投影变形极小。我国范围内1∶100万地形图变形值几乎相等,长度变形最大不超过±0.03%,面积变形最大值为±0.06%。

由于是分带投影,相邻两带的图幅在拼接使用时会产生裂隙。在相同经度的上下图幅拼接时最大裂隙约为0.6 mm,一般为0.3~0.4 mm;如果4幅图以一个公共图廓点接合,图幅最大裂隙距为3.25 mm(在赤道上)。由于裂隙距很小,对图幅使用影响不大。沿经线方向拼接时,均不会产生裂隙。

5 地图的比例尺

当制图区域比较小,景物缩小的比例也比较小时,由于采用了各方面变形都比较小的地图投影,因此图面上各处长度缩小的比例都可以看成是相等的,在这种情况下,地图比例尺的含义,具体指的是图上长度与相应地面之间的长度比例。

当制图区域相当大时,制图时对景物的缩小比率也相当大,在这种情况下采用的地图投影比较复杂,地图上的长度也因地点和方向不同而有所变化,所注明的比例尺含义,其实质是指在进行地图投影时,对地球半径缩小的比率,通常称为地图主比例尺。地图经过投影后,体现在地图上只有个别的点或线没有长度变形。换句话说,只有在这些没有变形的点或线上，才可以用地图上注明的主比例尺进行量算。

地图比例尺是地图上重要的数学要素之一，它决定着地球表面表示到地图上的缩小程度。

5.1　地图比例尺的定义

地图比例尺的定义是：地图上某一线段的长度与实地上相应线段水平距离之比。用数学公式表示为

$$1/M = l/L$$

式中　M——地图比例尺分母；

l——图上线段长度；

L——实地相应水平距离。

表达比例尺的长度单位在图上通常以 cm 计，在实地上以 m 或 km 计。

在一个不大的范围内，地球椭球体表面可以近似地看成是一个平面，这时比例尺似乎是一个常数。但当地区范围增大时，地球的曲率不能忽视。通过投影将曲面表示成平面必定会有变形，所以比例尺不是一个常数，而是一个变数，它随着图上点或线段的位置及方向而改变。地图上通常所注记的比例尺为主比例尺，它代表了整个区域缩小的倍数，在地图上只是沿标准纬线（或经线）属于这个比例尺，而在标准纬线（或经线）以外的地方仍是小于或大于主比例尺的局部比例尺。

5.2　地图比例尺的表示方法

为了便于使用，地图上表示的比例尺有以下几种形式。

5.2.1　数学比例尺

用比例式或分数式表示的形式，如 1∶10 000（1∶1万）或 1/100 000（1/10 万）。

5.2.2　文字比例尺

用文字叙述的形式表示地图比例尺，如百万分之一或“图上 1 cm 相当实地 10 km”等。

5.2.3　图解式比例尺形式

图解式比例尺通常用图形加注记表示，通常可以分为以下几种。

（1）直线比例尺：以直线段形式标明图上线段长度所对应的地面距离（如图 2-20 所示）。

（2）斜分比例尺：微分比例尺，根据相似三角形原理制成，可以量取基本长度单位的 1%（如图 2-21 所示）。

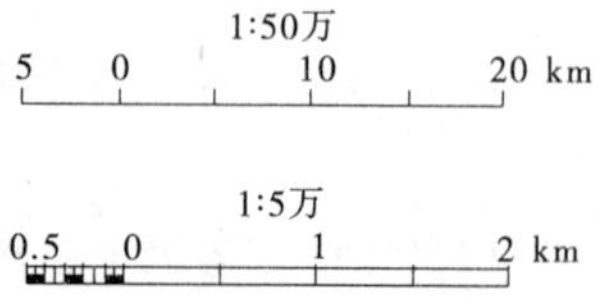

图 2-20　直线比例尺

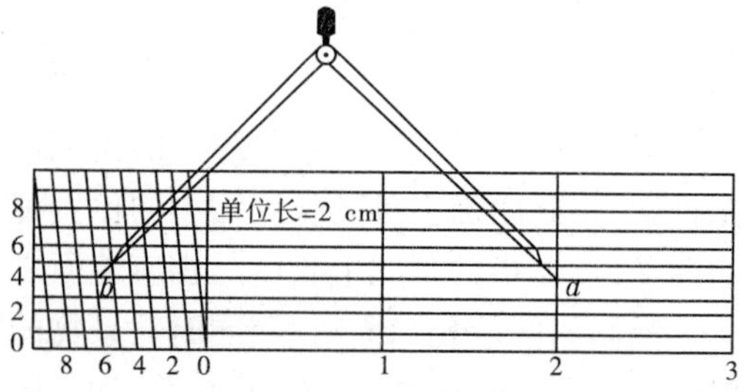

图 2-21　斜分比例尺

(3)复式比例尺:对每一条纬线单独设计一个直线比例尺,再将它们组合起来(如图2-22所示)。

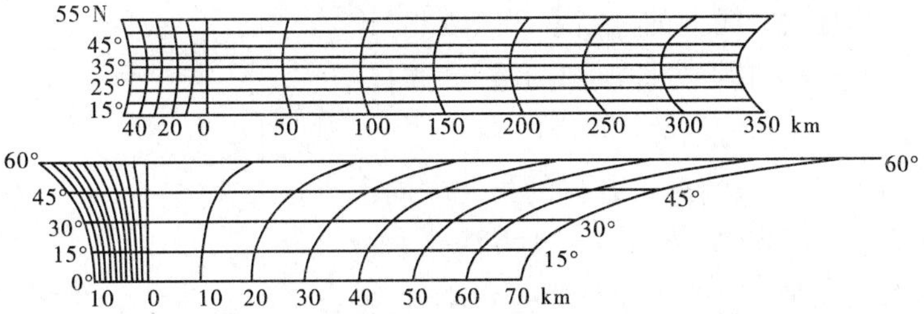

图2-22 复式比例尺

5.2.4 **特殊比例尺**

特殊比例尺有变比例尺和无级别比例尺。

变比例尺:当制图的主区分散且间隔的距离比较远时,为了突出主区和节省图面,将主区以外部分的距离按适当比例相应压缩,而主区仍按原规定的比例表示。

无级别比例尺:因数字制图而出现,可以把存储数据精度和内容详细程度都比较高的地图数据库,称为无级别比例尺地图数据库。

无级别比例尺是一种随数字制图的出现而与传统的比例尺系统相对而言的一个新概念,并没有一个具体的表现形式。在数字制图中,由于计算机或数据库里可以存储物体的实际长度、面积、体积等数据,并且根据需要可以很容易按比例任意缩小或放大这些数据,因此没有必要将地图数据固定在某一比例尺上。

地图上通常采用几种形式互相配合来标注比例尺,最常见的是数字式比例尺配合图解式比例尺表示。

6 地图的定向

地图定向即确定地图上图形的地理方向,也就是确定北方的方位。

6.1 地形图上的三北方向

为了满足使用地图的要求,规定在大于1:10万的地形图上需绘出三北方向和三个偏角的图形。

6.1.1 三北方向线

地形图上的三北方向线即真子午线、坐标纵线和磁子午线(如图2-23所示)。

(1)真子午线。真子午线就是地理上的经线,指向地球南北极的方向线,只是南北方向。通常是把图幅中央经线的北方作为该图幅的真北方向。

(2)坐标纵线。即图上方里网的纵方向线。它们平行于投影带的中央经线。坐标纵线的正向为坐标北方向。

(3)磁子午线。某地磁针水平静止时所指的方向线称磁子午线。它指向地球的磁北极和磁南极。地极和磁极是不一致的,而且磁极位置是有规律不断移动的。地形图上用南、北图廓线上的“磁南”和“磁北”连线表示该图的磁子午线。其上方即该图的磁北方向。

6.1.2　三个偏角

由于三北方向线在一般情况下各自的指北方向不同,彼此间形成夹角,我们称为偏角或三北方向角。这三个偏角分别是子午线收敛角、磁偏角和磁坐偏角(磁针对坐标纵线的偏角)(见图2-23)。

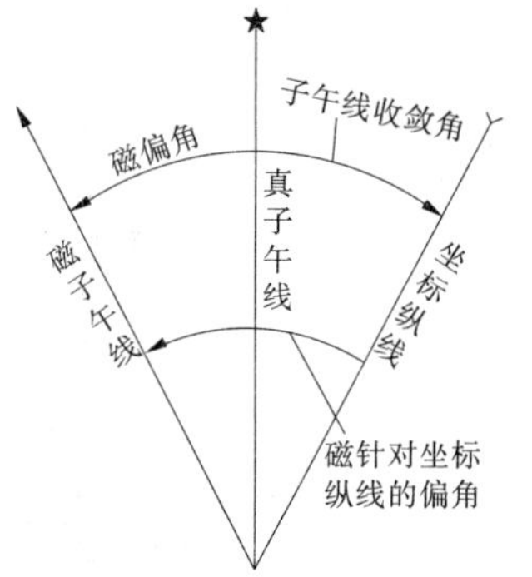

图2-23　地形图上的三北方向

6.1.2.1　子午线收敛角(坐标纵线偏角)

过某点的坐标纵线对真子午线的夹角称为子午线收敛角或坐标纵线偏角。以真子午线为准,坐标纵线在真子午线东边(即图幅位于投影带的中央经线以东)为东偏,角度值为正;反之为西偏,角度值为负。

在同一纬线上,子午线收敛角随着对投影带中央经线的经差增大而增大;在同一经线上随纬度的增高而增大。采用6°分带投影时,子午线收敛角的最大值为±3°。图幅的子午线收敛角可从高斯－克吕格投影坐标表中查取。

6.1.2.2　磁偏角

过某点的磁子午线与真子午线之间的夹角称为磁偏角。以真子午线为准,磁子午线在真子午线以东为东偏,角度值为正;以西为西偏,角度值为负。在我国范围内,正常情况下磁偏角都为西偏,只有在某些发生磁力异常的区域才会表现为东偏。

地形图上的磁偏角是实测得来的,由于磁偏角因地而异,所以图幅的磁偏角是图内几个点磁偏角的平均值。

6.1.2.3　磁坐偏角(磁针对坐标纵线的偏角)

过某点的磁子午线与坐标纵线间的夹角称磁针对坐标纵线的偏角,简称磁坐偏角。它以坐标纵线为准,磁子午线在坐标纵线以东为东偏,角度值为正;以西为西偏,角度值为负。

6.2　一般地图定向

一般人认为地图的上方就是北方,实际上地图表示的常常并非只有一个北方,而是有三个北方向,即地图经线指向的真北,投影纵坐标轴指向的坐标北,磁北针所指向的磁北。其中,经线方向是地图定向的基础,因它指向地球的南北极,是真正的南北方向。据此,可将地图定向分为北方定向和斜方位定向两种。地图上图幅的中央经线同图纸的南北方向严格保持一致的称为北方定向;否则称为斜方位定向。我国地形图都是北方定向,因此地形图的正上方就是北方。但是,有时制图区域的形状比较特殊(如我国的甘肃省),用北方向不利于有效利用标准纸张,也可以采用斜方位定向(如图2-24所示)。

(a)北方定向　(b)斜方位定向

图 2-24　北方定向和斜方位定向

项目实施

任务 1　认识地图的比例尺

1.1　任务内容

比较两幅地图(见图 2-25)。比较两幅地图比例尺的大小,再看看哪幅图表示的范围大,哪幅地图表示的内容详细一些;计算图上长度对应的实际长度。

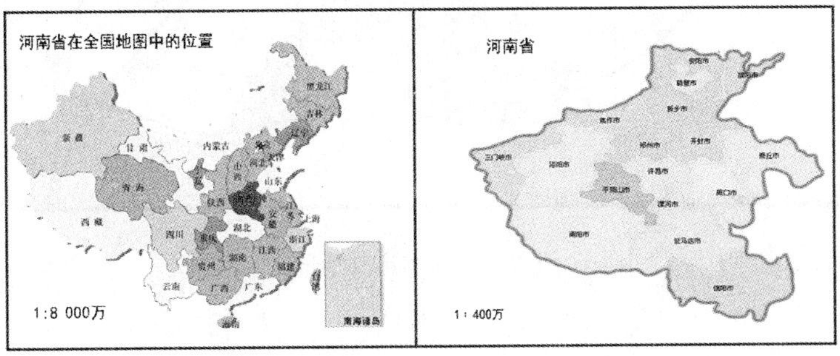

图 2-25　河南省地图及河南省在全国地图中的位置示意图

1.2　任务实施

(1)通过认真的比较和分析,认识地图的比例尺与表示内容详细程度的关系,并把比较的结果填写到表 2-1 中(如果是在课堂教学过程中,建议采用分小组讨论法)。

表 2-1　大、小比例尺比较结果

项目	图名	表示范围的大或小	表示内容的详或略
大比例尺			
小比例尺			

(2)在图中,量得我国东西两端图上距离为 6.3 cm,则其实际长度大约是多少米?

(3)对结果进行分析,总结地图比例尺的大小对表示内容详细程度的关系;认识地图比例尺的含义,怎样用地图比例尺计算图上线段的实际长度?

(4)把总结整理的结果汇总成文字材料。

任务 2　认识地图的方向

2.1　任务内容

参考图 2-26,也可以自己准备地图资料,说出地图上若干条道路的走向,熟悉地图的方向。

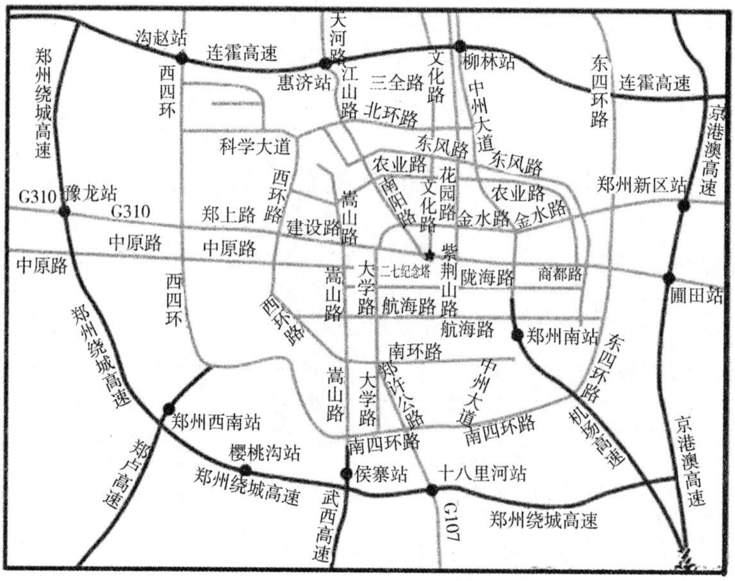

图 2-26　郑州市交通图

2.2　任务实施

填写表 2-2 中列出的道路的走向,若一条道路在不同地段间方向不同,可分地段说明。

表 2-2　郑州市交通图道路判别表

道路名称	道路走向
连霍高速	
京港澳高速	
郑卢高速	
机场高速	
郑州绕城高速	

任务3 地图投影的判断

3.1 任务内容

对《世界地图集》中的地图投影进行判别。

3.2 任务要求

根据地图投影的图形特征，从地图集中的地图投影选择一些加以辨认，具体包括世界图、东西半球、南半球、大洲图和一些分国图。目的是了解地图投影的变形性质和分布特点，以便于正确使用地图。通过实习掌握判别地图投影的方法。要求将辨认的结果填入表2-3中。

表2-3 世界地图集地图投影的判别表

页码	图幅名称	投影名称
2	世界地形	
15	世界交通	
44	苏联西部	
74	北美洲地形	

3.3 使用工具

地图集、两脚规、直尺、透明纸。

3.4 判别方法

地图投影是地图的数学基础，相关的理论知识较多且较抽象，理解起来有一定的难度，但这部分知识对制图工作者来说非常重要，它直接影响地图的使用，地图是地理工作者不可缺少的工具，有很多地理知识是从地图上获得的，如果在使用地图时不了解投影的特性往往会得出错误的结论。例如，在小比例尺等角或等积投影图上计算距离，在等角投影图上对比不同地区的面积以及在等积投影图上观察各地区的形状特征等都会得出错误的结论。目前，国内外出版的地图，大部分都注明投影的名称。有的还附有有关投影的资料，这对于使用地图当然是很方便的。但是也有一些地图没注明投影的名称和有关说明。因此，需要我们运用有关地图投影的知识来判别投影。地图投影的辨别，主要是对小比例尺地图而言的，大比例尺往往是属于国家地形图系列，投影资料一般易于查知。另外，由于大比例尺地图包括的地区范围小，不管采用什么投影，变形都很小，使用时可忽略不计。地图投影的辨认是一项比较复杂的工作，有时比计算一个具体投影还要困难，同时也不是所有的投影都能采用辨别的方法。但辨别一般的常用投影并不是很困难，通常按下列步骤进行辨认。

3.4.1 根据地图上经纬线的形状确定投影类型

首先对地图经纬线网作一般观察，应用所学过各类投影的特点确定是属于哪一类型，如是方位投影、圆柱投影、圆锥投影还是伪圆锥投影等。判别经纬线形状的方法如下：

直线只要用直尺比量便可辨认,判断曲线是否为圆弧可将透明纸覆盖在曲线上,在透明纸上沿曲线按一定间隔定出三个以上的点,然后沿曲线移动透明纸,使这些点位于曲线的不同位置,如这些点处处都与曲线吻合,则证明曲线是圆弧,否则就是其他曲线。判别同心圆弧与同轴圆弧,则可以量测相邻圆弧间的垂直距离,若处处相等则为同心圆弧,否则就是同轴圆弧。正轴投影是最容易判断的,若纬线是同心圆,经线是交与同心圆的直线束,肯定是方位投影;若经纬线都是平行直线,则是圆柱投影;若纬线是同心圆弧,经线是放射状直线,则是圆锥投影。

3.4.2 根据图上量测的经纬线长度的数值确定其变形性质

当确定投影的种类后,为了进一步判定投影性质,量测和分析纬线间距的变化就能判定出投影的性质。如确定为圆锥投影,那么只需量出一条经线上纬线间隔从投影中心向南北方向的变化就可以判别变形性质,如果相等,则为等距投影;逐渐扩大为等角投影,逐渐缩短为等积投影。如果中间缩小、南北变大,为等角割圆锥投影;中间变大而两边逐渐变小为等积割圆锥投影。有些投影的变形性质从经纬线网形状上分析就能看出,例如经纬线不成直角相交,肯定不会是等角性质;在同一条纬度带内,经差相同的各个梯形面积,如果差别较大当然不可能是等积投影;在一条直线上检查相同纬差的各段经线长度若不相等,肯定不是等距投影。当然这只是问题的一方面,同时还必须考虑条件。如等角投影经纬线一定是正交的,但经纬线正交的投影不一定都是等角投影。因此,要把判别经纬网形状和必要的量算工作结合起来。熟悉常用地图投影的经纬线形状特征,掌握这些资料,将有助于我们辨认各种投影。

思考题

1. 什么是地理坐标系?我国使用过哪些大地坐标系?
2. 地图投影的定义是什么?可以分为哪些种类?
3. 什么叫变形椭圆?
4. 请解释等角航线和大圆航线。
5. 请解释主方向与极值长度比。
6. 请解释主比例尺与局部比例尺。
7. 我国用什么投影作为地形图的数学基础?这种投影的投影条件是什么?对地图坐标有什么规定?
8. 为什么等角正圆柱投影被广泛应用于海图?有何缺点?怎样弥补?
9. 圆锥投影为什么被广泛用于编制各种比例尺的地图?其等变形线是何种曲线?
10. 什么是地图定向?地图上三北方向是什么?三个偏角是什么?

项目3　地图的分幅和编号

项目描述

地图的分幅和编号是一个非常重要的基础知识，首先学习地图的分幅编号方法，通过实习完成六个任务，达到对地图的分幅和编号的掌握。六个任务分别是，已知某点的经纬度求地图的编号；已知分幅的编号求图幅经纬度范围；求已知图幅的相邻图幅编号；已知图号计算图幅西南图廓点的经纬度；不同比例尺地形图编号的行列关系换算；已知某点的经纬度求地图的旧编号。其中，前五个项目是围绕新的分幅编号设计的，第六个任务是补充内容，要求掌握旧的分幅编号的简单应用。

项目目的

1. 能说出地图的分幅方式及其优缺点。
2. 能掌握国家基本比例尺地形图分幅编号方法。
3. 能根据已知条件计算图幅的编号。
4. 能根据图幅编号确定地图的比例尺、地图的图幅范围等基本应用。

背景知识

对于一个确定的制图区域，如果要求地图内容比较概略，采用较小的比例尺，就有可能将全区绘于一张图纸上；如果要求地图内容表达详细，势必就要采用较大的比例尺，比例尺增大，必然增大地图图幅，这样就不可能在一张图纸上描绘出来，而要将地图进行分幅，以利于编图、印刷、保管、使用等。所以，在这个项目中，我们主要来研究地图的分幅和编号。

1　地图的分幅

地图有两种分幅形式，矩形分幅和经纬线分幅。

1.1　矩形分幅

每幅地图的图廓都是一个矩形，因此相邻图幅是以直线划分的。矩形的大小多根据纸张和印刷机的规格以及图幅的比例尺而定，如全开、对开、四开、八开等。

矩形分幅又可分为拼接和不拼接两种。拼接使用的矩形分幅是指相邻图幅有共同的图廓线，使用地图时可按其共用边拼接起来（见图3-1）。不拼接的矩形分幅是指图幅之间没有共用边，每个图幅有其相应的制图主区，图幅单独使用，各图幅之间有一定的重叠，而且还可以根据主区的大小变更地图的比例尺（见图3-2）。

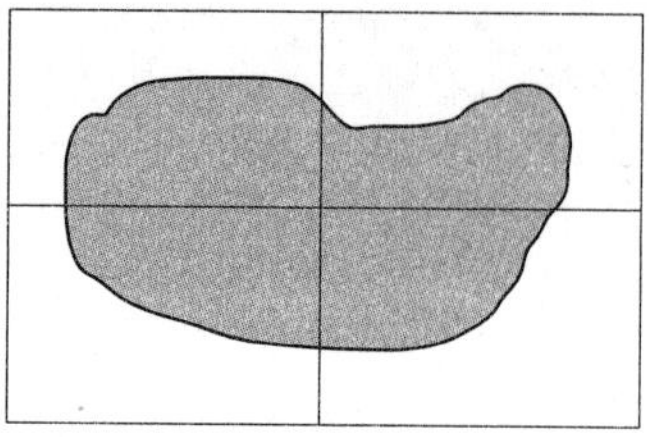

图 3-1　拼接的矩形分幅

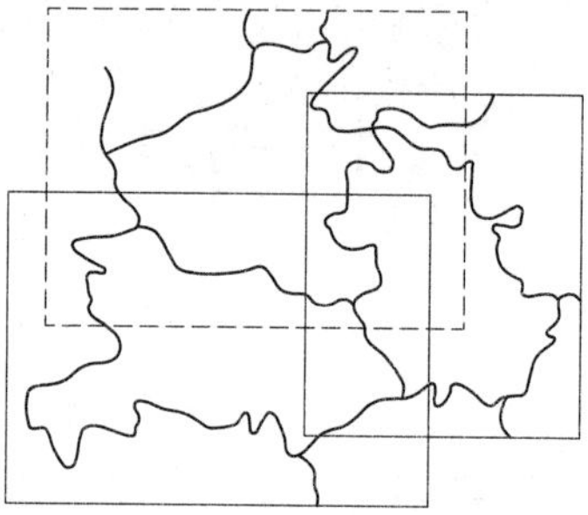

图 3-2　不拼接的矩形分幅

矩形分幅的优点:图幅大小相同,图幅之间结合紧密,便于拼接使用,也有利于充分利用纸张和印刷机版面;可以使分幅线有意识地避开重要地物,以保持其图形在图面上的完整。

矩形分幅的缺点:图廓线没有明确的地理坐标,缺乏地理位置概念,而且整个制图区域一次投影,变形较大。挂图、地图集和专题地图多采用矩形分幅。

1.2　经纬线分幅

地图的图廓由经纬线构成,是当前世界各国地形图和大区域的小比例尺分幅地图所采用的主要分幅形式。

我国基本比例尺地图就是采用经纬线分幅。它们是以 1∶100 万地图为基础,按规定的经差和纬差划分图幅,使相邻比例尺地图的数量成简单的倍数关系(见表 3-1)。

表 3-1　各比例尺地形图的经纬差、行列数和图幅数成简单的倍数关系

比例尺		1∶100 万	1∶50 万	1∶25 万	1∶10 万	1∶5万	1∶2.5 万	1∶1万	1∶5千	1∶2千	1∶1千	1∶500
图幅范围	经差	6°	3°	1°30′	30′	15′	7′30″	3′45″	1′52.5″	37.5″	18.75″	9.375″
	纬差	4°	2°	1°	20′	10′	5′	2′30″	1′15″	25″	12.5″	6.25″
行列数量关系		1	2	4	12	24	48	96	192	576	1 152	2 304
		1	2	4	12	24	48	96	192	576	1 152	2 304
图幅数量关系		1	4	16	144	576	2304	9216	36864	331776	1327104	5308416
			1	4	36	144	576	2304	9216	82944	331776	1327104
				1	9	36	144	576	2304	20736	82944	331776
					1	4	16	64	256	2304	9216	36864
						1	4	16	64	576	2304	9216
							1	4	16	144	576	2304
								1	4	36	144	576
										9	36	144
										1	4	16
											1	4

经纬线分幅的主要优点:每个图幅都有明确的地理位置概念,因此适用于很大区划范围(全国、大洲、全世界)的地图分幅。

经纬线分幅的主要缺点:当经纬线被描绘成曲线时,图幅拼接不方便,尤其是大面积拼接,当非一次性投影时,就会出现裂隙,例如使用圆锥投影,按纬度分带投影时,同一条纬线

上不同投影带中,其曲率不等,就不易拼接。它的另一个缺点是:随着纬度的升高,相同的经纬差所包含的面积不断缩小,因而图幅不断变小,不利于有效地利用纸张和印刷机版面(为了克服这个缺点,在高纬度地区多采用合幅的方式,这样就干扰了分幅的系统性)。此外,经纬线分幅法还经常会破坏重要物体的完整性,这也是其不足之处。

2 地图的编号

2.1 地图的编号法

常见的地图编号方法有三种:自然序数编号法、行列式编号法、行列－自然序数编号法。

2.1.1 自然序数编号法

将分幅地图按自然数顺序(1,2,3…)编号。它可以从左到右,自上而下,也可以是其他的排列方法,如顺时针或逆时针等。矩形分幅地图常用这种方法编号,如图3-3所示。

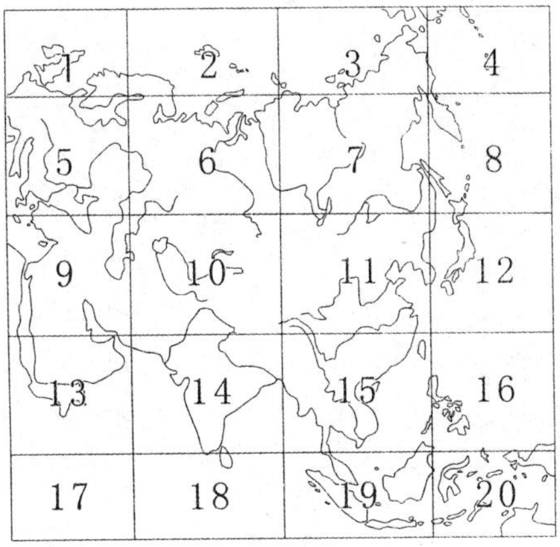

图3-3 自然序数编号法

2.1.2 行列式编号法

将制图区域划分成若干行和列,并相应地按数字或字母顺序编上号码,行和列号码的组合即为图幅的编号。大区域的分幅地图用此编号法,如国际百万分之一地图就是用行列式编号法。如图3-4中阴影部分的图幅编号为NJ51(N代表北半球)。编号时先行后列或先列后行,自上而下或自下而上均可。

2.1.3 行列－自然序数编号法

它是行列式和自然序数相结合的编号方法,即在行列式编号的基础上,用自然序数或字母代表详细划分的较大比例尺图的代码。世界各国的地形图多采用这种方法编号。也有少数国家的地形图,是在自然序数编号法的基础上,结合使用行列式编号法。

2.2 1:100万地图的分幅编号

国际1:100万地图的标准分幅是经差6°和纬差4°,由于随纬度增高地图面积迅速缩小,所以规定在纬度60°和76°之间双幅合并,即每幅图包括经差12°,纬差4°;在纬度76°～88°由四幅合并,即每幅图包括经差24°,纬差4°;纬度88°以上单独为一幅。我国处于纬度60°以下,故没有合幅的问题。

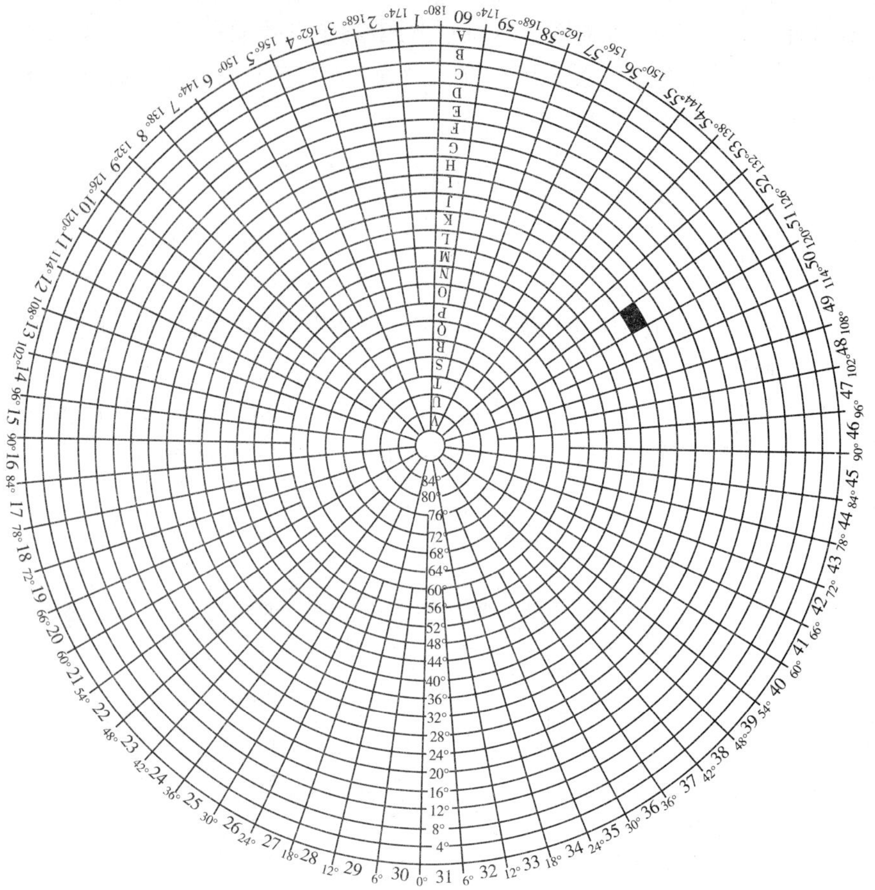

图 3-4　我国 1∶100 万地图的分幅与编号

从赤道起，同纬度的图幅构成的横列，由赤道向两极起算，每 4°为一列，依次用英文字母 A、B、C、…、V 表示其相应的列号，列号前分别冠以 N 和 S，区别北半球和南半球（我国地处北半球，图号前的 N 全部省略）；同经度的图幅构成纵行，每 6°为一纵行，自 180°的经线向东起算，依次用阿拉伯数字 1、2、3、…、60 表示。“列号 - 行号”相结合，即为该图的编号。例如，北京所在 1∶100 万地图编号为 NJ50，哈尔滨为 NJ51。高纬度的双幅、四幅合并时，图号亦合并写出。如 NP35、NP36，NT21、NT22、NT23、NT24。图 3-4 是我国 1∶100 万地图的分幅与编号。

2.3　国家基本比例尺地形图现行的分幅和编号

国家标准《国家基本比例尺地形图分幅和编号》是国家基本比例尺地形图绘制的基本要求之一，也是我国基础地理信息成果生产的主要依据。

1991 年制订了《国家基本比例尺地形图分幅和编号》的国家标准，就是后来使用的《国家基本比例尺地形图分幅和编号》（GB/T 13989—1992）。这一分幅编号标准对照以前的分幅编号有以下一些不同特点：第一，1∶5000 地形图被列入我国国家基本比例尺地图系列，扩大了原先的分幅编号范围；第二，分幅虽仍以 1∶100 万地图为基础，1∶100 万以后的基本比例尺地形图全部由 1∶100 万地图逐次加密划分而成;第三,编号仍以 1∶100 万地图编号为基础,由下接相应比例尺的行、列代码所构成,并增加了比例尺代码。因此,所有 1∶5 000 ~ 1∶500 000地形图的图号均由 5 个元素 10 位码组成。编码系列统一为一个根部,编码长度相同,方便于计算机处理。

《国家基本比例尺地形图分幅和编号》(GB/T 13989—1992)已经实施近 20 年了,而其标准内容不包括 1∶500、1∶1 000、1∶2 000 比例尺地形图的分幅和编号要求。随着国民经济的快速发展,国家对基础地理信息的需求在广度和深度上提出了新的要求,《国家基本比例尺地形图分幅和编号》(GB/T 1989—2012)国家基本比例尺地形图概念的范围已经有了变化,扩展到了大比例尺的范畴,即已经从原来的 1∶100 万 ~ 1∶5 000 延伸为 1∶100 万 ~ 1∶500。

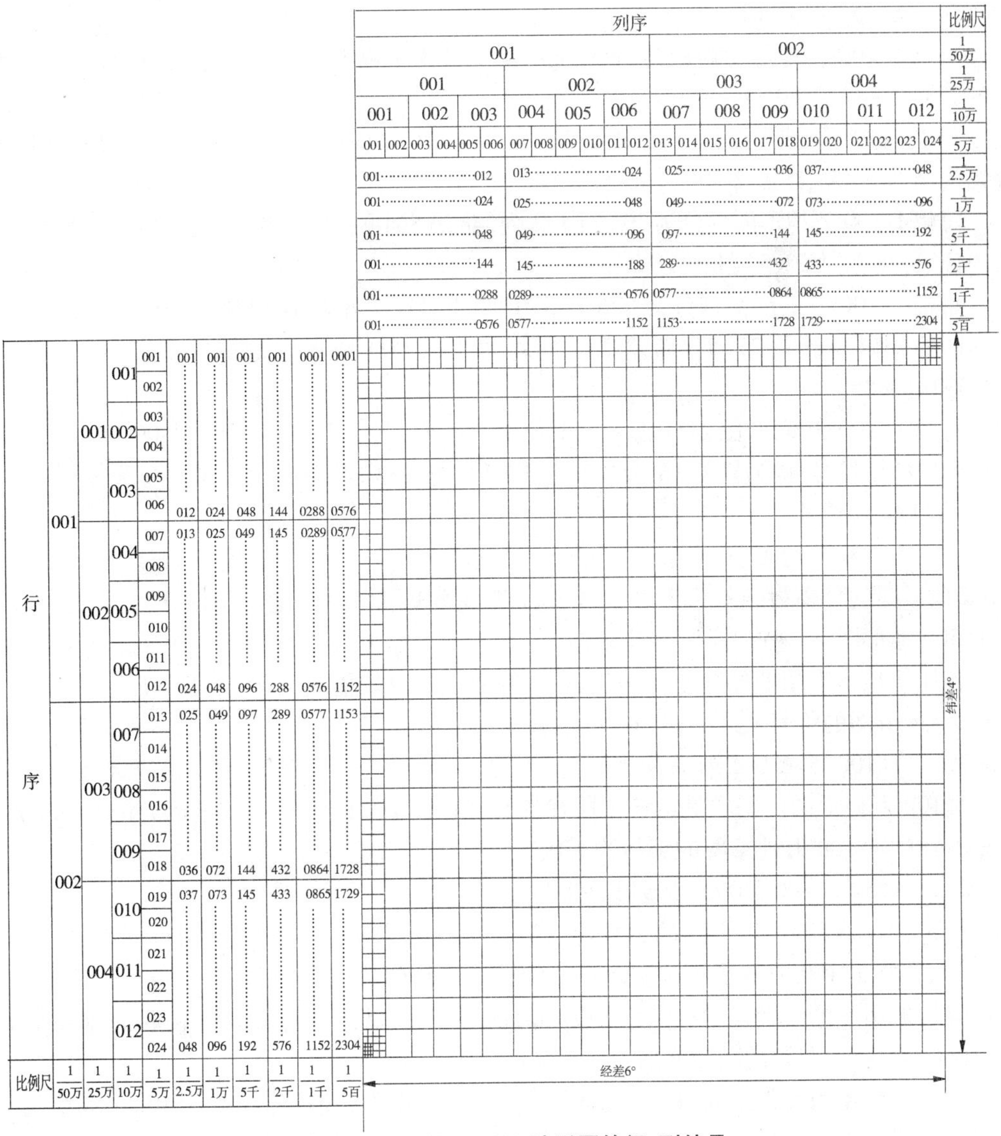

图 3-5　1∶100 万 ~ 1∶500 地形图的行、列编号

2.3.1　地形图的分幅

我国基本比例尺地形图均以 1∶100 万地形图为基础,按规定的经差和纬差划分图幅(见

图 3-5)。

1∶100 万地形图的分幅按照国际 1∶100 万地形图分幅的标准进行。

每幅 1∶100 万地形图划分为 2 行 2 列,共 4 幅 1∶50 万地形图,每幅 1∶50 万地形图的分幅为经差 3°、纬差 2°。

每幅 1∶100 万地形图划分为 4 行 4 列,共 16 幅 1∶25 万地形图,每幅 1∶25 万地形图的分幅为经差 1°30′、纬差 1°。

每幅 1∶100 万地形图划分为 12 行 12 列,共 144 幅 1∶10 万地形图,每幅 1∶10 万地形图的分幅为经差 30′、纬差 20′。

每幅 1∶100 万地形图划分为 24 行 24 列,共 576 幅 1∶5万地形图,每幅 1∶5万地形图的分幅为经差 15′、纬差 10′。

每幅 1∶100 万地形图划分为 48 行 48 列,共 2 304 幅 1∶25 万地形图,每幅 1∶25 万地形图的分幅为经差 7′30″、纬差 5′。

每幅 1∶100 万地形图划分为 96 行 96 列,共 9 216 幅 1∶1万地形图,每幅 1∶1万地形图的分幅为经差 3′45″、纬差 2′30″。

每幅 1∶100 万地形图划分为 192 行 192 列,共 36 864 幅 1∶5 000 地形图,每幅 1∶5 000 地形图的分幅为经差 1′52. 5″、纬差 1′15″。

每幅 1∶100 万地形图划分为 576 行 576 列,共 331 776 幅 1∶2 000 地形图,每幅 1∶2 000 地形图的分幅为经差 37. 5″、纬差 25″;即每幅 1∶2 000 地形图划分为 3 行 3 列,共 9 幅 1∶2 000地形图。

每幅 1∶100 万地形图划分为 1 152 行 1 152 列,共 1 327 104 幅1∶1 000地形图,每幅 1∶1 000地形图的分幅为经差 18. 75″、纬差 12. 5″;即每幅 1∶2 000 地形图划分为 2 行 2 列,共 4 幅1∶1 000 地形图。

每幅 1∶100 万地形图划分为 2 304 行 2 304 列,共 5 308 416 幅 1∶500 地形图,每幅 1∶500地形图的分幅为经差 9. 375″、纬差 6. 25″;即每幅 1∶1 000 地形图划分为 2 行 2 列,共 4 幅 1∶500 地形图。

各比例尺地形图的经纬差、行列数和图幅数成简单的倍数关系,见表 3-1。

2.3.2　地形图的编号

2.3.2.1　1∶100 万地形图的编号

1∶100 万地形图的图号是由该图所在的行号(字符码)与列号(数字码)组合而成的,如北京所在的 1∶100 万地形图的编号为 J50。

2.3.2.2　1∶50 万～1∶5 000 地形图的编号

1∶50 万～1∶5 000 地形图的编号均以 1∶100 万地图编号为基础,采用行列编号方法(见图 3-6),即将 1∶100 万地形图按所含各比例尺地形图的经差和纬差划分成若干行和列,行、列代码均采用三位数字表示(不足三位时前面补 0),取行号在前、列号在后的排列形式标记,加在 1∶100 万图幅的图号之后。

为了各种比例尺不至混淆,分别采用不同的字符作为各种比例尺的代码,不同比例尺的代码可查阅表 3-2 获得。

表 3-2　1:50 万～1:500 地形图比例尺代码

比例尺	1:50 万	1:25 万	1:10 万	1:5万	1:2.5 万	1:1万	1:5 000	1:2 000	1:1 000	1:500
代码	B	C	D	E	F	G	H	I	J	K

1:50 万～1:5 000 比例尺地形图的图号均由五个元素 10 位码构成(如图 3-6 所示)。

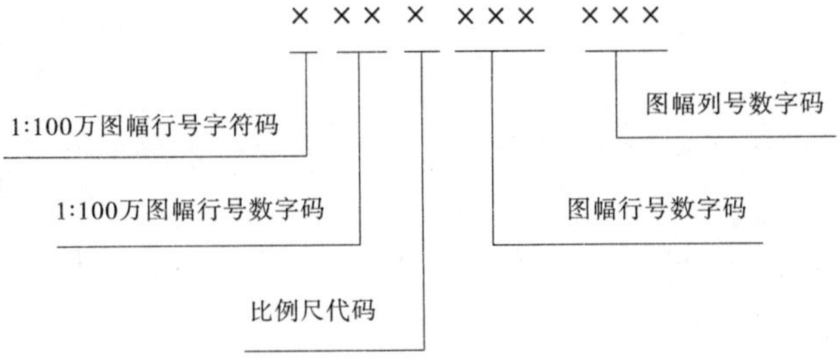

图 3-6　1:50 万～1:5 000 地形图图号的构成

例:1:50 万地形图的编号(见图 3-7),图中晕线所示图号为 J50B001002。

1:25 万地形图的编号(见图 3-8),图中晕线所示图号为 J50C003003。

1:10 万地形图的编号(见图 3-9),图中 45°晕线所示图号为 J50D010010。

1:5万地形图的编号(见图 3-9),图中 135°晕线所示图号为 J50E017016。

1:2.5 万地形图的编号(见图 3-9),图中交叉晕线所示图号为 J50F042002。

1:1万地形图的编号(见图 3-9),图中黑块所示图号为 J50G093004。

1:5 000 地形图的编号(见图 3-9),1:100 万图幅最东南角的 1:5 000 比例尺地形图图号为 J50H192192。

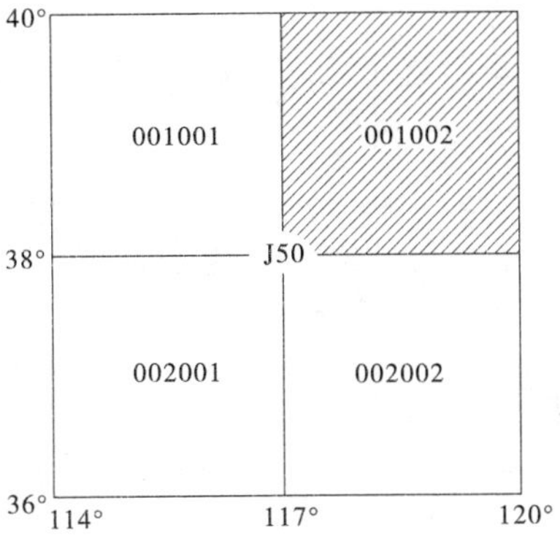

图 3-7　1:50 万地形图编号

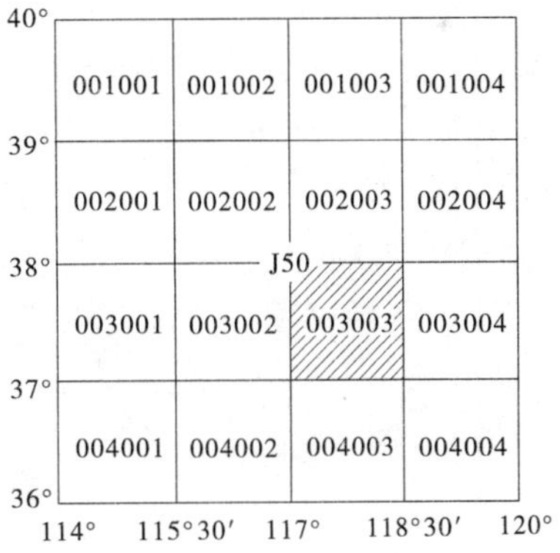

图 3-8　1:25 万地形图编号

2.3.2.3　1:2 000～1:500 地形图的编号

1:2 000 地形图的编号与 1:500 000～1:5 000 地形图的图幅编号方法相同。

1:2 000 地形图经、纬度分幅的图幅编号亦可以根据需要以 1:5 000 地形图编号分别加短线,再加 1、2、3、4、5、6、7、8、9 表示,其编号示例如图 3-10 所示,灰色区域所示图幅编号为 H49H192092－5。

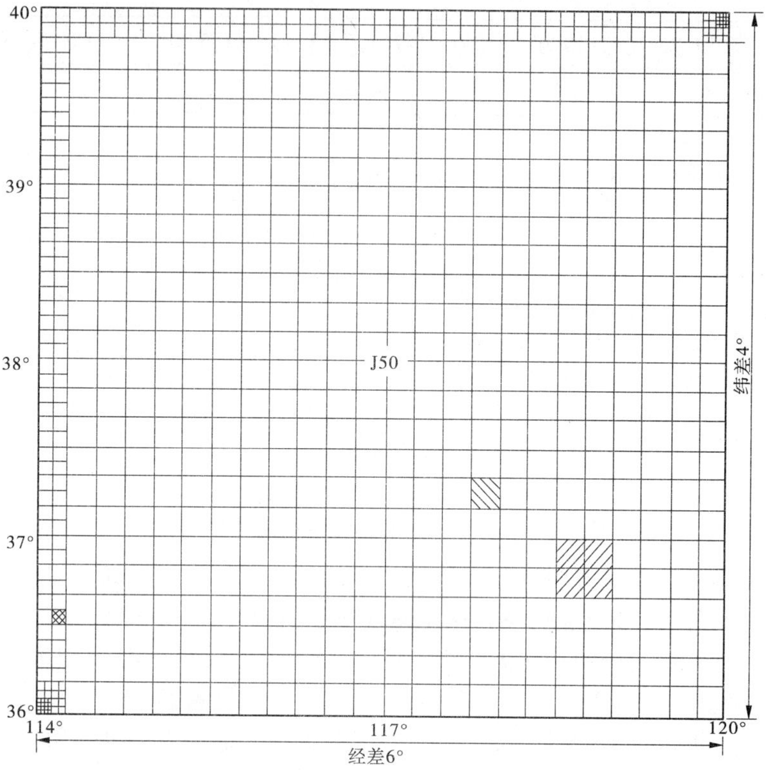

图 3-9　1∶10 万～1∶5 000 地形图编号

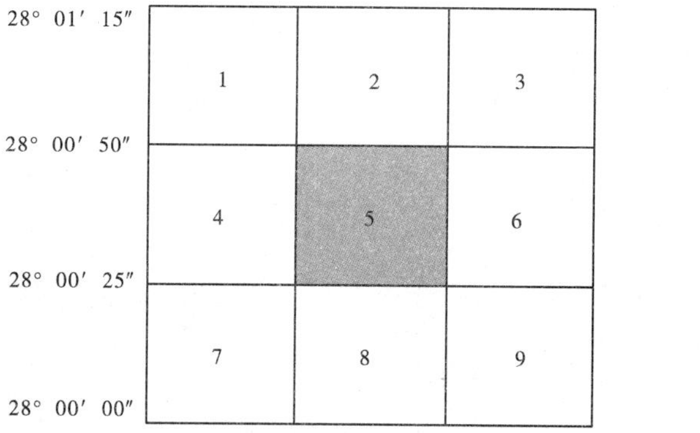

图 3-10　1∶2 000 地形图经、纬度分幅顺序编号

1∶1 000、1∶500 地形图经、纬度分幅的图幅编号均以 1∶1 000 000 地形图编号为基础，采用行列编号法。1∶1 000、1∶500 地形图经、纬度分幅的图幅由其所在 1∶1 000 000 地形图的编号、比例尺代码和各图幅的行列号共 12 位码组成。1∶1 000、1∶500 地形图经、纬度分幅的编号组成如图 3-11 所示。

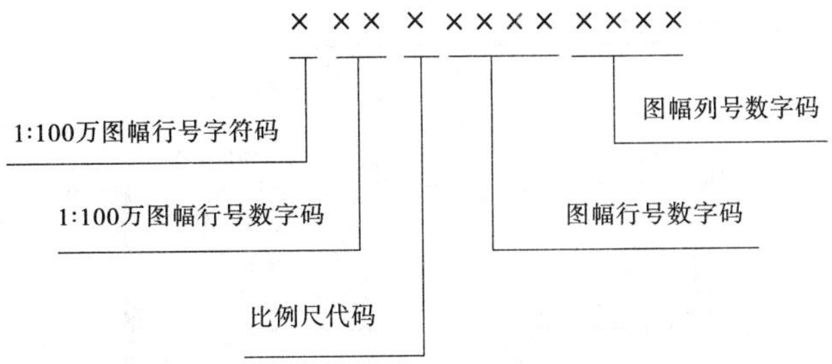

图3-11 1:1 000、1:500 地形图图号的构成

2.4 20世纪70~80年代我国基本比例尺地图的分幅与编号

2.4.1 1:50万、1:25万、1:10万地形图的分幅和编号

这三种地图编号都是在1:100万地图图号后分别加上代号而成的,如图3-12所示。

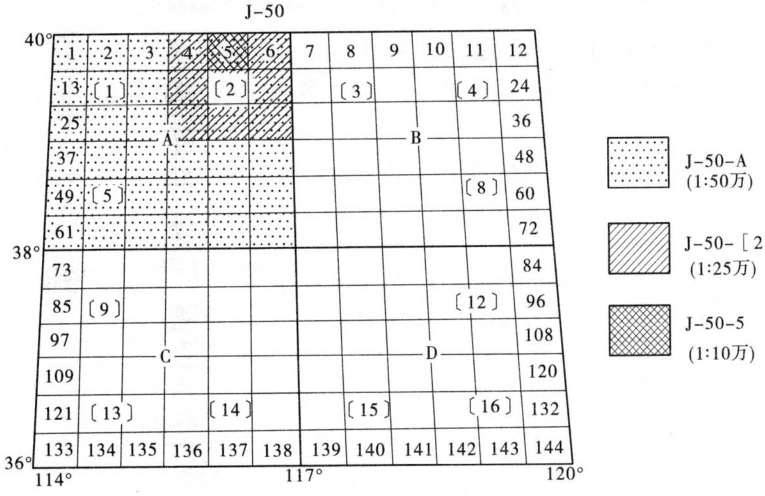

图3-12 1:50万、1:25万、1:10万地形图的分幅编号

每一幅1:100万地图分为2行2列,共4幅1:50万地形图,分别以A、B、C、D表示,如J-50-A。

每一幅1:100万地图分为4行4列,共16幅1:25万地形图,分别以[1],[2],…,[16]表示,例如J-50-[2]。

每一幅1:100万地图分为12行12列,共144幅1:10万地形图,分别用1,2,3,…,表示,例如J-50-5。

2.4.2 1:5万、1:2.5万、1:1万地形图的分幅与编号

这三种地形图的图号是在1:10万地形图图号的基础上延伸出来的,如图3-13所示。

每幅1:10万地形图分为4幅1:5万地形图,分别以A、B、C、D表示,其图号是在1:10万地形图图号后加上各自的代号而成的,例如J-50-5-B。

每幅1:5万地形图分为4幅1:2.5万地形图,分别以1,2,3,4表示,其图号是在1:5万地形图图号后加上各自的代号而成,例如J-50-5-B-4。

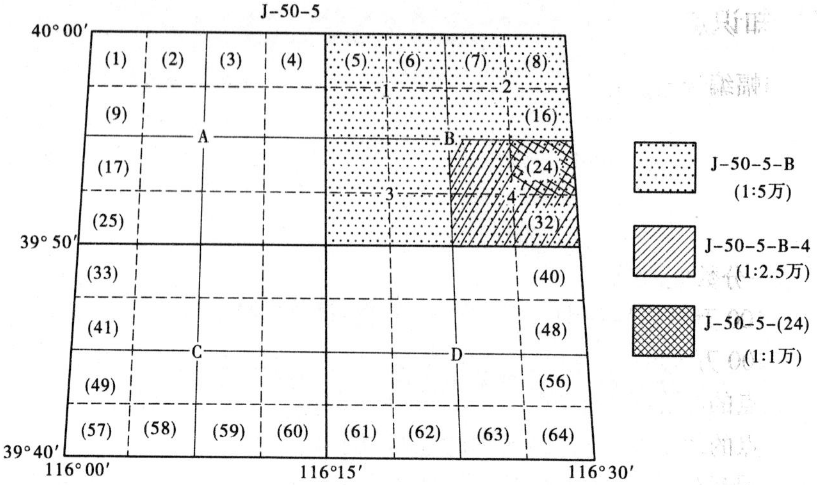

图 3-13　1:5万、1:2.5 万、1:1万地形图的分幅编号

每幅 1:10 万地形图分为 8 行 8 列,共 64 幅 1:1万地形图,分别以(1),(2),(3),…,(64)表示,其编号是在 1:10 万地形图图号后加上各自的代号而成的,例如 J－50－5－(24)。

总结我国基本比例尺地形图图幅编号的举例和从属关系,如图 3-14 所示。

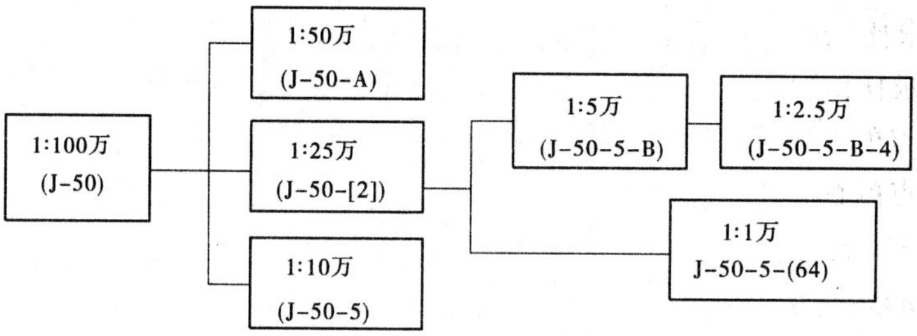

图 3-14　我国基本比例尺地图的分幅编号系统

项目实施

任务 1　计算图幅编号

1.1　任务内容

给出某一个地面点的经纬度坐标,读者要能求出该点所在地图的图幅编号。

1.2　任务要求

要求掌握地图的分幅编号原则,并能完成由已知点的经纬度计算该点所在地图的编号,通过实习,提高实际动手解决问题的能力。

1.3　涉及的知识点

1:100 万图幅编号的计算公式:

$$a = \left[\frac{\varphi}{4°}\right] + 1 \tag{3-1}$$

$$b = \left[\frac{\lambda}{6°}\right] + 31 \tag{3-2}$$

式中　[　]——分数值取整;

a——1:100 万图幅所在纬度带的字符所对应的数字码;

b——1:100 万图幅所在经度带的数字码;

λ——某点的经度或图幅西南图廓点的经度;

φ——某点的纬度或图幅西南图廓点的纬度。

1:100 万图号后的行、列编号计算公式:

$$c = \frac{4°}{\Delta\varphi} - \left[\left(\frac{\varphi}{4°}\right) \div \Delta\varphi\right] \tag{3-3}$$

$$d = \left[\left(\frac{\lambda}{6°}\right) \div \Delta\lambda\right] + 1 \tag{3-4}$$

式中　(　)——商取余;

[　]——分数值取整;

c——所求比例尺地形图在 1:100 万地形图编号后的行号;

d——所求比例尺地形图在 1:100 万地形图编号后的列号;

λ——某点的经度或西南图廓点的经度;

φ——某点的纬度或西南图廓点的纬度;

$\Delta\lambda$——所求比例尺地形图分幅的经差;

$\Delta\varphi$——所求比例尺地形图分幅的纬差。

1.4　具体任务

已知某点经度为 114°33′45″,纬度为 39°22′30″,计算其所在地形图图幅的编号。

1.5　解决问题

读者根据已知条件,解决问题。

1.6　参考答案

读者可以对照参考答案,检查自己的答案是否正确。

(1)求该点所在 1:100 万地形图的图幅编号。

$$a = \left[\frac{39°}{4°}\right] + 1 = 10$$

$$b = \left[\frac{114}{6°}\right] + 31 = 50$$

该点所在 1:100 万地形图图幅的图号为 J50。

(2)求该点所在 1∶25 万地形图的图幅编号。

$$\Delta\varphi = 1°, \Delta\lambda = 1°30'$$

$$c = \frac{4°}{1°} - \left[\frac{3°22'30''}{1°}\right] = 001$$

$$d = \left[\frac{33'45''}{1°30'}\right] + 1 = 001$$

该点所在 1∶25 万地形图图幅的图号为 J50C001001。

(3)求该点所在 1∶10 万地形图的图幅编号。

$$\Delta\varphi = 20', \Delta\lambda = 30'$$

$$c = \frac{4°}{20'} - \left[\frac{3°22'30''}{20'}\right] = 002$$

$$d = \left[\frac{33'45''}{30'}\right] + 1 = 002$$

该点所在 1∶10 万地形图图幅的图号为 J50D002002。

(4)求该点所在 1∶1万地形图的图幅编号。

$$\Delta\varphi = 2'30'', \Delta\lambda = 3'45''$$

$$c = \frac{4°}{2'30''} - \left[\frac{3°22'30''}{2'30''}\right] = 015$$

$$d = \left[\frac{33'45''}{3'45''}\right] + 1 = 010$$

该点所在 1∶1万地形图图号为 J50G015010。

任务2　求图幅的经纬度范围

2.1　任务内容

给出某一图幅的图幅编号,读者要能求出该图幅的经纬度范围。

2.2　任务要求

要求掌握地图的分幅编号原则,并能完成由已知图幅编号求该图幅的经纬度范围,通过实习,提高实际动手解决问题的能力。

2.3　具体任务

求 H51D001003 这幅图经纬度范围。

2.4　解决问题

读者根据已知条件,解决问题。

2.5　参考答案

读者可以对照参考答案,检查自己的答案是否正确。

图解法:由图号可知该幅图是 1∶10 万地形图。首先求出 1∶100 万地形图的经纬度范围，然后根据编号系统编号草图，可得到该图幅的经纬度范围。

1:100 万地形图图号为：H51

北图廓纬度 = 横列数 ×4°，东图廓线的经度 =（行数 -31）×6°。

算出 1:100 万地形图经纬度范围：120° ~ 126°，28° ~ 32°。

按上述经纬度范围绘出 1:10 万地形图的编号草图（见图 3-15），根据其图号位置可求出该图幅的经纬度范围为：121° ~ 121° 30′，31°40′ ~ 32°00″。经度范围 121°00′ ~ 121°30′；纬度范围 31°40′ ~ 32°00′。

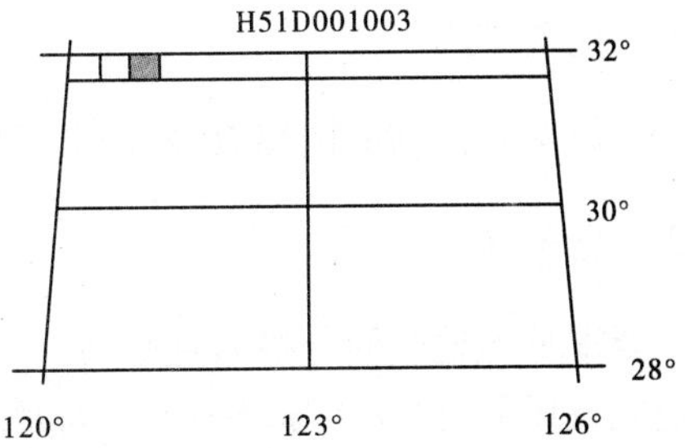

图 3-15　图解法求 1:10 万的编号草图

任务 3　求相邻图幅的图号

3.1　任务内容

已知图幅的编号，读者要能求出该图幅相邻图幅的图号。

3.2　任务要求

要求掌握地图的分幅编号原则，要求读者熟练掌握不同比例尺图幅之间的分幅结构，并能完成由已知图幅编号求该图幅的相邻图幅的图号，通过实习，提高实际动手解决问题的能力。

3.3　具体任务

求 K51D006004 的相邻图幅的图号。

3.4　解决问题

读者根据已知条件，解决问题。

3.5　参考答案

读者可以对照参考答案，检查自己的答案是否正确。

根据图号绘出相邻图幅草图（见图 3-16），按 1:10 万地形图分幅编号的序号排列规律，可得知其相邻图幅的图号为：

K51D005003	K51D005004	K51D005005
K51D006003		K51D006005
K51D007003	K51D007004	K51D007005

图 3-16　图解法求相邻图幅的图号

任务4 已知图号计算图幅西南图廓点的经纬度

4.1 任务内容

给出某一图幅的图幅编号,读者要能求出该图幅的经纬度范围。

4.2 任务要求

要求掌握地图的分幅编号原则,并能完成由已知图号计算该图幅西南图廓点的经纬度,通过完成任务,提高实际动手解决问题的能力。

4.3 涉及的知识点

图幅西南图廓点的经纬度计算公式:

$$\lambda = (b - 31) \times 6° + (d - 1) \times \Delta\lambda \quad (3\text{-}5)$$

$$\varphi = (a - 1) \times 4° + \left(\frac{4°}{\Delta\varphi} - c\right) \times \Delta\varphi \quad (3\text{-}6)$$

式中 λ——图幅西南图廓点的经度;
φ——图幅西南图廓点的纬度;
a——1:100 万图幅所在纬度带的字符所对应的数字码;
b——1:100 万图幅所在经度带的数字码;
c——该比例尺地形图在 1:100 万地形图编号后的行号;
d——该比例尺地形图在 1:100 万地形图编号后的列号;
$\Delta\varphi$——该比例尺地形图分幅的纬差;
$\Delta\lambda$——该比例尺地形图分幅的经差。

4.4 具体任务

已知某图幅图幅号为 J50D002002,求其西南图廓点的经纬度。

4.5 解决问题

读者根据已知条件,解决问题。

4.6 参考答案

读者可以对照参考答案,检查自己的答案是否正确。

$$a = 10, b = 50, c = 002, d = 002, \Delta\varphi = 20', \Delta\lambda = 30'$$

$$\lambda = (50 - 31) \times 6° + (2 - 1) \times 30' = 114°30'$$

$$\varphi = (10 - 1) \times 4° + \left(\frac{4°}{20'} - 2\right) \times 20' = 39°20'$$

该图幅西南图廓点的经、纬度分别为 114°30′、39°20′。

任务5 不同比例尺地形图编号的行列关系换算

5.1 任务内容

(1)由较小比例尺地形图编号中的行、列代码计算所含各种较大比例尺地形图编号中的行、列代码。

(2)由较大比例尺地形图编号中的行、列代码计算包含该图的较小比例尺地形图编号中的行、列代码。

5.2 任务要求

要求灵活运用不同比例尺行、列换算公式,并能完成任务所给出的不同比例尺地形图编号的行、列关系换算,通过完成任务,提高实际动手解决问题的能力。

5.3 涉及的知识点

(1)由较小比例尺地形图编号中的行、列代码计算所含各种较大比例尺地形图编号中的行、列代码。

最西北角图幅编号中的行、列代码计算公式:

$$c_{大} = \frac{\Delta\varphi_{小}}{\Delta\varphi_{大}} \times (c_{小} - 1) + 1 \tag{3-7}$$

$$d_{大} = \frac{\Delta\varphi_{小}}{\Delta\varphi_{大}} \times (d_{小} - 1) + 1 \tag{3-8}$$

最东南角图幅编号中的行、列计算公式:

$$c_{大} = c_{小} \times \frac{\Delta\varphi_{小}}{\Delta\varphi_{大}} \tag{3-9}$$

$$d_{大} = d_{小} \times \frac{\Delta\varphi_{小}}{\Delta\varphi_{大}} \tag{3-10}$$

式中 $c_{大}$——较大比例尺地形图在1:100万地形图编号后的行号;

$d_{大}$——较大比例尺地形图在1:100万地形图编号后的列号;

$c_{小}$——较小比例尺地形图在1:100万地形图编号后的行号;

$d_{小}$——较小比例尺地形图在1:100万地形图编号后的列号;

$\Delta\varphi_{大}$——较大比例尺地形图分幅的纬差;

$\Delta\varphi_{小}$——较小比例尺地形图分幅的纬差。

(2)由较大比例尺地形图编号中的行、列代码计算包含该图的较小比例尺地形图编号中的行、列代码。

较小比例尺地形图编号中的行、列代码计算公式:

$$c_{小} = \left[\frac{c_{大}}{\left(\frac{\Delta\varphi_{小}}{\Delta\varphi_{大}}\right)}\right] + 1 \tag{3-11}$$

$$d_{小} = \left[\frac{d_{大}}{\left(\frac{\Delta\varphi_{小}}{\Delta\varphi_{大}} \right)} \right] + 1 \tag{3-12}$$

式中 $c_{大}$——较大比例尺地形图在 1∶100 万地形图编号后的行号；

$d_{大}$——较大比例尺地形图在 1∶100 万地形图编号后的列号；

$c_{小}$——较小比例尺地形图在 1∶100 万地形图编号后的行号；

$d_{小}$——较小比例尺地形图在 1∶100 万地形图编号后的列号；

$\Delta\varphi_{大}$——较大比例尺地形图分幅的纬差；

$\Delta\varphi_{小}$——较小比例尺地形图分幅的纬差。

5.4 具体任务

(1)已知 1∶10 万地形图编号中的行、列代码为 004001，求所包含的 1∶2.5 万地形图编号的行、列代码。

(2)已知 1∶2.5 万地形图编号中的行、列代码分别为 016004 和 013003，计算包含该图的 1∶10 万地形图图号中的行、列代码。

5.5 解决问题

读者根据已知条件，解决问题。

5.6 参考答案

读者可以对照参考答案，检查自己的答案是否正确。

(1)已知 1∶10 万地形图编号中的行、列代码为 004001，求其所包含的 1∶2.5 万地形图编号的行、列代码。

由题知：

$$c_{小} = 004, d_{小} = 001, \Delta\varphi_{小} = 20', \Delta\varphi_{大} = 5'$$

最西北角图幅编号中的行、列代码为

$$c_{大} = \frac{20'}{5'} \times (4-1) + 1 = 013$$

$$d_{大} = \frac{20'}{5'} \times (1-1) + 1 = 001$$

最东南角图幅编号中的行、列代码为

$$c_{大} = \frac{4 \times 20'}{5'} = 016$$

$$d_{大} = \frac{1 \times 20'}{5'} = 004$$

所包含的 1∶2.5 万地形图编号中的行、列代码为

013001	013002	013003	013004
014001	014002	014003	014004
015001	015002	015003	015004
016001	016002	016003	016004

(2)已知1:2.5万地形图编号中的行、列代码分别为016004和013003,计算包含该图的1:10万地形图图号中的行、列代码。

由题知:

$$c_{大} = 016, d_{大} = 004, \Delta\varphi_{小} = 20', \Delta\varphi_{大} = 5'$$

$$c_{小} = \left[\frac{16}{\left(\frac{20'}{5'}\right)}\right] + 1 = 005$$

$$d_{小} = \left[\frac{4}{\left(\frac{20'}{5'}\right)}\right] + 1 = 002$$

$$c_{大} = 013, d_{大} = 003$$

$$c_{小} = \left[\frac{13}{\left(\frac{20'}{5'}\right)}\right] + 1 = 004$$

$$d_{小} = \left[\frac{3}{\left(\frac{20'}{5'}\right)}\right] + 1 = 001$$

包含行、列代码分别为016004和013003的1:2.5万图之1:10万地形图,其编号中的行、列代码均为005002。也就是说这两幅图1:2.5万均属于行、列代码为004001的同一幅1:10万地形图。

(补充:20世纪70~80年代我国基本比例尺地图的分幅与编号的应用,见任务6)

任务6　求某点所在地图图幅的编号

6.1　任务内容

已知某点的经纬度,求该点所在地图图幅的编号。

6.2　任务要求

要求掌握旧的地图的分幅编号原则,完成由已知点的经纬度计算该点所在地图的编号,通过实习,提高实际动手解决问题的能力。

6.3　具体任务

(1)已知某地为东经118°48′,北纬31°28′,求该地所在1:100万地形图的图幅编号。

(2)已知某点为东经112°47′,北纬27°44′,求该点所在1:100万、1:50万、1:10万、1:5万图的编号。

6.4　解决问题

读者根据已知条件,解决问题。

6.5　参考答案

读者可以对照参考答案,检查自己的答案是否正确。

(1)解:横列号 $=\left[\frac{\varphi}{4^\circ}\right]+1=\left[\frac{31^\circ28'}{4^\circ}\right]+1=7+1=8(\mathrm{H})$

纵行号 $=\left[\frac{\lambda}{6^\circ}\right]+31=\left[\frac{118^\circ48'}{6^\circ}\right]+31=19+31=50$

该点所在的1:100万地图的编号为H-50。

(2)解算方法有如下两种:

图解法:先求出该点所在1:100万地图编号,绘出经纬度范围及按相应比例尺图幅的经纬差划分图幅范围略图,注出其经纬度即可判定该点所在的相应比例尺图的图幅编号为G-49。

解析法:首先要求出该点所在的1:100万地图的编号,如所求的比例尺为1:5万,还要求出1:10万地图的编号,因为1:100万图是这些比例尺地图分幅编号的基础图幅,然后求出本图代号,即可组合成所求比例尺地图的编号。按下式计算本图代号:

$$W = V - \left[\frac{\left(\frac{\varphi}{\Delta\varphi}\right)}{\Delta\varphi'}\right]\times n + \left[\frac{\left(\frac{\lambda}{\Delta\lambda}\right)}{\Delta\lambda'}\right]$$

式中　(　)——分数取余;

W——所求图幅代号;

V——划分为该比例尺图幅后,左下角一幅图的代号数;

n——划分为该比例尺图的列数;

φ——所求点纬度;

λ——所求点经度;

$\Delta\varphi$——作为该比例尺图分幅编号基础的前图之纬差;

$\Delta\lambda$——作为该比例尺图分幅编号基础的前图之经差;

$\Delta\varphi'$——所求图幅的纬差;

$\Delta\lambda'$——所求图幅的经差。

求该点所在的1:100万地形图的编号:

横列号 $=\left[\frac{\varphi}{4^\circ}\right]+1=\left[\frac{27^\circ44'}{4^\circ}\right]+1=7(\mathrm{G})$

纵行号 $=\left[\frac{\lambda}{6^\circ}\right]+31=\left[\frac{112^\circ47'}{6^\circ}\right]+31=49$

该点所在的1:100万地图的编号为:G-49。

求该点所在1:50万地形图的编号:

图解法:根据(1)求出的1:100万地图编号,绘出其经纬线范围,再分出四幅1:50万地形图,注出经纬度,即可判定该点所在的1:50万地形图的编号为:G-49-B(如图3-17所示)。

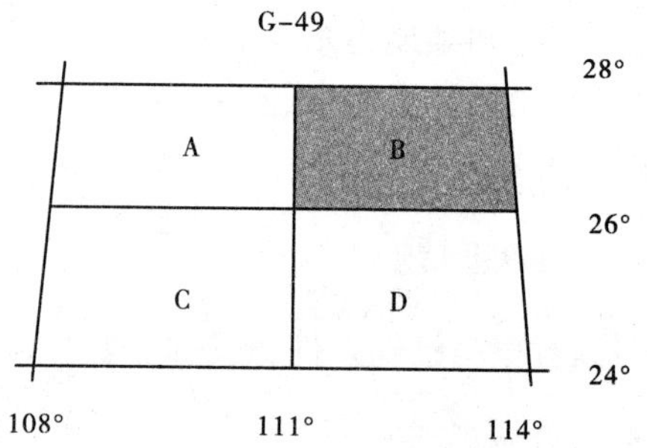

图3-17　图解法求1:50万地形图的编号

解析法:根据求出的1:100万地图的编号为G-49,$V=3$,$n=2$,$\varphi=27^\circ44'$,$\lambda=112^\circ47'$,$\Delta\varphi=4^\circ$,$\Delta\lambda=6^\circ$,$\Delta\varphi'=2^\circ$,$\Delta\lambda'=3^\circ$,

该点所在的1:50万地形图的图幅代号(W)为

$$W = 3 - \left[\frac{\left(\frac{27°44'}{4°}\right)}{2°}\right] \times 2 + \left[\frac{\left(\frac{112°47'}{6°}\right)}{3°}\right]$$

$$= 3 - \left[\frac{3°44'}{2°}\right] \times 2 + \left[\frac{4°47'}{3°}\right]$$

$$= 3 - 1 \times 2 + 1 = 2(B)$$

该点所在的1:50万地形图编号为G-49-B。

求该点所在的1:10万的地形图的编号:

图解法:根据(1)求出的1:100万地图的编号,绘出经纬线范围,再划分为144幅1:10万地形图,注出经纬度,如图3-18所示,即可判定该点所在的1:10万地形图的编号为G-49-10。

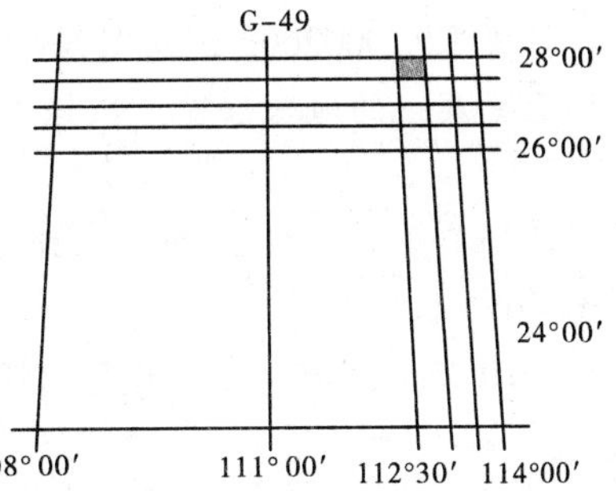

图3-18 图解法求1: 10万地形图的编号

解析法:根据求出的1:100万地形图编号为G-49。

该点所在的1:10万地形图的图幅编号为

$$W = 133 - \left[\frac{\left(\frac{27°44'}{4°}\right)}{20'}\right] \times 12 + \left[\frac{\left(\frac{112°47'}{6°}\right)}{30'}\right]$$

$$= 133 - \left[\frac{3°44'}{20'}\right] \times 12 + \left[\frac{4°47'}{30'}\right]$$

$$= 133 - 11 \times 12 + 9 = 10$$

该点所在的1:10万地形图的编号为G-49-10。

求该点所在1:5万地形图的编号:

图解法:根据求出的1:100万、1:50万地形图的编号,绘出其经纬度范围,再将1:10万图划分为4幅1:5万地形图,注出经纬度,如图3-19所示,即可判定该点的1:5万地形图的编号为G-49-10-D。

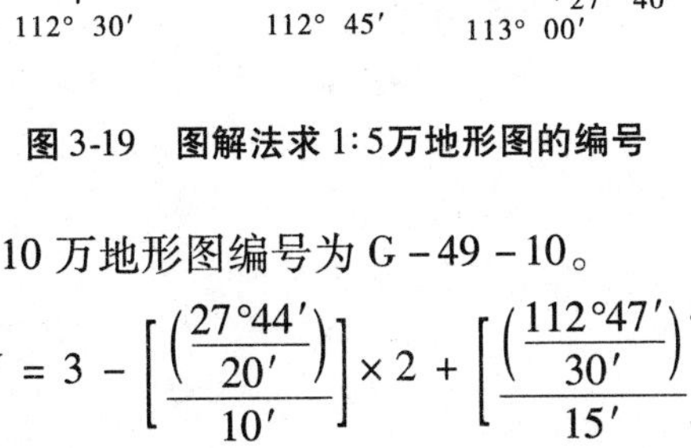

图3-19 图解法求1:5万地形图的编号

解析法:根据求出的1:10万地形图编号为G-49-10。

$$W = 3 - \left[\frac{\left(\frac{27°44'}{20'}\right)}{10'}\right] \times 2 + \left[\frac{\left(\frac{112°47'}{30'}\right)}{15'}\right]$$

$$= 3 - \left[\frac{4'}{10'}\right] \times 2 + \left[\frac{17'}{15'}\right]$$

$$= 3 - 0 \times 2 + 1 = 4(D)$$

该点所在 1:5万地形图编号为:G－49－10－D。

思考题

1. 计算 K50D002002 这幅图经纬度范围。

2. 已知某地的地理位置是东经 119°00′, 北纬 35°24′, 求该地所在的 1:10 万的图幅编号。

3. 已知某点为北纬 27°56′, 东经 112°46′, 求该点所在的 1:25 万、1:2.5 万及 1:1 万地形图的图号。

4. 1:10 万地形图编号中的行、列代码为 004003, 求所包含的 1:2.5 万地形图编号的行、列代码。

5. 1:2.5 万地形图图号中的行、列代码为 016003, 计算包含该图的 1:10 万地形图图号中的行、列代码。

6. 求图幅编号为 K51D006011、K50D001012 的相邻图幅的图号。

项目4　水系的编绘

项目描述

水系是地图内容的重要组成部分,是地图的骨架。本项目主要学习在地图上正确表示水系的基本要求,包括河流、海岸、湖泊的表示和综合要点。通过学习,完成河系的编绘、渠网的编绘、规则池塘群和不规则池塘群的编绘四个任务,达到掌握地图上常见水系类型的编绘方法。

项目目的

通过学习和实训,掌握河流编绘的方法;掌握湖泊、水库编绘的方法;能完成河流的编绘、湖泊的编绘、渠网的编绘等任务。

背景知识

1　河流的表示

水系是地图的骨架,在地图上正确表示水系内容具有非常重要的意义。地图制图学把地图上表示的全部水体总称为水系,包括海洋、湖泊、水库、池塘、河流、运河、沟渠、井、泉等自然和人工水体。

水体是地理环境的基本要素,对人类的生活和生产活动有很大的影响,并且水系对地貌的发育、土壤的形成、植被的分布和气候的变化也都有不同程度的影响。因此,水系在地图上的显示有很重要的意义。

地图上要求正确表示水系的位置、形状、大小、类型、分布特点和通行性能等要素,并正确反映水系与其他要素的联系。水系在多色图上一般用蓝色表示,分为点状(如井、泉)、线状(如河流、运河、沟渠)、面状(如海洋、湖泊、水库)三种类型。在制作地图时,水系被看作是主要地性线之一,常作为地图的骨架,对其他要素有一定的制约作用。

1.1　河流的表示和分类

1.1.1　河流在地图上按宽度的不同分类

河流在地图上按宽度的不同,可以表示为:不依比例尺的单线河、不依比例尺的双线河和依比例尺的双线河三种类型(如图4-1所示)。

当河流较宽或比例尺较大时,在地图上可以按真宽依比例用双线河符号表示。但是,随着地图比例尺的缩小,大多数河流在地图上只能用单线河流符号表示,单线河从宽度上说是不依比例尺的，单线河能反映出河流的流向、长度和形状，能区分主、支流，但不反映宽度。

表示单线河时，各级河流的绘制原则如下：单线河的线条宽度应该在 0.1 mm 至双线的最小宽度 0.4 mm 的范围内，自上游至下游逐渐加粗表示；支流入口处线条的宽度不应大于该处主流的宽度；长度相仿的河流，在图上的粗细也应大致相等，较短的单线支流基本上不必加粗。

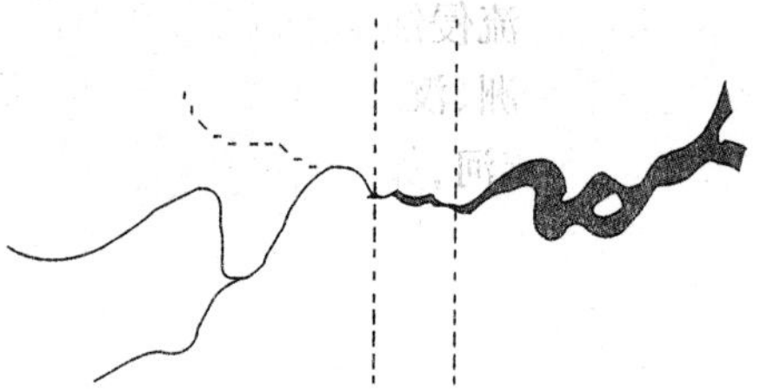

图 4-1　河流按宽度的分类

并非所有的单线河的粗细都必须是从最细 0.1 mm 绘至最粗 0.4 mm。粗细变化程度主要由河流长度决定，一般情况下可以依据以下规定：

河流长度	粗细变化
>20 cm	→0.1 ~ 0.4 mm
10 ~ 20 cm	→0.1 ~ 0.3 mm
0 ~ 10 cm	→0.1 ~ 0.2 mm

在小比例尺地图上，河流还有一种表示方法，即单线真形符号。它是把双线河符号内部涂实（深蓝色或其他颜色）表示的。有依比例尺和不依比例尺之分，一般多用于挂图和专题地图。这种符号效果比较突出醒目，能比较自然地处理过渡河段，并使河流图形生动、真实。

1.1.2　按河流的形状分类

河流的形状与河流本身的发育阶段有关。河流按发育阶段可以分为幼年河、壮年河和老年河。

幼年河：以下蚀作用为主的河流，河谷狭窄，两岸陡峻，河床坡降大且不均匀，多成急流瀑布；支流短而少，河道平直且少弯曲，河流的走向、弯曲与河谷一致。山区河流特别是河源部分通常属于幼年河，如图 4-2 所示。

壮年河：下蚀作用开始转换为旁蚀作用，谷地变宽，河床仅占河谷一部分，河流在谷地中摆动，河流弯曲与谷地弯曲不太一致，不过河流的弯曲仍多属于简单弯曲，只有少数地段开始发育汊流，河谷中沉积物逐渐增多。河流的中游或山地河流向平原河流的过渡阶段表现为壮年河，如图 4-3 所示。

图 4-2　幼年河

图 4-3　壮年河

老年河：河流侵蚀作用减弱，堆积作用加强；有宽阔的河漫滩，流速缓慢，河床常淤塞，水流常改道，多沙洲、汊流、辫流、牛轭湖，河漫滩往往被沼泽化。在高原、平原上或河流的下游都可能出现老年河，如图4-4所示。

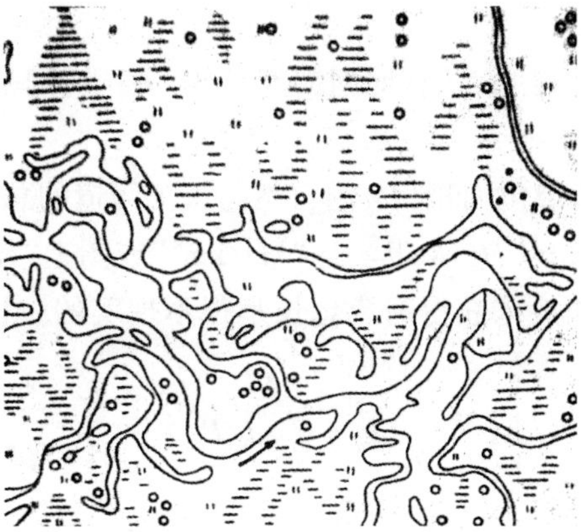

图4-4　老年河

1.1.3　按水流状况分类

河流按水流状况分为常年河、时令河、消失河段、地下河段等。

常年河：常年有水的河流，用蓝色实线表示常水位线，雨季的高水位岸线在大比例尺地形图上用棕色虚线表示。

时令河：季节性有水或断续有水的河流，用蓝色虚线表示。

消失河段：河流流经沙地、沼泽地时，河床不明显或地表水消失的河段，用蓝色点线表示。

地下河段：河流流经地下或穿过山洞的地段，也叫暗河或伏流，用蓝色“反括弧”符号表示进出口的位置。

雨后有水的河道叫干河床，干河床不是河流，属于一种地貌形态，用棕色虚线符号表示。

为了便于了解河流的水情变化，在河流符号的适当位置配有河宽、水深和底质、流速和流向的说明符号和注记。

1.2　河流附属物

河流的附属物包括两类：一类是自然形成的，如瀑布、石滩等；另一类是附属建筑物，如桥梁、渡口、水闸、拦水坝、码头、轮船停泊场、防波堤等。这些物体在地形图上分别用依比例尺或不依比例尺符号表示。自然形成的附属物，图上一般用蓝色符号；人工建筑的水系附属物，除与水涯线联系密切的码头、加固岸、防波堤等用蓝色符号外，其余都用黑色符号表示。

2　河流的编绘

2.1　河流的选取

大比例尺地形图上，河流要求表示得十分详细，随着比例尺的缩小，河流在图上的长度愈来愈短，间距愈来愈小。为了保证河流的详细性和清晰性，需要对河流进行选取。选取河流目前主要采用按分界尺度（最小尺寸）有条件地选取的方法，即选取大于或等于分界尺度的河流，小于分界尺度的河流则根据地图用途和反映区域地理特征的需要有条件的选取。

根据长期生产实践经验，选取河流的分界尺度一般是图上河长 1 cm、间隔 2 ~ 3 mm 作为取舍的标准。

2.1.1　河流选取标准的确定

确定河流选取标准的程序是：量算河网密度系数、进行河网密度分级和确定选取标准。

2.1.1.1　量算河网密度系数

河网密度系数(K)是指单位面积(P)内自然与人工河道的总长度(L)，以密度系数的形式表达。用解析式表示为 $K = L/P$(K 以实地"km/km^2"或图上"cm/cm^2"两种形式表示)。

依靠量测每条河流的长度来获得河流总长是很不现实的。目前，可用数理统计的方法直接用公式求出 K 值。

$$K = c\sqrt{n}/P \tag{4-1}$$

式中　c——参数，为 1.4 ~ 1.6；

P——流域面积；

n——河流条数。

2.1.1.2　进行河网密度分级和确定各密度区的选取标准

河网密度是确定新编图上河流选取标准的依据，但实地上河网密度系数的分布是连续的，为了选取的需要，需要对制图区域内的河网密度进行分级，然后在不同等级的密度区中确定目测可以判别的选取长度标准。

表 4-1 是武汉测绘科技大学提出的分级方案和相应的选取指标，可在编绘普通地图时确定河流选取指标参考。

表 4-1　我国河网密度分级选取标准

河网密度分区	密度系数(km/km^2)	河流选取标准(cm)	
		平均值	临界标准
较稀区	<0.1	基本上全部选取	
中等密度区	0.1 ~ 0.3	1.4	1.3 ~ 1.5
	0.3 ~ 0.5	1.2	1.0 ~ 1.4
	0.5 ~ 0.7	1.0	0.8 ~ 1.2
	0.7 ~ 1.0	0.8	0.6 ~ 1.0
稠密区	1.0 ~ 2.0	0.6	0.5 ~ 0.7
极密区	>2.0	不超过 0.5	

2.1.2　选取小于"分界尺度"河流的条件

2.1.2.1　具有特殊意义的小河流

具有特殊意义的小河流主要指具有军事价值、政治经济及地理意义的小河流，虽然其长度小于分界尺度但也应该选取。属于这种河流的有：荒漠缺水区的小河，作为国界的小河，反映湖泊类型和特征的小河，大河上唯一的或少有的几条小河，独流入海(或大湖泊)的河流，位于河源上的小河，与大、中居民地有联系的小河等。

2.1.2.2　反映河流类型的小河流

在很多时候，小河流往往成为影响河系图形特征的重要因素，如树枝状、格网状、羽毛状、辐射状等河系，主要就是靠小河来体现图形特征的。所以，有利于反映河系图形特征的小河，小于分界尺度时也要选上。

2.1.2.3　有利于反映河网密度差别和河网结构特点的小河流

不同地段的河网密度是有差别的，河网密度大的地段，应选取一些长度小于分界尺度的河流；河网密度小的地段，也可以舍去一些长度大于分界尺度的河流，使地图上不同地段河网密度的大小能得到正确显示。

对于河网的化简，也不能机械按照分界尺度选取，应着眼于整体结构特点，即外围轮廓、内部构网的形状、网眼大小，内外的连通与间断等情况酌情选取一些小河流。

2.1.3　选取河流的程序

选取河流的程序如图4-5所示。

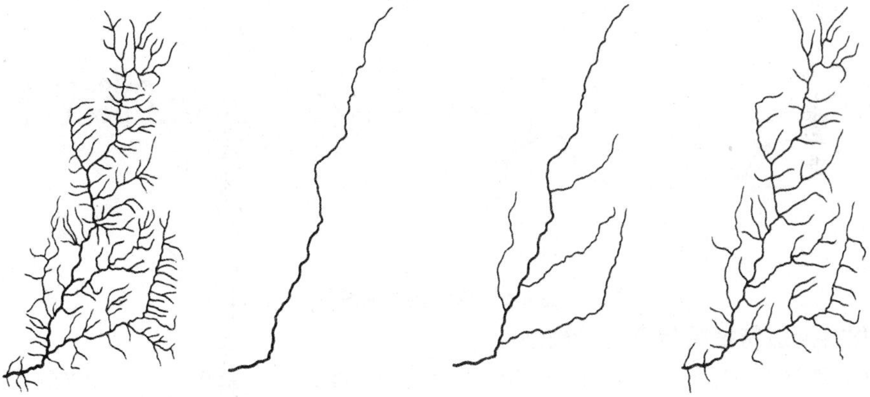

图4-5　河流选取程序

(1)确定主要河源、选取干流。判断主要河源的标志为：支流中最长的、有水源的(湖、泉等)、集水面积大的等。

(2)根据河流的分界尺度，由大到小地选取大于或等于分界尺度的河流，构成河系图形的基本“骨架”。

(3)根据条件选取长度小于分界尺度的短小支流，逐渐加密。

在选取河流时，注意正确使用临界标准。临界标准就是规定选取标准上的一个机动范围。例如，稠密区选取标准规定为0.5～0.7 cm，对于河流多的地区，应采用低标准(0.5 cm)，使图上选入足够的小河。临界标准还可以协调不同密度区的过渡。邻区河网密度大时，采用偏低的标准，多选一些河流；反之邻区河网密度小时，采用偏高的标准，少选一些河流，这样就可以避免不同密度区之间出现明显的阶梯，使两个相邻区域过渡自然，符合实地情况。在特殊情况下，小于临界值的河流也应适当选取(如独流入海的小河、通往湖泊的小河、干旱地区的常年河、羽毛状河系、格网状河系等)。

2.2　河流图形的概括

构成水系图形的基本形式是“线“(包括水涯线、单线河等)，对于线状地物的图形概括主要是减少弯曲。其基本要求是保持位置准确、保持河流形状的基本特征和不同河段间弯曲程度的对比,使综合后的图形仍与实地相似。下面就具体讨论河流图形概括的原则和方法。

2.2.1 保持不同河段弯曲程度的对比

自然界中每条河流都是由不同大小的弯曲形状组成的。同一河流的不同河段(例如上、中、下游)或同一河系的各支流间的弯曲程度和弯曲数量都不同。因此,在进行图形概括时,必须正确反映每条河流及各个河段上弯曲程度的对比。

通常,用目测法按弯曲程度进行分级,分段不必十分精确,主要以视觉观察能分辨出弯曲程度不同即可。但分段多少应适当,分段过多,不同地段弯曲数目差别不明显,对实施形状化简没有实际意义;分段过少,不利于形状化简的实施,一般 3 ~ 4 段即可,如图 4-6 所示。然后针对不同地段,分别规定不同的化简指标。在弯曲程度大的河段,删除弯曲尺寸应小些,要适当多保留些小弯曲;在弯曲程度小的河段,删除弯曲尺寸略大些。这样,经过概括后仍然能反映不同地段弯曲程度的对比,同时能保证各河段综合一致性,不会忽大忽小或发生弯曲对比倒置现象。

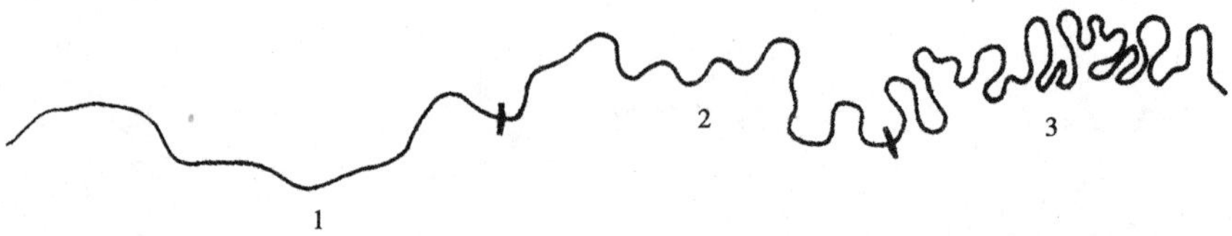

图 4-6　河流按弯曲分级

2.2.2 保持河流特征转折点的精确性

概括河流图形时,首先要找出河流特征转折点,如河流的大拐弯点、河流的交汇点等。这些点构成河流图形的基本骨架,有利于反映河流图形特征。因此,图形概括时应严格保持其位置的准确和转折的形状特征,否则会引起河流变形,如图 4-7 所示,箭头指向的位置为特征转折点。

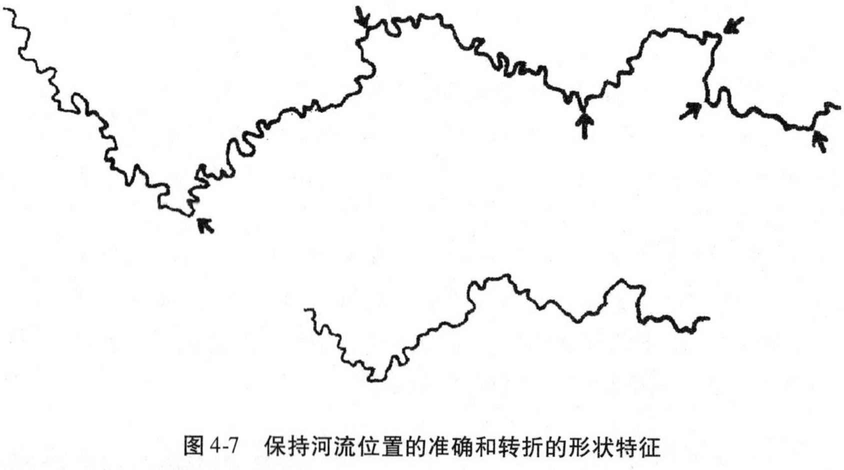

图 4-7　保持河流位置的准确和转折的形状特征

2.2.3 化简碎部、夸大重要弯曲

河流形状的概括,就是要删除那些小于分界尺度的小弯曲,使形状的基本特征更加明

显。地图上双线河的水涯线和单线河，一般应保留直径大于0.5 mm的小弯曲。不同形状弯曲的最小尺寸不得小于最小尺寸规定（一般规定半径为0.4～0.6 mm，宽度为0.6～0.7 mm），小于此标准又无特殊意义的小弯曲可以舍去。概括图形时须沿着弯曲口的外缘呈微弧状越过，将小弯曲切除。对于沿河床基本轴线两侧来回摆动的小弯曲，应采取在两侧交替删除、合并弯曲的方法，并注意保持弯曲舍去后，形状自然生动的特点。同时，由于综合时是按河流弯曲的外缘进行综合，即扩大了弯曲部位的形状，使图形概括时所造成的河长损失得到补偿，能够保证河流长度不过分缩短。

一些小于最小尺寸的重要小弯曲，如河流的突出拐弯，不仅不能舍去，反而要夸大表示，因为这些弯曲对显示图形特征极为有利。夸大时注意保持形状相似，沿轮廓的外缘或内缘描绘，夸大到最小尺寸即可，不能随意夸大。实际上夸大和删除经常配合使用。

2.2.4 保持弯曲形状的基本特征

河流的弯曲分为简单弯曲和复杂弯曲。简单弯曲包括微弯曲、三角形弯曲、半圆形弯曲、环形弯曲和菌形弯曲、复杂弯曲。

（1）微弯曲：弯曲系数接近于1，河流上游的溪涧、山地河和大的平原河常有这种弯曲。

（2）三角形弯曲：大河的河谷弯曲和初期发展的河曲常有这种形状。

（3）半圆形弯曲：是典型的河曲，弯曲系数约为1.57。

（4）环形弯曲和菌状弯曲：是河曲进一步发展的形状，弯曲系数约为3.36。

（5）复杂弯曲：是由这种河曲和次生弯曲所组成的弯曲。

概括河流图形时应保持原有弯曲的基本特征，以显示河流发育各阶段的不同特征。

由于河流的弯曲形状同弯曲度有密切关系，保持河流弯曲形状的特征，实质上也就做到了保持不同河段弯曲程度的对比（如图4-8所示）。

图4-8 保持河流弯曲的特征

2.2.5 反映河流不同发育阶段的图形特点

在山地以下切作用为主的深切河曲，河床弯曲与河谷弯曲一致。综合时，应保持河流弯曲与等高线图形相互协调，即删除河流小弯曲时，等高线弯曲应同时删除。在山地向平原过渡地段，由于旁蚀作用加强，河床弯曲与河谷弯曲不大一致，综合时应保留一些小的河床弯曲，不应人为地使河流图形与等高线图形一致。

平原上的河流由于堆积作用加强，出现复杂的河漫滩河流，有大型的复杂蛇曲、众多的河中沙洲、汊流、辫流、牛轭湖等，综合这类河流时应注意：

（1）正确反映主流和汊流的相对宽度和外围河道的范围，反映河道的网状结构及汊流的密度对比关系。当汊流按比例尺缩小后不能用双线表示时，可改用单线符号表示。

(2)河中岛屿(或沙洲)独立存在时，只取舍不合并。当岛屿相互靠近、彼此又有明显联系时，可保持其形状和延伸特点进行合并，并可将双线河道改为单线绘出。描绘岛屿图形时，注意岛屿朝上游一端的岸线圆浑，朝向下游一端的岸线较尖锐而拖长，它们间接地表明了水流的方向。

(3)对于两岸的河汊应考虑其大小及与湖泊等的联系进行化简，将主要的夸大为双线表示，次要的改为单线或舍去。

对于河漫滩上的湖泊，应反映其分布、排列与相互联系的特点。相互间有水道相通的，应选取水道，以保持“串湖”特征。当长条形湖泊和牛轭湖不能以双线表示时，可用真形单线表示。

3 水系的类型和编绘

许多河流汇合起来构成的系统称为水系，又称河系。水系的集水面积称为流域，流域的边界是分水线，或称分水岭。分水线有的是山脊，有的是高原、平原等平坦地带。水向分水线的两侧按相反的方向流入不同的河流，最后汇入相邻的水系。

汇入海洋或闭塞的内陆湖泊或死海的河流称为干流。一条河流汇入另外一条河流，则前者是后者的支流。水系中各河流可以按汇流次序划分为许多级支流，汇入干流的河流称为一级支流，汇入一级支流的河流称为二级支流，依次类推。

汇入大洋的河流称为外流河，如长江、黄河、黑龙江、珠海、淮河等注入太平洋，雅鲁藏布江注入印度洋，新疆西北部的额尔齐斯河注入北冰洋。注入内陆湖泊、盆地或没入沙漠，而不与海洋连通的河流称为内陆河，如弱水河、疏勒河、塔里木河等。

河流的分布受地形和地质构造的制约，因此不同的水系图形，也可以说明当地的地形和地质构造。水系的形式主要取决于各级河流的相互分布和支流注入主流所形成的角度，常见的水系类型有以下几种。

3.1 树枝状水系

各级支流从不同方向注入主流，支流汇入主流处呈锐角相交，犹如树枝。这种水系分布于水平的或接近水平的沉积岩地区，也分布于地面倾斜平缓、岩石抗蚀力一致的古老结晶岩地区。树枝状水系最为常见。

为了反映树枝状水系的特点，应多选一些小支流，尤其对主流两侧支流的长短和数量不平衡的树枝状水系，更应注意不得画成支流都在一侧。同时，应正确显示主支流呈锐角相交的特点(如图 4-9 所示)。

3.2 格子状水系

河流多接近直角的转折，支流汇入主流处也近似直角，构成格子状的图形。这种水系分布于褶皱山地或单斜构造区域，由沿岩层走向和横穿岩层走向的河流组成，如大巴山山地的水系。在平行节理和断层地区也常形成格子状水系。

为了反映格子状水系的特点，应优先选取构成网格状特征的支流，舍去一些斜交的小河，并保持主、支流接近直角相交的特征(如图 4-10 所示)。

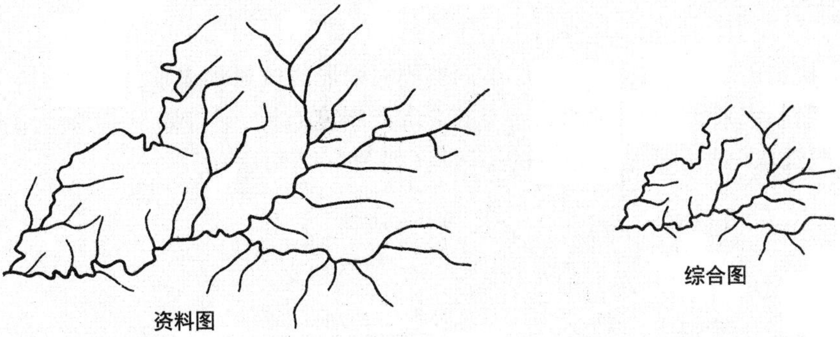

图4-9　树枝状水系

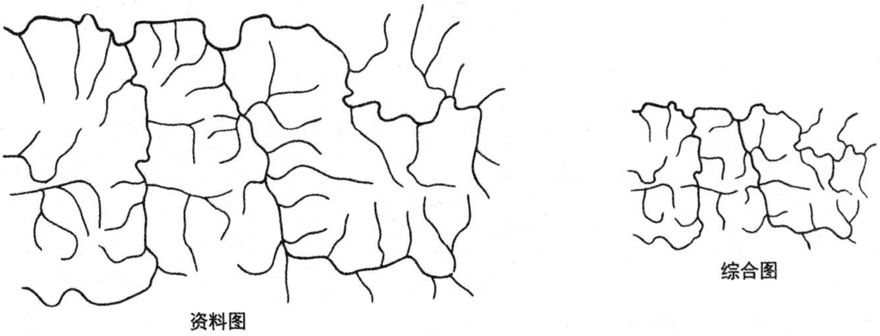

图4-10　格子状水系

3.3　平行状水系

具有平行的和大致平行的河流和支流，多发育在倾斜平缓的地段上。淮河北岸的许多支流是典型的平行状水系。

对于平行状水系，应着重选取互相平行的支流，当两支流间距小于2 mm时，可适当舍去部分长度大于选取标准的河流及有碍于反映平行状河系特征的支流（如图4-11所示）。

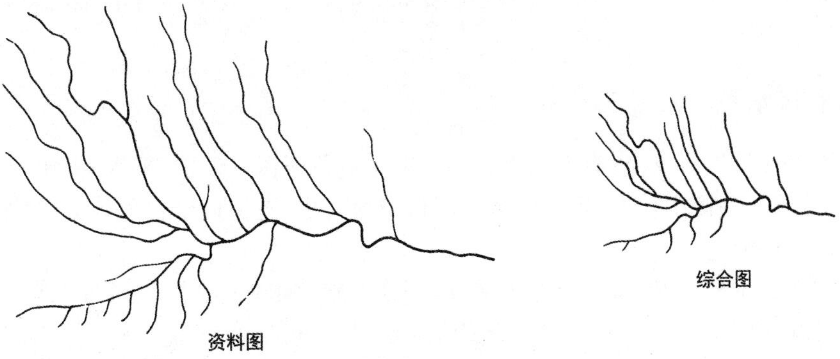

图4-11　平行状水系

3.4　放射状水系

在穹形构造山或火山地区，河流顺坡向四周放射形成放射状水系。

对于放射状水系，为了照顾四周河流的选取及密度对比，不得偏于一侧，为了反映辐射状的特征，应选取一些小于选取指标的小河流（如图 4-12 所示）。

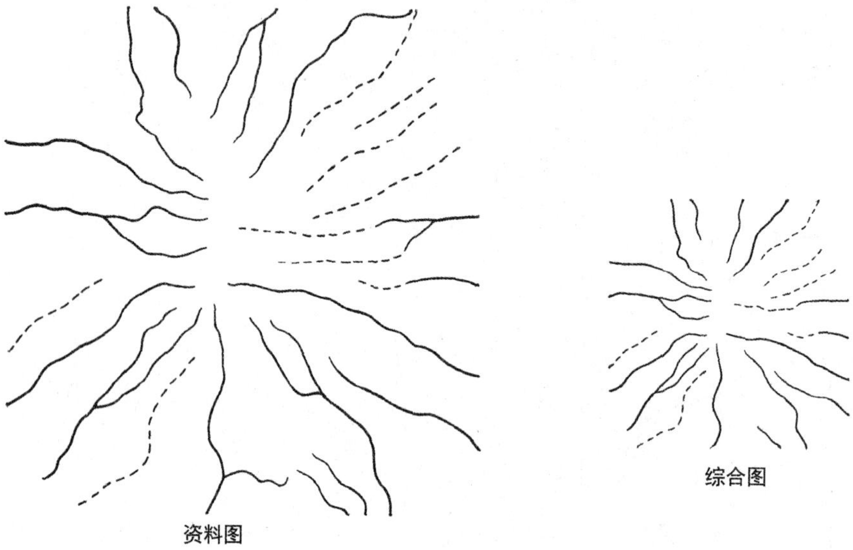

图 4-12　放射状水系

3.5　扇形水系

许多支流于同一地点汇入主流或自一点顺坡向散流形成扇形水系。如北运河、永定河、大清河、子牙河、南运河五河于天津汇入海河。冲积扇、洪积扇和三角洲上的许多河流常构成扇形水系。

为了反映扇形水系的特点，应主要选取主流和外围河道保持扇形特征的河流，然后视间隔大小选取内部河流，当两条河流间隔小于 3 mm 时，可舍去某些大于选取标准的支流（如图 4-13 所示）。

3.6　羽毛状水系

干流沿途接纳许多支流，有如羽毛状。一般干流位于深谷低地，平直、粗壮，流向与山岭平行；支流分布于两侧山坡上，短小而接近平行、对称，主、支流近于直角相交，形如羽毛。如河南省境内的洛河。

对于羽毛状水系，要保持支流近于平行，两侧支流大体对称，主、支流近于直角相交的特点。为了反映两侧支流数量对比和同侧支流疏密对比，可适当选取一些小于选取指标的小河流（如图 4-14 所示）。

3.7　网状河系

网状河系多分布在雨量较多、河网密度较大、地势平坦的冲积平原和河口三角洲地带。

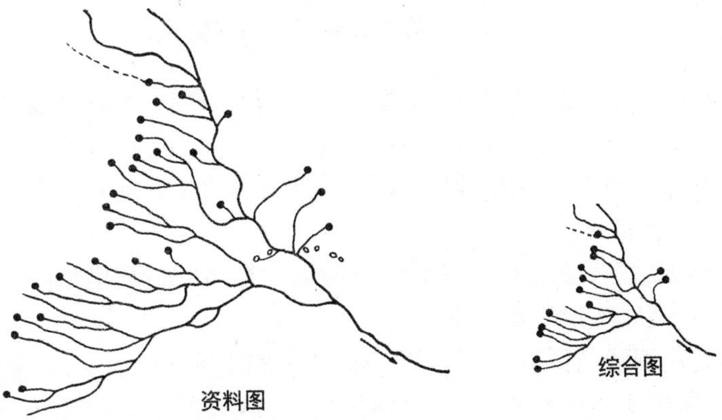

图 4-13 扇形水系

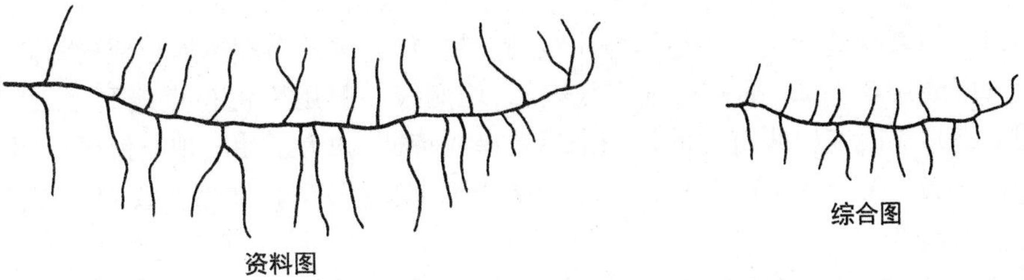

图 4-14 羽毛状水系

主、支流交织如网，汊流众多，且多与湖泊、沼泽相连，也称迷宫河系，如黄河河套地区、长江中下游平原等地区。

要选取主河道和外围河道最长、最宽的河流，取舍内部次要河道，注意反映河流交错特征和格网密度对比，反映总的流向和彼此间的联系；当汊流不能用双线表示时，可改成单线，相邻河道间隔不能小于 2 mm（如图 4-15 所示）。

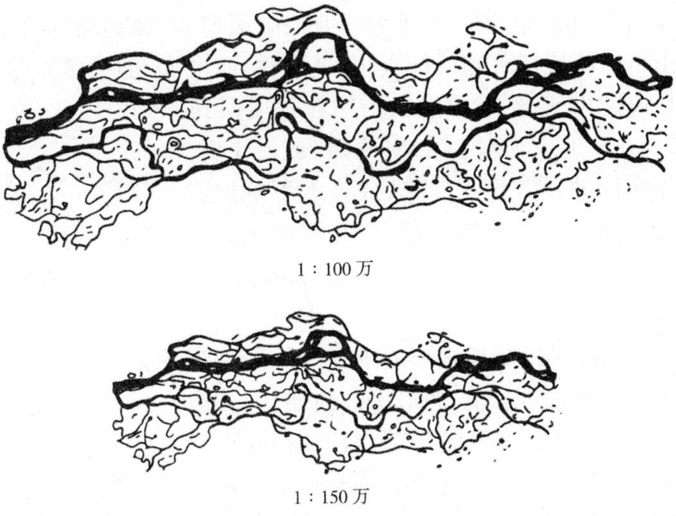

图 4-15 网状河系

4　海岸的表示和编绘

地图上表示海岸不仅是描绘水陆相交的水涯线，而且要表示沿岸受海水侵蚀、搬运和沉积所形成的地形。

海岸是海水和陆地相互作用的狭长地带，由沿岸地带（后滨）、潮浸地带（干出滩）和沿海地带（前滨）三部分组成。

沿岸地带：亦称后滨，是高潮线以上狭窄的陆上地带，是高潮波浪作用过的陆地部分。地图上主要通过等高线或地貌符号来表示。

潮浸地带：是高潮线与低潮线之间的地带。高潮时淹没在水下，低潮时露出水面，地形图称为干出滩。由于海边地质构造及海水侵蚀力大小不同，形成了各种干出滩，如沙滩、砂砾滩、岩滩、珊瑚滩、淤泥滩、贝类养殖滩、红树滩等。各类干出滩是地形图上表示海岸的重点，它对说明海岸性质、通航情况、登陆条件等很有意义，通常在相应范围内填绘各种符号表示其分布范围和性质。小比例尺地图上一般表示得比较概略，如只区分岩岸、沙岸、泥岸等。

沿岸地带和潮浸地带的分界线即海岸线，它是多年大潮的高潮位所形成的海陆分界线。地形图上海岸线用0.1 mm的蓝色细实线表示，低潮线一般用黑色粗点线概略表示。小比例尺地图上常常靠改变岸线符号的粗细来反映岸线特征，如为了使陆地与海区分明显，常将海岸线加粗（0.2～0.25 mm），有时为了强调岸线细部特征，又允许用变线划的方法适当改变岸线符号的粗度。

沿海地带又称前滨，它是低潮线以下直至波浪作用的下限，近岸海区约为30 m深处的一个狭长的海底地带。地图上重点表示该区域范围内的岛礁和海底地形。

4.1　海岸的形成

海岸是在波浪、潮汐、风、河流、地质构造和岩性、生物、地壳升降运动及海面变动等许多因素的影响和作用下形成的。

波浪是形成海岸最活跃的动力因素。风作用于海面形成波浪。波浪在向海岸前进的过程中因受海底的摩擦发生变形、倒转而破裂。波浪破裂后，水体向着海岸一进一退地流动，称为击岸浪流。击岸浪流挟带着碎屑物质，在进流时，速度大，能挟带重量大的粗粒物质向上流动；在退流时，速度小，带不动重量大的粗粒物质回到原处。因此，在击岸浪流的作用下，粗粒物质就堆积在岸上成为水上阶地（海滩）或沿岸堤，细粒物质仍被带到较深的地方堆积起来，成为水下阶地或水下沙堤。水下沙堤如进一步向岸边移动，并露出水面即成为离岸沙堤。离岸沙堤与海岸之间常形成潟湖，如图4-16所示。

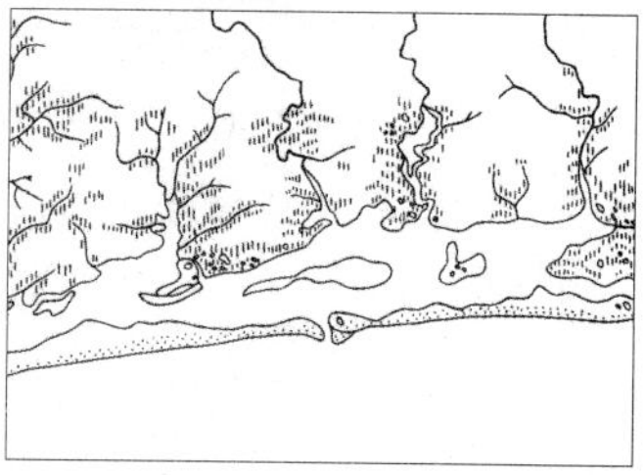

图4-16　潟湖海岸

在波浪前进方向和海岸斜交处则形成沿岸流。沿岸流挟带着冲积物沿着海岸作纵向运动，遇海岸方向变化，波浪作用减弱的地方就发生沉积。在海湾顶部、防波堤、码头和丁坝两旁形成三角滩，在湾口、河口及海岸突出处形成各种形态的沙嘴、拦湾坝、连岛坝等。沙嘴、沙坝是海滨不稳定的堆积地貌，其平面图形往往是外侧平滑、内缘曲折。

在陡峻的基岩海岸，波浪冲击海岸，使海岸斜坡与海面相交处被冲蚀形成凹槽，上部岩石崩坠逐渐向陆一侧后退，形成陡壁，称为海蚀崖。

海蚀崖被冲蚀不断后退，在前面形成一个平台，称为海蚀平台。平台上的砂砾在波浪带动下往返移动把平台磨蚀得更为平坦。

河流从大陆挟带泥沙入海，大部分沉积于海岸带，在河口地区形成三角洲海岸。

地壳上升或海面下降，会使海底出露，海岸线外移，形成海成阶地并使陆地增大。如地壳下降或海面上升，则形成海侵，海岸线内移。陆地上的高山深谷，下沉在海水以下，则形成曲折的岩岸和港湾，高山成为岛屿。海岸线和陆地地形起伏一致，地图上海岸线和等高线套合。海岸线的图形和地质构造以及切割性质有密切的关系，淹没构造线和海岸线直交或斜交的山地形成横式海岸，如西班牙的里亚斯海岸、我国的东南沿海。淹没构造线和海岸平行的山地形成纵式海岸，如南斯拉夫的达尔马提亚海岸。淹没 U 形冰川谷或断陷谷地形成的峡湾海岸。

我国海岸先期完全是下降的，如辽东半岛、山东半岛和东南沿海的沿岸地区，一般都有沉降海岸的特点，海岸曲折，多港湾岛屿，沿岸海水较深，受海浪冲蚀形成海蚀崖、海柱、海洞等地形。辽河平原、华北平原、长江三角洲、珠江三角洲等沙岸地区，河流冲积层都十分厚，说明海岸下降速度和河流冲积速度大致相等。钱塘江口的杭州湾是海水淹没河流下流形成的溺谷。我国有许多因海岸上升而形成的地形，山东半岛、福建、台湾和广东的海岸都有海蚀阶地和浅海堆积阶地的分布，澎湖列岛、雷州半岛和海南岛北部原来都是海底的玄武岩阶地，现在露出海面形成岛屿和半岛，南海诸岛大部都是隆起的珊瑚礁。

4.2　海岸的类型

根据海岸带的形态和成因分类，我国海岸的类型如下。

4.2.1　平原海岸

平原海岸是后滨低平的泥沙质海岸，主要分布在杭州湾以北的东部大平原的前缘，在东南沿海和南海沿岸也有小段分布。它包括三种海岸：三角洲和三角湾海岸、淤泥质平原海岸、砂砾质平原海岸。

（1）三角洲和三角湾海岸：滦河三角洲、黄河三角洲、长江三角洲、杭州湾、韩江三角洲、珠江三角洲及口外三角湾。

三角洲海岸的主要特点是：陆地不断向海中伸展，有宽阔的潮浸地带和沙嘴等堆积物。由于供沙条件、动力条件等的差别，三角洲的形态也各有差异。如黄河三角洲是由黄河带来大量泥沙和河口摆动所形成的扇形三角洲，是一个十分典型的三角洲海岸（如图 4-17 所示）。

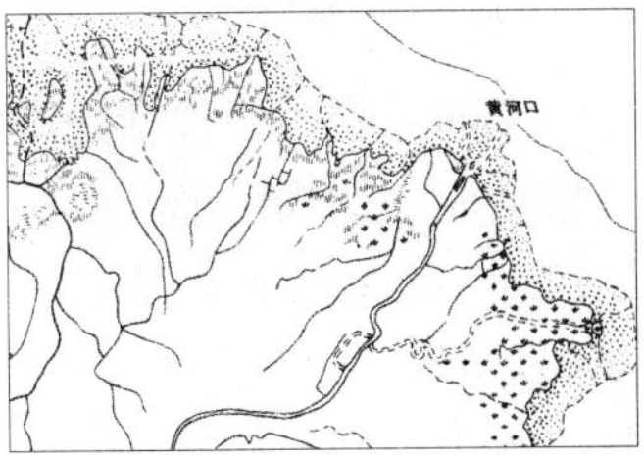

图 4-17　三角洲海岸

（2）淤泥质平原海岸：辽东湾、渤海湾、莱州湾、苏北平原海岸及辐射状沙洲。这种海岸的主要特点是：岸线平直、岸坡平缓、有宽阔的潮浸地带（如图 4-18 所示）。

（3）砂砾质平原海岸。砂砾质平原海岸以台湾西海岸较为典型，河北省山海关至滦河三角洲之间也属此类。这种海岸的特点是：岸线平直、岸坡平缓、岸滩宽阔、前滨有大量堆积物。

4.2.2 基岩海岸

由岩石构成的海岸为基岩海岸。我国山东半岛、辽东半岛的部分岸段，浙、闽、粤、桂的绝大部分海岸以及台湾东海岸等都属于基岩海岸。基岩海岸又包括海岸挺直的断层海岸和海岸曲折的岬湾式海岸。

断层海岸是由断层作用形成的，以台湾东海岸最为典型。它的特点是岸线平直，岸坡陡峭，有的岸壁高达 1 800 m，是世界上最高的海岸断崖。

岬湾式海岸的基本特点是：具有突出的海岬和深入的海湾，岬湾相间，岛屿罗列，海岸曲折，岸坡陡峭，海岬出现海蚀地貌，海湾多有海积地貌。由于各地海岸的具体条件不同，又可分为基岩侵蚀海岸、基岩砂砾质堆积海岸和港湾式淤泥质海岸。

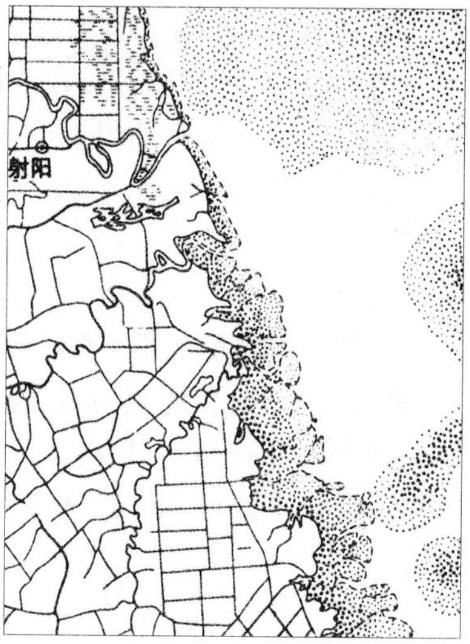

图 4-18　淤泥质平原海岸

4.2.3 生物海岸

生物海岸是由某种生物作用形成的特殊海岸形态，主要有珊瑚礁海岸和红树林海岸。

(1)珊瑚礁海岸。在热带地区海洋里生长着大量的珊瑚虫，它们死后在岛屿或大陆边缘堆积成珊瑚礁，从而改变了海岸原来的形态和性质，这种海岸称珊湖礁淤泥质平原海岸。

珊瑚礁海岸依其特征可分为裙礁、堡礁和环礁三种。裙礁是一种与海岸相连、宽度不等、水深很浅的珊瑚礁平台，我国的台湾、海南岛有这种海岸。堡礁离岸较远，与海岸之间隔着平浅的潟湖，呈堤状或不连续岛状围绕着海岸。环礁是一种平面上呈环形的珊瑚礁，中间围着潟湖，我国海南诸岛多属此型。

(2)红树林海岸。在热带或亚热带的潮滩上(尤其是淤泥滩)，有的地方生长着一种喜盐木本植物群丛——红树林，涨潮时只有树冠露出海面，退潮后潮水沟蜿蜒其间，变成通行极端困难的海岸泥沼带，这种海岸称为红树林海岸，在我国粤、闽、台、桂等省沿海港湾、河口均有分布。

生物海岸在地图上用相应符号表示其类型和分布范围。

4.3 海岸的编绘

海岸的综合主要包括海岸线的图形概括、海岸性质的概括和沿海岛屿的综合。

概括海岸线的图形与概括其他水系要素的图形一样，应保持主要转折点位置的准确和各岸段间弯曲程度的对比、保持海陆面积的对比，凸向海域的岸段一般夸大陆地、舍去海域碎部；凹入陆地的岸段则应夸大海域、舍去陆地碎部；以及注意显示海岸线平面图形的类型特征。海岸性质的概括即岸段质量特征的概括，主要表现为类别的概括、合并类似岸段等。下面分别讨论平原海岸和山地丘陵海岸的编绘。

4.3.1 平原海岸的编绘

(1)以柔和的弯曲反映岸线平缓圆滑的图形特点。

(2)反映沿岸堆积物的形状和发展趋势。如概括沙嘴、沙堤、沙坝时应注意保持其形状和方向。沙嘴、沙坝、沙堤都具有迎海面平滑、背海面多弯曲的特征。因迎海面受海浪和沿岸流的作用，不断削平岸线；而背海面则是自然堆积而成的，所以概括时不要轻易拉平，内侧坝头的形状和延伸方向应很好地描绘，过窄的可稍放宽。

沙嘴逐渐发展延长封闭湾口形成潟湖，大部分潟湖与海岸平行。概括潟湖海岸时也应反映出湖岸比海岸多弯曲的特点。

(3)反映干出滩的性质、内部结构和范围。平原海岸的干出滩范围较宽，内部结构较复杂，岛屿、河道、潮水沟分布密集，纵横交错。综合时应反映出干出滩的性质、内部结构和范围。

干出滩的性质由填绘相应的符号表示。比例尺愈大表示得愈详细，随着比例尺的缩小，干出滩的分类也愈来愈概略了。干出滩上的河道、潮水沟等可作较大的取舍，应首先选取长的、与河流有联系的，注意反映主次关系、联系和流向以及稠密区的构网特征，同时注意反映干出滩的形状和范围大小。

(4)正确反映三角洲海岸的形态特点。三角洲海岸具有如下几个特点：突向海洋的三角形；岸线轮廓与干出滩、沙坝所围形状的一致性；河流、港汊、潮水沟呈扇状分支以及大河高水界与港汊相互联系等。

概括时应正确选取主河道、外围河道、汊流、潮水沟及外围的沙坝，在保持其外形和呈扇状分支的基础上，删除碎部小弯曲、化简内部结构并保持相互间的联系。此外，对于河口及河中的沙洲可以合并，减少支汊，不够绘成双线的改为单线表示，保持河网结构特征和密度对比。图4-19是三角洲海岸的综合示例。

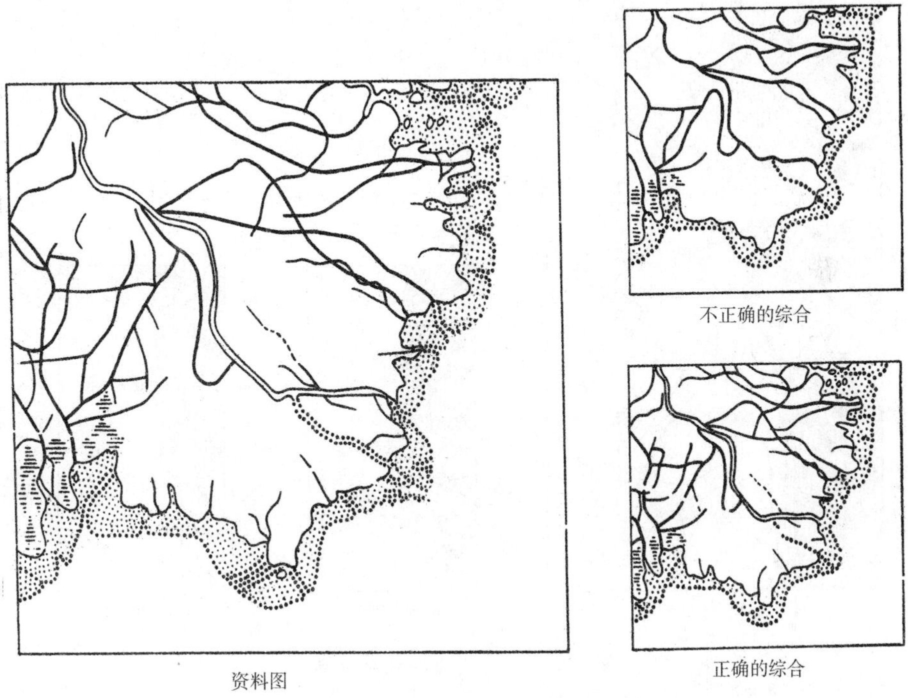

图4-19　三角洲海岸的综合

(5)正确表示海岸地带的地质状况和范围。对于沙嘴、沙坝、沙洲、后滨沙丘、沼泽、盐碱地等，应配置相应的土质符号，并反映其分布范围。

4.3.2 山地丘陵海岸的编绘

(1)用带棱角转折的曲线,反映岸线生硬、曲折的图形特征。对于尖窄的岩岬应保持尖角状,不要轻易合并或削圆,必要时可夸大。

(2)反映岬角、海湾交替出现,侵蚀与堆积地形互相联系的特点。概括岬角时要用硬笔调强调图形尖窄、生硬的特点,尤其是多曲折的岬角应保留其主要转折点,在概括手法上要以正向形态为主,删除小弯曲,对能显示岬角特征的小弯曲,则须夸大表示,并注意保持其角度和方向的准确。岬角处可适当配置陡岸和岩滩符号。

对于海湾的综合,要用软笔调显示其图形较圆滑的特点。在概括手法上应以负向形态为主,删除湾内微小岬角,扩大负向形态。在海湾堆积处配置相应干出滩(如沙滩或泥沙滩)的符号。

(3)反映盐滩、岛、礁的分布特征。盐滩、岛、礁对航行障碍甚大,应详细表示。

(4)保持岸线与等高线的协调性。在概括岸线时,应与地貌等高线的概括联系起来考虑,尽量使两者在删除碎部的方向和综合程度上取得一致,以保持近岸等高线和海岸线的协调性,但有堆积地形的部分不应协调一致。同时,为了反映岬湾海岸后滨陡直、坡折明显的特征,注意不要使近岸等高线向陆地方向移位。图4-20为丘陵海岸的综合示例。

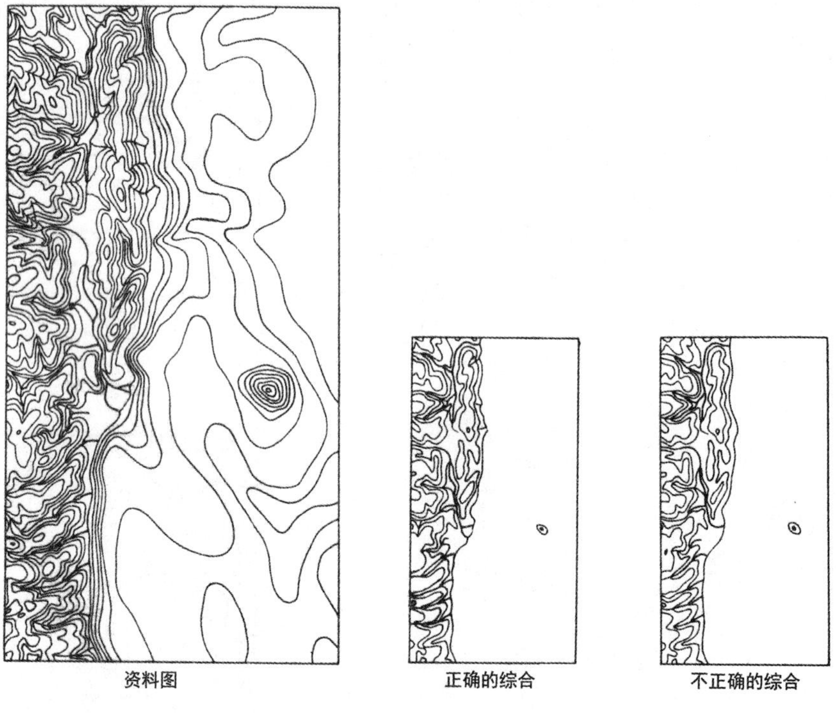

图4-20　丘陵海岸的综合示例

5　湖泊和水库的编绘

湖泊是有水的大陆洼地。形成湖泊必须要有四周高、中间低、边缘有一定坡度的地形,同时,湖底要有不透水层,湖水的积集量要大于损失量。湖水的来源有湖面降水、入湖河流和入湖地下水,湖水的损失有湖面蒸发、出湖河流和出湖地下水。

5.1　按照湖泊排水的条件

按照排水的条件,湖泊可以分为:

(1)闭口湖:无水流自湖中排出的湖泊。

(2)外流湖:有水外泄的湖泊。

(3)吞吐湖:有地面水流入,也有地面水从湖中流出的湖泊。我国许多湖泊如洞庭湖、鄱阳湖、洪泽湖等都属这一类。其中,有的湖泊形状狭长,流速较大,像扩大的河流,叫作活水湖,如安徽的女山湖。

5.2　按照湖水所含盐分的多少

按照湖水所含盐分的多少,湖泊可以分为:

(1)咸水湖:湖水所含盐分超过3.5%。这类湖泊分布在干燥地区,湖水浅、无出口,蒸发量大,使盐水浓度增加。

(2)微咸水湖:湖水所含盐分为1%~3.5%。

(3)淡水湖:湖水所含盐分和其他矿物质在1%以下。

5.3　湖盆的成因

形成湖泊的洼地称为湖盆。湖盆的成因很多,可以分为:

(1)构造湖盆:由地壳构造运动,引起地壳断裂、下陷而形成的湖泊,如图4-21所示。这类湖泊的形状多成长条状,其方向与构造线一致,如死海和我国的青海湖。

(2)火山湖盆:由火山喷出的熔岩流或火山灰将河道填塞而成,如镜泊湖、五大莲池(如图4-22所示)。火山口积水成湖称为火山口湖,如长白山主峰白头山顶部的天池。

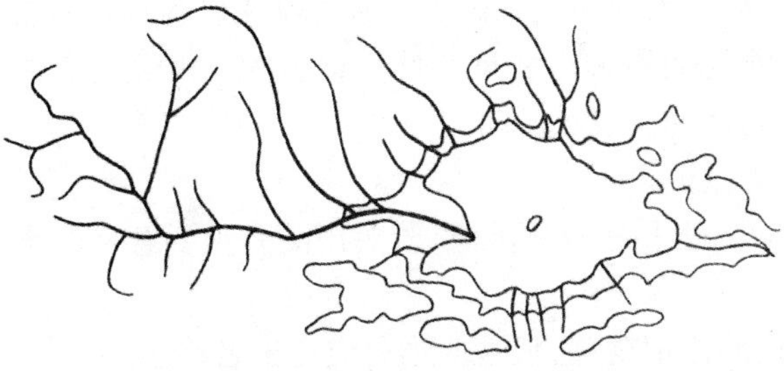

图4-21　构造湖盆

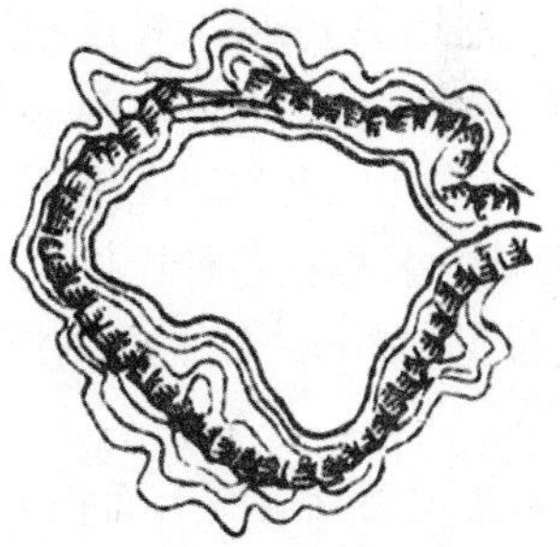

图4-22　火山湖盆

(3)河成湖盆:由河流的侵蚀和堆积作用形成,如河漫滩洼地积水形成湖泊,河曲发展切断颈部形成的牛轭湖(如图4-23所示)。

(4)冰川湖盆:由冰川的侵蚀作用形成,这类湖泊都分布在高山、高原及欧洲、亚洲、北美洲的高纬度地区,如西藏高原北部的许多湖泊。新疆天山天池因河谷冰川被冰川沉积物堵塞而形成。斯堪的那维亚半岛、苏联欧洲部分西北部和加拿大等地有许多前期大陆冰川作用形成的稠密的湖泊区。

(5)海成湖盆:由海洋的作用所形成,因波浪和海流的冲蚀和搬运堆积作用形成沙坝,封闭海水形成潟湖(如图 4-16 所示)。

(6)溶蚀湖盆:由岩溶作用形成。

(7)风蚀湖盆:干燥地区由于强大风力的侵蚀和堆积作用,形成浅水湖泊。

湖泊也和其他自然现象一样是不断地发展和变化的。湖泊的岸线受波浪和湖流的侵蚀和堆积作用,弯曲逐渐被夷平,岸坡倾斜逐渐和缓。河流带来泥沙,湖岸被侵蚀产生的碎屑物质和水生生物的尸体逐渐堆积,使湖泊变浅,湖面缩小,湖底由凹凸起伏趋向平坦。水生植物逐渐生长使湖泊沼泽化。

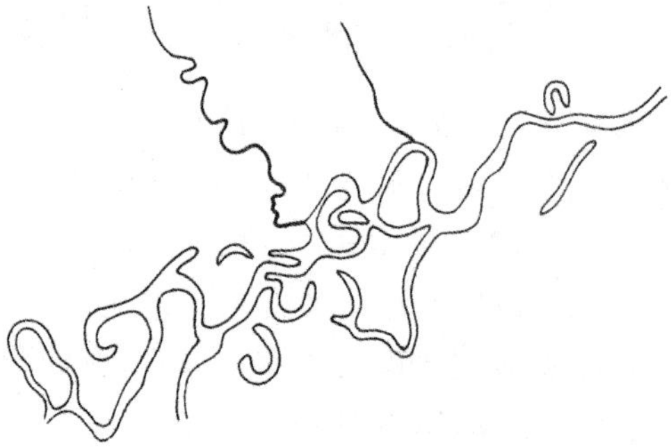

图 4-23　河成湖盆

湖泊的选取必须考虑湖泊的分布特征。选取湖泊的一般标准是图上面积 1 mm^2。图上面积大于 1 mm^2 的湖泊全部表示。中、小比例尺地形图上,最好规定较低的标准,即 0.5 ~ 1 mm^2。在湖泊密度大、小湖多的湖泊区,可以用点状符号表示更小的湖泊。一般地区只有特殊意义的小湖,图上面积不足 0.5 mm^2 者可适当放大表示。湖泊岸线的概括对于小的湖泊应保持湖泊的形状;对于大的湖泊应保持岸线弯曲的形状,表示沿岸侵蚀和堆积作用形成的地貌形态。湖泊图形概括的方法和海岸图形概括相同,在此不再赘述。

6　水系的名称注记

现行图式规定用左斜宋体注记河流、湖泊等的名称。河流名称注记的字列应与河床大致平行,视河流在图上的宽度配置于河心或河边。很长的河流应重复注记,在图上每隔 10 ~ 15 cm 配置一个。河流入海和入湖处应加注记,主支流汇合处应注记主流的名称。

在一览地形图上,图上长度超过 3 cm 的河流均须注记名称。大河各段往往有不同的名称,应分段注记各自的名称。河心岛屿、洲、滩视面积大小和重要性注记名称。河流上大的浅滩、瀑布均须注记名称。图上不易判断流向之处应表示流向。

海、海峡的名称在各种比例尺地图上均应注记。

图上面积在 2 cm^2 以上的港湾要注记名称,面积较小的港湾,若对用图有重要意义的也应注记名称。

近海密集的岛、礁,图上面积大于 2 mm^2 的注记名称,孤立的小岛应注记名称。

注记字大小根据海峡、港、湾、岛、礁的大小统一规定。

湖泊面积在 10 mm^2 以上的应注记名称,人烟稀少地区独立的小湖应注记名称。

港湾、湖泊的名称注记应沿着水体延伸的方向配置。群岛的注记、群岛中各岛的注记、湖泊的总名和分名的配置都要使注记和所指图形的关系明确。

大比例尺地形图上,双线河还应注记河宽、水深、流速、流向。这些资料一般应注记在浅滩、徒涉场和便于渡河之处。大河深度可以从航道图上查到,小河深度在测图或调绘时测定。流向用箭头符号表示,箭头符号的大小可视河流大小变化,一般为 5 ~ 10 mm。流速以 m/s 为单位计算,注于箭头中部。图上双线河能容纳箭头符号时,箭头置于水崖线之间。流向符号和流速注记应配置在河名注记附近。

项目实施

任务1　河系的编绘

1.1　任务内容

树枝状河系的编绘,基本资料图比例尺为1∶50万(如图4-24所示),新编图比例尺为1∶100万(如图4-25所示)。

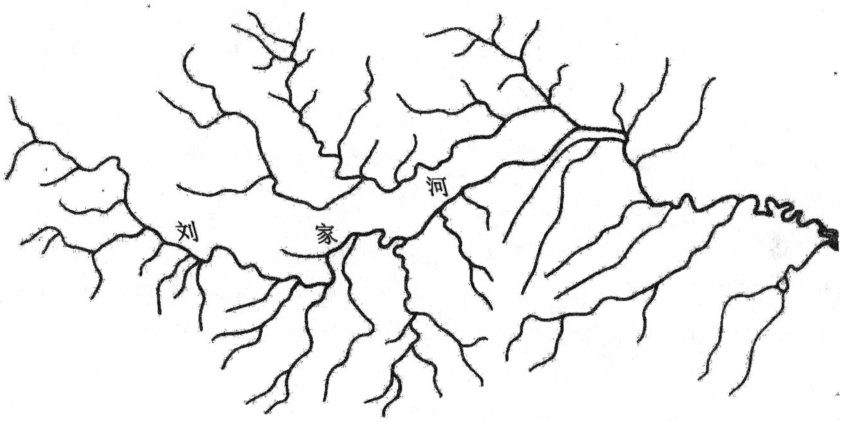

图4-24　资料图(1∶50万)

1.2　任务要求

通过完成任务的过程,要求掌握小比例尺地形图河系的化简原则和方法。

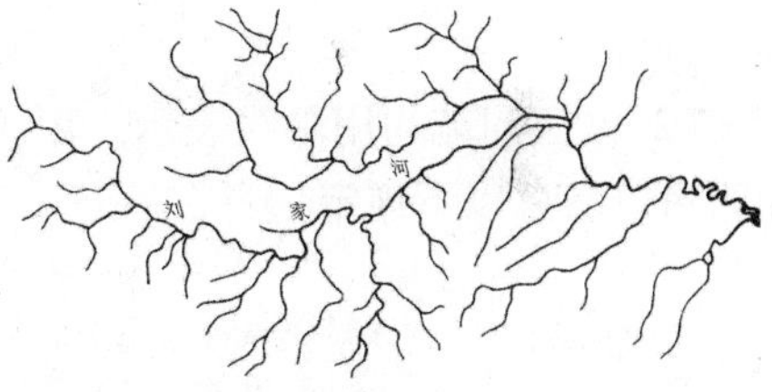

图4-25　新编图(1∶100万)

1.3　资料说明

本区河流分布属于中等密度区,从图面可见各级支流从不同方向注入干流刘家河,各级支流汇入干流处呈锐角相交,构成比较典型的树枝状河系。干流弯曲密度对比较大,各支流大都较短小且较为平直。

1.4　编绘方法

等大编绘。

1.5　编绘要求

(1)河流选取的分界尺度为河长0.5~0.7 cm,间隔2~3 mm。选取时,应正确表示河系呈树枝状的特征,即支流多而不规则,并从不同方向呈锐角汇入干流,构成形状如树枝的图形特征。

选取河流时,应按从大到小、由主到次的顺序进行。如图 4-26 所示,要明显区分干、支流关系。选取顺序具体如下:

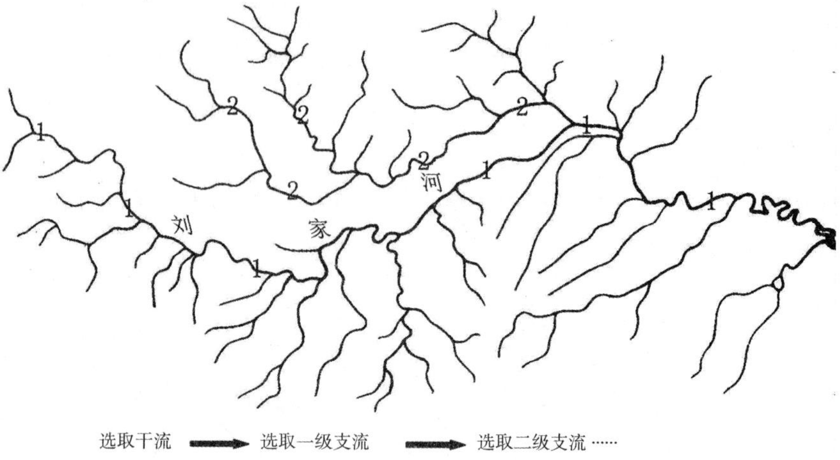

图 4-26　河流的选取顺序

①确定主要河源,选取干流。判断主要河源的标志为:河流中最长的、有水源的(湖、泉等)、集水面积大的等。根据对河系的分析,可以把本区河流分为干流、一级支流、二级支流三个等级。

②根据河流的分界尺度,由大到小地选取大于或等于分界尺度的河流,构成河系图形的基本"骨架"。本区的干流和一级支流应全部选取。

③根据条件选取长度小于分界尺度的短小支流,逐渐加密。本区的二级支流可以有选择地选取。

(2)本区河流均用单线表示。用单线表示的河流视其图上长度用不同线粗描绘,具体线粗可以参考以下规定:

河流长度	粗细变化
>20 cm	→0.1 ~ 0.4 mm
10 ~ 20 cm	→0.1 ~ 0.3 mm
0 ~ 10 cm	→0.1 ~ 0.2 mm

(3)图上小于 0.5 mm × 0.6 mm 的河流弯曲一般可删除。具有特征意义的小弯曲可夸大表示,在化简河流弯曲时,应注意反映不同地段、不同河流的弯曲程度的对比。

(4)唯一的河流名称"刘家河"用 3 mm 左斜宋体注出。

1.6　作业步骤

(1)绘内图廓线。

(2)编绘河流。

(3)注记河流名称。

1.7　作业时限

2 学时。

1.8　编绘示例

河流的编绘如图 4-27 所示。

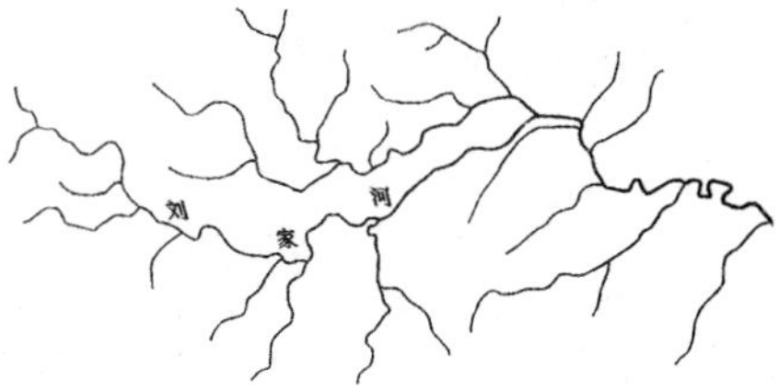

图 4-27　河流的编绘示意图

任务 2　渠网的编绘

2.1　任务内容

渠网的编绘，基本资料图比例尺为 1∶5万（如图 4-28 所示），新编图比例尺为 1∶10 万（如图 4-29 所示）。

图 4-28　资料图（1∶5万）

2.2　任务要求

通过完成任务内容，要求能够掌握渠网的编绘方法。

2.3　资料说明

本区地势平坦、沟渠密集、纵横交错。沟渠与河流之间构成较为规则的格网状。图中表示的河流有李家河、青河和白沙河等，这些河流的实地宽度大部分都超过 40 cm。

图 4-29　新编图（1∶10 万）

2.4　编绘方法

等大编绘。

2.5　编绘要求

(1)河流、沟渠选取的长度分界尺度为0.8 ~1 cm。密集河、渠的间距一般不小于3 mm。选取时,应按从大到小、由主到次的顺序进行。为了反映渠网密度和呈格网状特征,可选取少量长度小于选取指标的渠道。

(2)图上宽度大于等于0.4 mm的河、渠,用依比例的双线表示,宽度小于0.4mm的用单线表示的沟渠,视其主次,分别用0.3 mm和0.15 mm线粗表示。

(3)图上长度大于或等于5 cm的河、渠应注记名称。该区的河名均以2.5 mm左斜宋体注出。

2.6　作业步骤

(1)绘内图廓线。

(2)编绘河流、沟渠。

(3)注记河流名称。

2.7　作业时限

2学时。

2.8　编绘示例

渠网的编绘如图4-30所示。

图4-30　渠网的编绘示意图

任务3　规则池塘群的编绘

3.1　任务内容

规则池塘的编绘,基本资料图比例尺为1∶5万,新编图比例尺为1∶10万,如图4-31所示。

3.2　任务要求

通过完成任务,要求能够掌握规则池塘的化简原则和方法。

3.3　资料说明

制图区域水系网密集,水道纵横交错,分布着大面积规则池塘群,池塘的形状多为长方形,面积大小虽然有差异,但是排列都比较规则。

3.4　编绘方法

等大编绘。

资料图(1：5万)

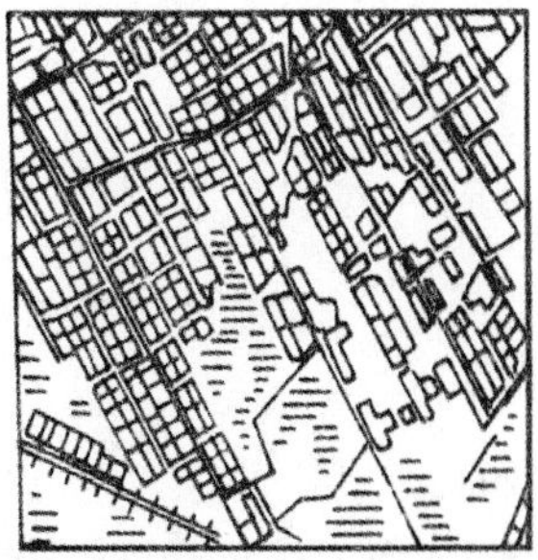

新编图(1：10万)

图4-31　规则池塘群的编绘

3.5　编绘要求

概括时要抓住池塘的整体规划、内部结构、池塘形状、方向和大小的特点。

(1)河道、沟渠的表示：河宽0.4 mm以下的用单线表示，并区分出主次，凡沟宽为0.2～0.4 mm的以0.3 mm单线表示，沟宽0.2 mm以下的以0.15 mm单线表示。

(2)选取指标和作业顺序：先选取沟渠，其相互间隔不小于3 mm，如果有湖泊，选择与沟渠有联系的湖泊，本制图区域没有湖泊，可以不用考虑。然后规划池塘，取舍塘埂，主要塘埂的空白宽0.6 mm，次要塘埂的空白宽0.3 mm。保持池塘外围轮廓的形状特征与方向，先划外围，后划中间，形状相同而面积小的邻近池塘可以合并，塘埂可改为单线表示。整齐规划的池塘可等分，综合后仍应显示其形状、延伸方向等特征，合并后的大小要适当，具体大小可参看综合例图。零星分布或不整齐排列的池塘不予合并，小于1 mm^2的可舍去，池塘的间隔不小于0.3 mm。凹凸部分小于0.7 mm的可舍去，狭长的形状其宽不小于1.2 mm。为保持河流(沟渠)与池塘的最小间隔，有些地方可将池塘面积稍微缩小一些。

(3)综合方法：删除、合并、分割(详细内容参阅补充知识)三种方法都可采用，对于很小的可舍或合并于邻近的池塘，为反映规则池塘的特点，可以采取分割的办法，即合并池塘，取舍塘埂。

补充知识(制图物体的形状概括方法)：

所谓形状概括，就是制图物体平面图形的化简，即删除或合并图形的细小碎部，保留或夸大典型特征等，使简化后的图形不仅与原图(或实地)相似，而且特征更加明显。形状概括是通过删除、夸大、合并和移位等方法来实现的，如图4-32所示。

删除：舍去一些小于规定尺寸的碎部图形。例如，河流上的小弯曲、等高线上的小谷地、居民地轮廓图形的小弯曲等，在缩小编图无法清晰表示时，都可以去掉，以保持物体形状的

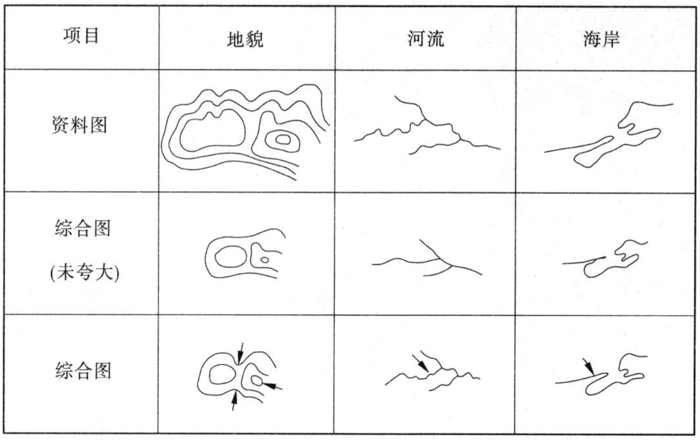

图 4-32　形状概括时的夸大

主要特征。

夸大:为了显示和强调制图物体的形状特征,在删除的同时需要夸大一些本来按比例综合应删除但能显示图形特征的细小弯曲。

合并:将相互距离小于规定尺寸的同类物体的图形合并起来,以反映制图物体平面图形的总体特征。

分割:有时仅用合并的方法可能歪曲图形的方向和形状特征,这时就需要在合并的同时辅以分割的方法,如概括街区时可遇到这种情况。

移位:编图时由于比例尺的缩小、地图符号相应放大,或者要夸大表示某些具体特征意义的碎部,而造成符号相互靠近和压盖现象,使各要素的位置和相互关系无法表达,所以必须采用移位的方法加以处理。

3.6　作业步骤

(1)绘内图廓线。

(2)编绘河流、沟渠。

(3)编绘池塘。

3.7　作业时限

2 学时。

3.8　编绘示例

规则池塘的编绘示意图(局部)见图 4-33。

按上述的综合原则概括后能反映规则池塘的特征,如池塘的排列、方向、面积大小的对比等。

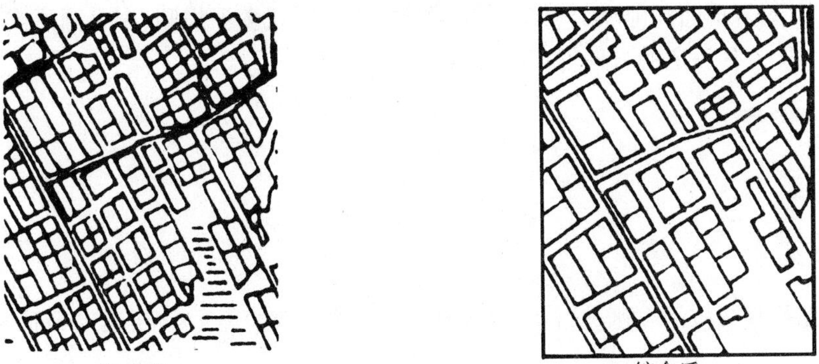

综合前　　综合后

图 4-33　规则池塘群的编绘示意图(局部)

任务 4　不规则池塘群的编绘

4.1　任务内容

不规则池塘的编绘,基本资料图比例尺为 1:5万(如图 4-34 所示),新编图比例尺为 1:10 万(如图 4-35 所示)。

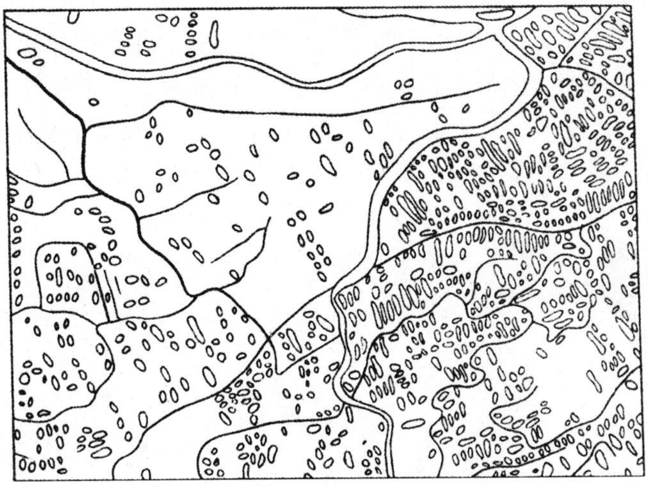

图 4-34　资料图(1:5万)

4.2　任务要求

通过完成任务,要求能够掌握不规则池塘群的化简原则和方法。

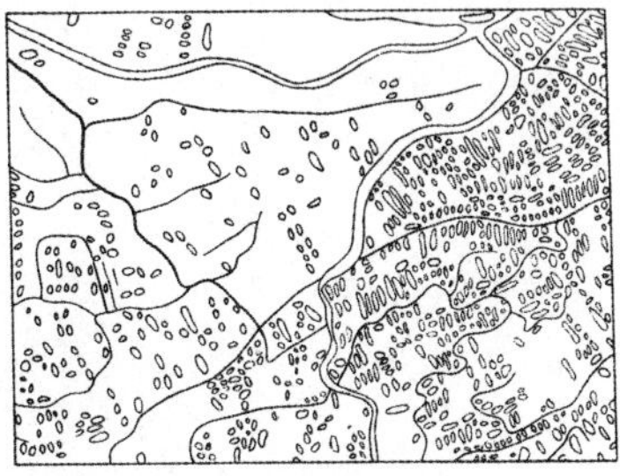

图 4-35　新编图(1:10 万)

4.3　资料说明

制图区域位于丘陵性三角洲平原,海拔在 50 m 左右,平原上河网纵横、地势低洼,河道分支,每当雨季河流泛滥,因而平原上建筑大量的小水库(池塘),广泛分布着不规则的密集池塘群,多供灌溉和养鱼之用。图内小面积池塘数量多，彼此间隔不一，形状多不规则，多呈圆形或条形，有的池塘排列整齐，具有一定的方向性。

4.4　编绘方法

等大编绘。

4.5　编绘要求

（1）河流单双线按河宽区分，河宽大于0.4 mm的以双线表示，不足0.4 mm的以单线表示。

（2）沟渠宽0.2～0.3 mm的以0.3 mm的单线表示，0.2 mm以下的以0.1 mm的单线表示。区分河流和沟渠时要注意，河流一般弯曲自然并有粗细的变化，而沟渠的弯曲较生硬或呈直线状，并且线的粗细没有变化。

（3）河、沟长7 mm以下的可舍去，池塘面积小于0.5 mm^2的可舍去，但为了反映制图区域池塘的分布特征，可以降低条件选取一些不符合条件的小池塘。

（4）图形概括时，对于较整齐的池塘可固定两头，中间适当选取，方向有差别时要照顾选取不同方向的小池塘，对宽度小于0.6 mm的条形池塘应放宽表示。对于不规则的池塘群，只能取舍不能合并。对于散列分布的，应优先选取较大的和外围的池塘，并反映各池塘的数量对比及分布特征（成片、条状、分散等）。图面的右上部分布最密集，右下部次之，左部分布比较稀疏，经过取舍之后要能反映其分布的密度对比。密集池塘间的距离为0.2 mm。

4.6　作业步骤

（1）绘内图廓线。

（2）编绘河流、沟渠。

（3）编绘池塘。

4.7　作业时限

2学时。

4.8　编绘示例

不规则池塘群的编绘示意图（局部）见图4-36。

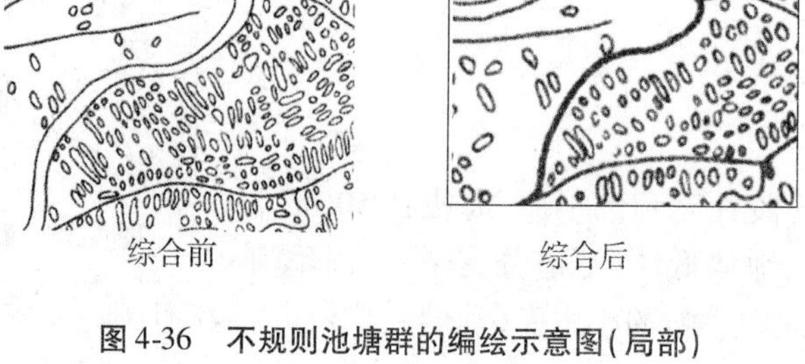

综合前　　综合后

图4-36　不规则池塘群的编绘示意图（局部）

思考题

1. 简述地图上概括河流图形的原则和方法。
2. 什么是河网密度？编绘时应如何选取河流？
3. 什么是河系？河系包括哪些类型？编绘不同类型的河系时要注意些什么？
4. 湖泊如何分类？如何选取湖泊？
5. 平原海岸和山地丘陵海岸各有什么特点？编绘方法上有什么不同？

项目5 居民地的编绘

项目描述

居民地是地图编绘的主要内容之一，在地图上表示居民地具有非常重要的意义。通过学习，掌握居民地的编绘原则，完成城市式居民地的编绘、街区式农村居民地的编绘及用圈形符号表示居民地三个任务。

项目目的

通过项目的学习，要求能够掌握城市居民地、农村居民地的编绘以及用圈形符号表示居民地的方法。

背景知识

1 居民地的表示和分类

居民地是人类活动的中心场所，许多居民地还是国家的政治、行政和经济管理的中心，是国家交通运输的枢纽。在军事上，居民地是部队行军、宿营、作战、判定方向、指示目标的重要依据之一。根据居民地的类型和分布特点，还可以研究地区历史的发展状况，研究居民地与自然条件的相互联系、土地利用，以及政治、经济和文化发展状况等。所以，居民地是普通地图内容最重要的要素之一。

在地图上应表示居民地的位置、轮廓图形、基本结构、通行情况，以及居民地的行政意义、名称和人口数量；要正确反映居民地的类型、分布特点，以及居民地与其他要素的关系。

1.1 组成居民地的基本元素

地图上表示的居民地通常包括城镇、农村及工矿、疗养地、农场、林场、牧场的建筑区。居民地是由各种元素组成的一个综合整体，其基本元素有建筑物（房屋）、街道、街区和名称注记。

建筑物（房屋）是构成居民地的最基本的元素，包括独立房屋（不依比例尺的、半依比例尺的和依比例尺的）、独立庄院、突出房屋（不依比例尺的和依比例尺的）和窑洞等。

街道是居民地内的各种道路，包括街、路、巷、胡同等。街道是指两边或一边建有建筑物或有围墙的道路。根据街道通行能力和与街道相连接的道路的等级，可把街道划分为主要街道和次要街道两种。

街区是居民地内房屋毗连成片的地段，即街道与街道之间所包围成的建筑地段，也有沿街道的狭长建筑地段。街区包括建筑面积和非建筑面积。建筑面积主要由居住区、工业区、商业区、国家、社会及文化机关的建筑物所组成；非建筑面积通常包括空旷地、计划建筑地、绿化地、种植地及天然与人工障碍地等。街区按其内部建筑物的密度大小，可区分为密集街区和稀疏街区两类。密集街区是指街区内建筑物毗连成片，或相互之间的距离小于10 m，建筑面积约占街区面积的70%以上的街区；稀疏街区是指建筑面积不足整个街区面积的70%的街区。

名称注记是识别居民地的重要标志，也是构成居民地不可缺少的一种元素。在地图上一般都是用居民地名称注记的字体、字大来表示居民地的等级。

1.2　居民地的分类

根据居民地在政治、经济和文化等方面的意义，我国居民地可分为城市式和农村式两大类型。城市式居民地的特点是：人口多，人口密度大；建筑面积高达15%～70%；50%以上的人口从事工业、商业、运输业、文化及行政机关等方面的工作。农村居民地的特点是：居住区建筑面积所占百分比较小（通常不超过50%），人口以从事农业经济为主。但是，随着我国经济建设的迅速发展，城乡差别在逐步缩小。

居民地按其平面图形特征，可分为街区式结构和非街区式结构。城市居民地均为街区式结构；农村居民地根据不同的制图区域、地形特点，其图形结构可分为街区式、散列式、分散式和特殊形式等四种。

2　城市居民地类型、特征及形状概括

2.1　城市居民地的类型及特征

城市居民地按其平面图形结构特征可分为矩形状居民地、环形辐射状居民地、不规则状居民地和混合型居民地四种。

2.1.1　矩形状居民地

矩形状居民地由相互垂直的两组街道组成，构成正方形或矩形街区，为了缩短到城市中心的距离，有的矩形规划有对角线方向的街道。我国的北京市、西安市等，都是典型的矩形状结构（如图5-1所示）。

2.1.2　环形辐射状居民地

环形辐射状居民地由收敛于一点或由一点发散的街道和另一组环形状或多边形的街道交织而成，构成梯形或三角形街区（如图5-2所示）。欧洲有许多城市，如米兰、罗马、阿姆斯特丹、莫斯科、巴黎、柏林、维也纳等，都属于环形辐射状结构。我国东北某些大城市，如大连、长春等有局部的环形辐射状结构。

2.1.3　不规则状居民地

不规则状居民地由曲折多变的街道交织而成，街区呈不规则状。如我国的重庆、青岛、广州等城市，均属于不规则状的城市（如图5-3所示）。

2.1.4　混合型居民地

混合型居民地由上述几种类型组合而成。可由矩形状与不规则状的图形组合而成，或由矩形状与放射状组合而成。如我国的沈阳、天津、武汉等较大城市，多属于此种类型（如图5-4所示）。

图 5-1　矩形状居民地

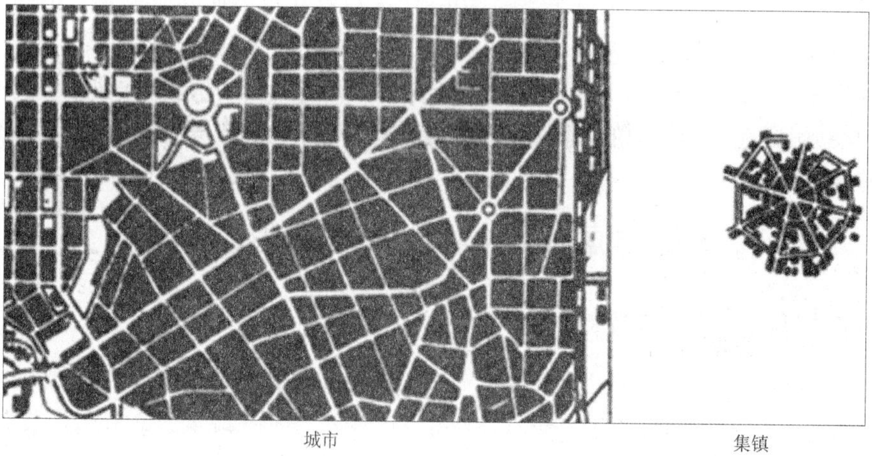

图 5-2　环形辐射状居民地

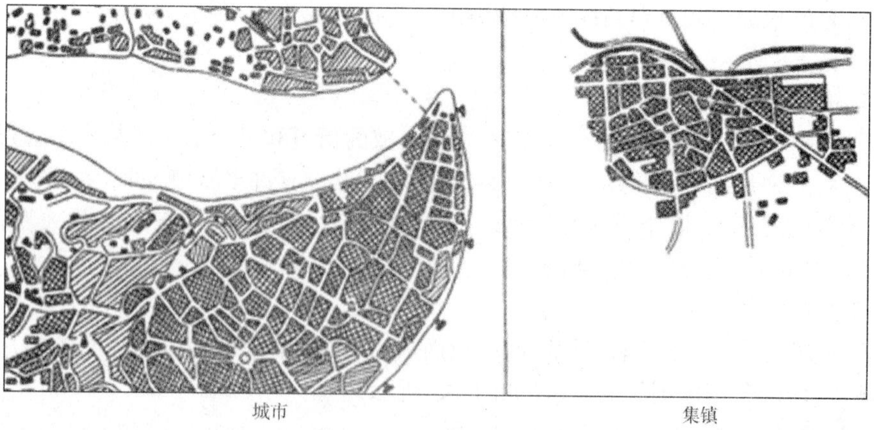

图 5-3　不规则状的居民地

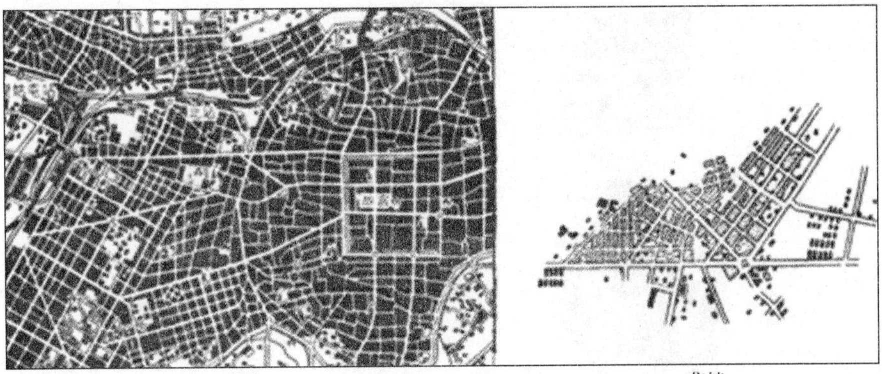

城市　　　　集镇

图5-4 混合形居民地

2.2 城市居民地图形的概括

地图以缩小的形式出现,就决定了地图对实地物体的图形必须进行概括。居民地形状的概括主要是采用化简、夸张、合并、分割等方法对缩小到图面上的居民地形状进行处理。但经过处理后的居民地图形,应保持与实地或资料图的基本相似。为此,必须正确地反映居民地内部的通行情况,街道网平面图形的特征,居民地建筑面积与非建筑面积的对比,以及居民地外围轮廓形状等。

2.2.1 正确地反映居民地内部的通行情况

居民地内部的通行情况主要由街道及铁路、水上交通所决定。

在地形图上,根据街道的实际宽度和通行情况分为主要街道和次要街道。

2.2.1.1 主要街道的选取

主要街道可以根据资料图上街道符号的宽度以及街道与外界的交通联系进行判断。在编图时,往往由于地图比例尺的缩小,主要街道有时过于密集而无法全部表示,这时应选取下列街道:连贯性强、对城市平面图形结构有较大影响的;与公路,特别是街道两端与公路相衔接的;与火车站、飞机场、码头、大的桥梁、广场、工厂、机关等相联系的。

2.2.1.2 次要街道的选取

主要街道确定以后,就可以对次要街道进行选取。从反映居民地的通行情况的角度来看,一般应将落选的主要街道作为次要街道来表示,然后遵循选取主要街道的条件选取次要街道。这样,才能表达城市居民地内部的通行能力与通行状况。

2.2.2 取舍街道、合并街区的基本原则

为了正确反映街道网与街道平面图形的基本特征,取舍街道、合并街区时应遵守如下基本原则。

2.2.2.1 反映居民地平面图形的类型特征

取舍道路时,对于构成矩形街区的街道网,应注意选取相互垂直的两组街道,影响街区成矩形的街道一般可考虑舍去;对于辐射状的街道网,首先应注意选取收敛于一点的和呈圆形或多边形的两组街道;对于不规则的街道网,则不能随意“拉直”街道;对于混合型的街道网,则应根据组合的街道网图形按保持各自特征的原则进行街道的选取。

图5-5是这几种城镇居民地平面图形概括的示意图。

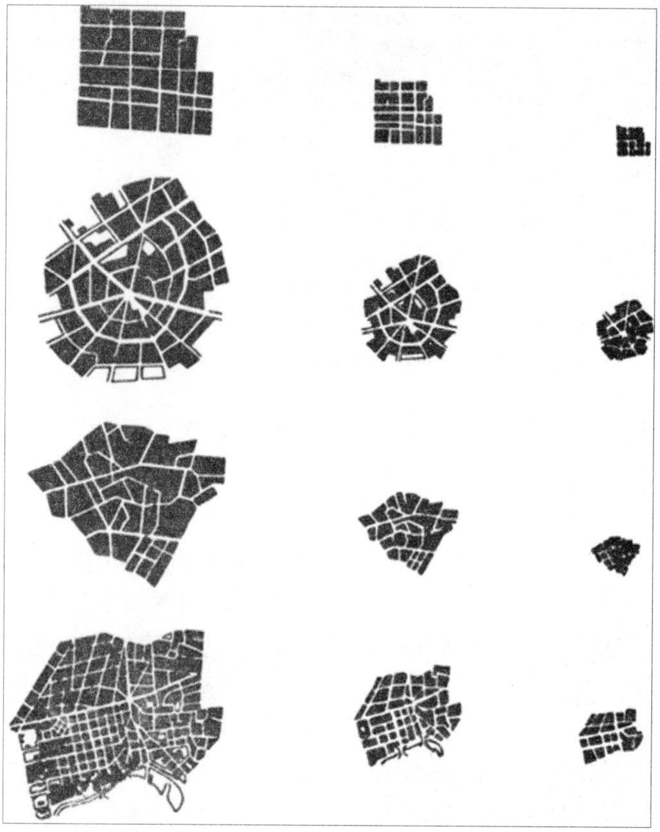

图 5-5　不同类型街区居民地图形的概括

2.2.2.2　反映不同方向的两组街道的数量对比及街区的方向

概括较大的、规整的居民地时，要特别注意不同方向的两组街道的数量对比和街区的方向。在图 5-6 中，正确概括的图形保持了横向街道多、纵向街道少的对比关系，街区方向也保持与资料图上相似；错误的概括使纵、横街道数量的对比颠倒，致使街区方向改变。

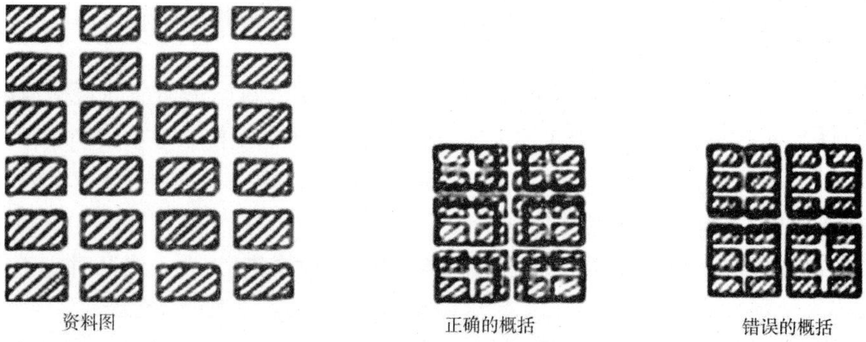

图 5-6　保持街道数量对比及街区方向

概括矩形状街区时，当沿两个方向计算街区均为偶数时，常以舍去街道合并街区的方法进行概括，如图 5-7(a)所示；若一方向为偶数，另一方向为奇数，多用合并与分割相结合的方法进行概括，如图 5-7(b)所示；也可用分割的方法进行概括，如图 5-7(c)所示。

合并与分割相结合和分割的方法在较大比例尺地形图编绘中比较少用，在小比例尺的

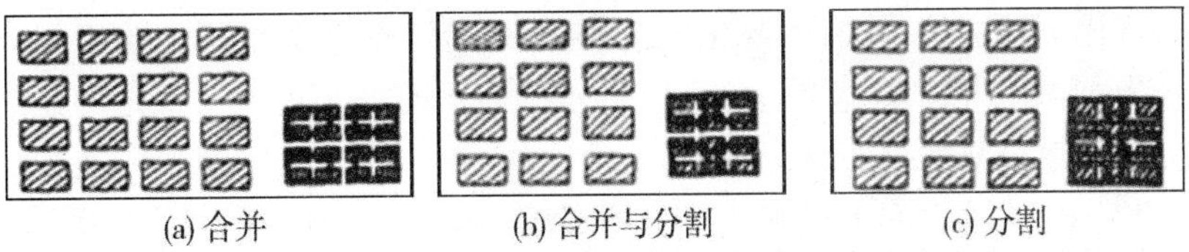

图 5-7　街区图形的合并、分割概括法

编绘中使用较多。

2.2.2.3　反映居民地内不同地段上街道密度及街区大小的对比

为保证街道与街区的清晰，通常规定概括后的街区面积不得小于两个记号性房屋符号的尺寸(按相应比例尺的图式要求)；但也不能概括过大，否则将会影响其详细性，在两相邻比例尺编图时，一般不应产生两相邻街道同时舍弃的情况。

图 5-8 是这一原则的实例。正确的概括保持了街道密度和街区大小的正确对比，错误的概括没有保持街道密度和街区大小的正确对比。

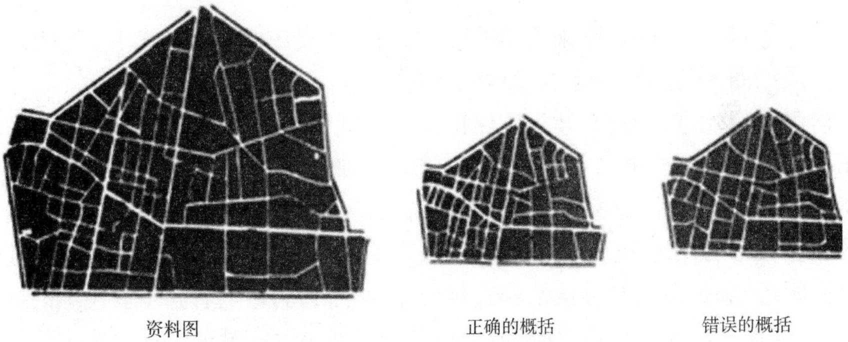

图 5-8　保持不同地段街区密度和街区大小的对比

2.2.3　正确反映居民地建筑面积与非建筑面积的对比

建筑面积与非建筑面积的对比关系，主要表现在建筑面积与空地面积，建筑面积与街道面积的对比两个方面。

2.2.3.1　建筑面积与空地面积的对比

街区按其内部建筑物的密度大小，可以区分为密集街区与稀疏街区。为了保证建筑地段与非建筑地段的对比，必须根据不同的街区类别实施不同的概括方法。

对于密集街区，应采用合并为主、删除为辅的方法对图形进行概括。将图上相距很近(如编绘图上间距小于 0.2 mm)的建筑地段合并，并除去建筑地段图形上的一些细小弯曲。应保持并入建筑地段的空白部分与删去的建筑地段的面积大体相当，保持居民地视觉“黑度”的正确对比。

对于稀疏街区，应分不同情况进行概括。

概括由相距较远的独立建筑物所构成的稀疏街区时，一般不能把建筑物合并为一个大的范围，只能用选绘独立建筑物的方法进行概括。对于成排分布的独立建筑物可采用选取两端、中间内插绘出的方法。

有的街区内部空地较大，属稀疏街区，但其中局部地段却由密集的建筑物构成，其概括方法与密集街区相同，只是注意不要合并过大。

另外，随着比例尺的缩小，有的绿化地带、种植地等不能在其范围内绘出相应的说明符号，自然地变为"空地"了。这些空地在图上的正确表示有助于说明居民地的建筑与非建筑面积的对比，以及建筑物的分布状况等。

在一般情况下，空地在图上面积大于0.5 mm × 0.5 mm时，应予以显示。小于此尺寸的，视图上具体情况夸大表示或并入街区。

2.2.3.2　建筑面积与街道面积的对比

缩小比例尺编图时，街道、铁路等符号相应夸大，必然侵占街区的范围，致使建筑面积百分比减小。

图形概括时，这种建筑面积的减小，可以通过舍去次要街道而得到补偿，即次要街道并入了街区，使街区与街道的对比趋于平衡。

2.2.4　正确反映居民地的外围轮廓形状

居民地的外围轮廓形状，从用图的角度来看，有助于空中判定方向、了解通行情况、进行各种规划设计等；从制图的角度来看，它涉及地图比例尺缩小到一定程度时，用居民地的外围轮廓图形或用圈形符号来表示居民地的问题。

概括居民地的外围轮廓图形时，应保持外围轮廓的明显转折、弧形或折线状；保持其外部轮廓图形与河流、道路、地形等要素的相互联系。概括居民地图形时，街道、铁路等符号相应放大所引起的街区移位，必须均匀地配赋在各街区中，不能因此而扩大或改变居民地的外围轮廓形状。城市居民地周围，尤其是大中城市的周围，通常是由房屋稀疏的街区、工人村及独立房屋所组成，并夹杂有种植地和农村居民地等，它们影响着整个居民地的外围轮廓形状。因此，正确地显示这些特点，保持居民地外围自然过渡的城郊特征也很重要。

随着比例尺的缩小，一些大、中城市居民地内部结构已不能详细表示，只能表示一些主要街道，而小型城市居民地一般只能用不分街区的外围轮廓图形或圈形符号表示。在用外围轮廓表示居民地时，具体做法是：先找出外围轮廓的明显转折点，连成折线，对形状进行比较大的概括。

当外围轮廓由众多的独立建筑物或稀疏街区组成时，居民地的轮廓图形比较难绘。这时，应通过分析、比较，确定其是否绘入总轮廓。

以外围轮廓图形表示居民地时，还要区分居民地的主要部分和次要部分，当居民地被河流分开或居民地本来就由距离较远的两部分组成时，应分别表示各部分的轮廓图形。轮廓图形应离开双线河等符号0.2 mm绘出，只有单线河和铁路符号可直接通过轮廓范围。至于公路，我国地图上是采用间断于轮廓图形边线外的方法，国外许多地图上公路不间断地通过居民地轮廓范围。

大、中、小城镇居民地概括如图5-9、图5-10所示。

3　农村居民地类型、特征及形状概括

3.1　农村居民地的分类及特征

农村居民地按其平面图形结构特征可分为街区式、散列式、分散式和特殊形式四种。

图5-9 大城市居民地概括示例

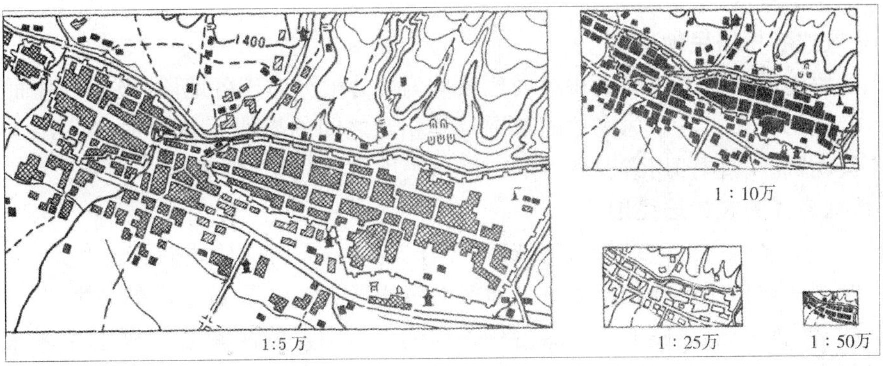

图5-10 中、小城镇居民地概括示例

3.1.1 街区式农村居民地

街区式农村居民地又称为集团式农村居民地，这类居民地道路明显，道路经过修筑或因行人或车马往来自然形成。两侧建筑物配置较整齐，居民地规模较大（如图5-11所示）。这类居民地按建筑密度又可分为密集式街区、稀疏式街区和混合型街区三种。

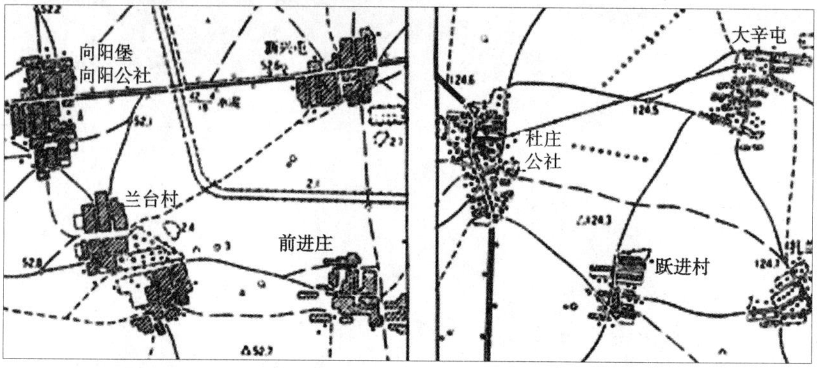

图 5-11　街区式农村居民地

3.1.1.1　密集式街区

此类居民地建筑物密集，多数房屋毗连成片，并为几条街道所分隔，构成街区。这种居民地外围轮廓明确，周围独立房屋较少。此外，我国南方还分布着相当广泛的中、小街区结构的农村居民地，这类居民地有的规模相对小一些，有的只有一两个街区，村庄内还零散分布着一些独立房屋。

3.1.1.2　稀疏式街区

这类居民地的内部，各幢房屋的间隔大(实地一般超过 10 m)，规划较整齐，多是由稀疏的独立建筑物组成的街区，街道较明显，外围轮廓也较清楚。此类居民地多分布在我国人口不太稠密的平原地区，如东北平原等地。

3.1.1.3　混合型街区

此类居民地的街区是由密集街区和稀疏街区组合构成的一种街区式农村居民地。

3.1.2　散列式农村居民地

这类居民地的主要特点是未经规划，房屋大多依自然地形而建，且大部分由普通房屋所构成，房屋相对集中分布，但没有明显的街道，外围轮廓也不十分明显。其分布多呈团状或列状(如图 5-12 所示)。

3.1.3　分散式农村居民地

这类居民地的特点是建筑面积小而比较均匀地分散分布于各地段，极为散乱而无规则，有的沿一定地形分布。各个居民地的范围及其相互之间的界线不易判别，名称注记的从属关系也不甚明确。我国四川省及南方的山区居民地多属此类(如图 5-13 所示)。

3.1.4　特殊形式的农村居民地

特殊形式的农村居民地是指由特殊房屋组成的或具有特殊性质的居民地，一般指窑洞、帐篷等。窑洞式农村居民地是指由黄土地区在黄土塬、黄土梁、黄土峁的坡壁、冲沟沟壁上凿挖而成的窑洞组成的居民地。它多沿一条沟或一个山梁的两侧分布，有的排列整齐呈两三层。对整个居民地来说，其内部窑洞分布不均匀，一般无街道，外围轮廓也不十分明显。在较平坦的地区，常常与房屋混合组成散列式居民地。这类居民地主要分布在我国山西、陕西、宁夏、甘肃、河南等地的黄土高原上。

帐篷式农村居民地是游牧地区不固定的居民地，它随着牧场的迁移而搬动，与一般居民地有较大的差别。这类居民地主要分布在我国内蒙古、新疆、青海、西藏等少数民族地区。

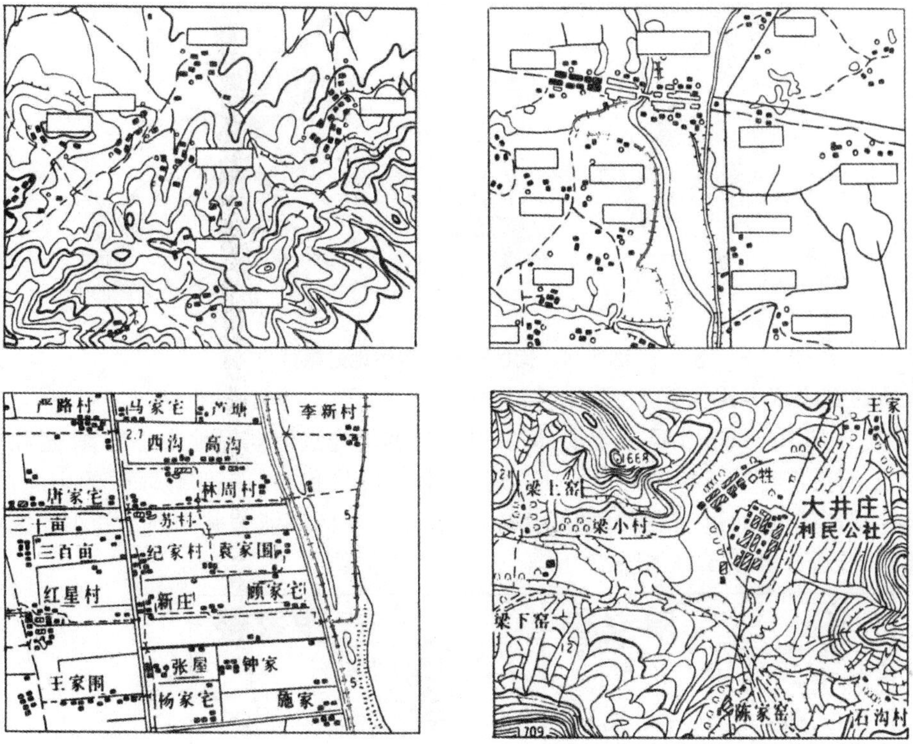

图 5-12　散列式农村居民地

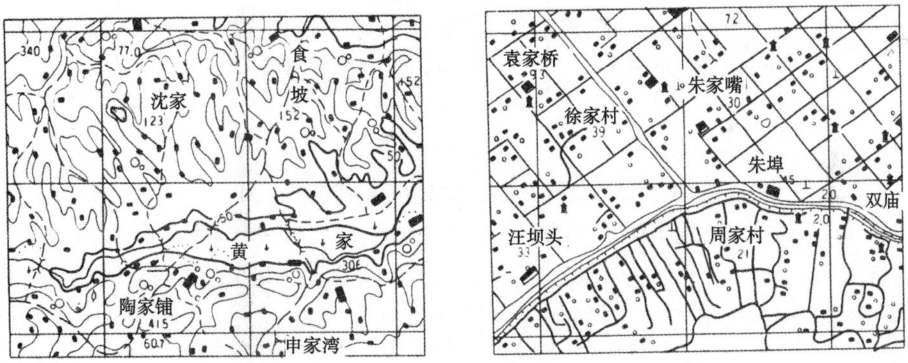

图 5-13　分散式农村居民地

3.2　农村居民地图形的概括

3.2.1　街区式农村居民地的概括

街区式农村居民地的概括方法与城镇居民地类似。概括时首先保留主要街道,舍去次要街道、合并街区,对独立房屋只能选取,不能把它们并入街区中。概括后应能反映出密集街区和稀疏街区的特点(如图 5-14 所示)。

3.2.2　散列式农村居民地

概括散列式农村居民地主要是通过选取独立房屋来实现的。要求取舍后的散列式居民地仍能保持它的平面图形特征。

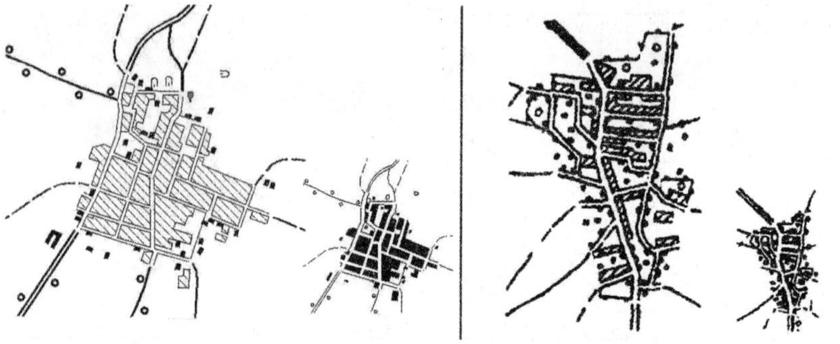

图 5-14　街区式农村居民地的概括

概括的方法和步骤如下：

(1)优先选取小面积街区或重要部位的房屋，如优先选取居民地中心位置、道路交叉口和拐弯处、河流汇合处等特征位置的独立房屋，对于形状和方向有明显联系的小面积街区，可以合并，但有道路通过、面积大的和间隔大于0.2 mm的不能合并。独立的小街区可改为记号性房屋表示(如图5-15所示)。

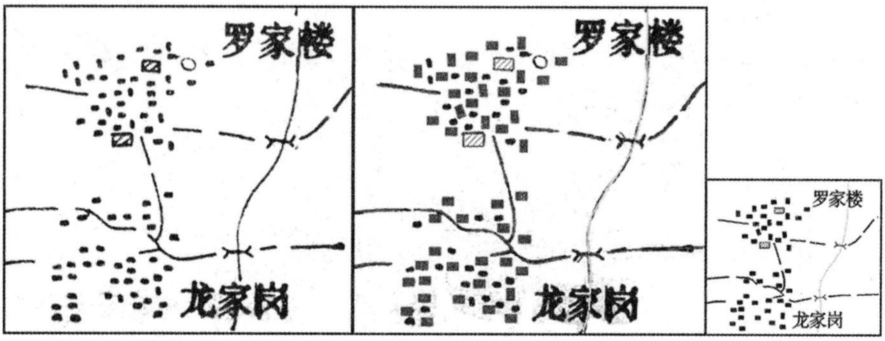

资料图　　放大编绘图　　综合图

图 5-15　散列式农村居民地的概括示例(一)

(2)选取能反映居民地范围和形状特征的独立房屋。对呈片状分布的，应首先控制外围轮廓(选取特征转折点上的房屋)，然后在内部择要选取；对呈线状分布的先控制两头，再选取中间(如图5-16所示)。

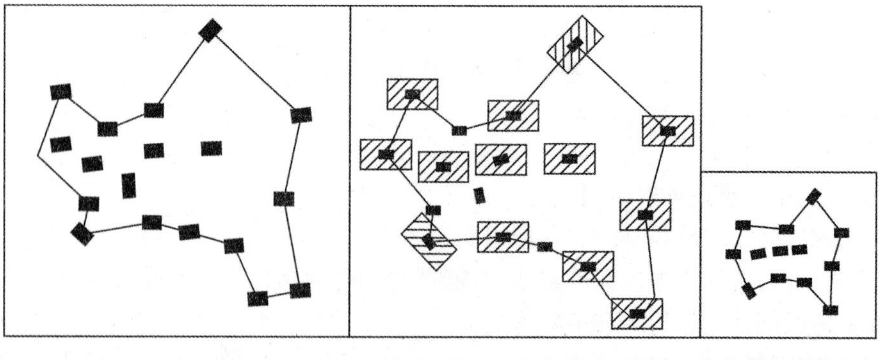

图 5-16　散列式农村居民地的概括示例(二)

(3)保持被选取房屋的位置、方向、排列特点和密度对比，符号的配置应视具体情况及与其他要素的关系而适当移位(如图5-17所示)。

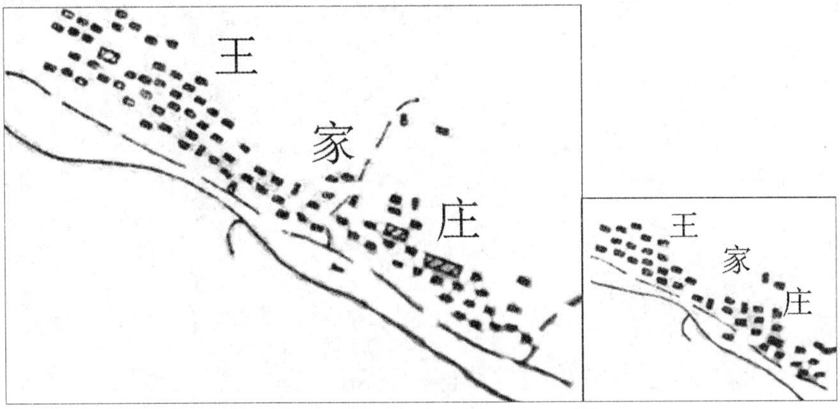

图5-17 散列式农村居民地的概括示例(三)

对于密集分布的散列式农村居民地,随着比例尺的缩小,相互间的距离也随之缩小,但独立房屋的符号和居民地的名称注记并没有缩小,这样就容易使居民地之间不易区分。为了解决这个问题,在形状概括时应注意下列问题:

(1)根据多方面情况判断,力求分清居民地的范围,如可以根据居民地较集中或居民地中有依比例尺表示的建筑物;根据等高线的谷地形状结合居民地的分布特点以及根据名称特点分析判断等方法分清居民地名称所指的范围。

分清了居民地的大致范围,即可按散列式居民地的概括方法进行概括,有目的地对外围临界处的房屋向中心适当移位(或舍去),使居民地范围明确一些,并注出相应的名称注记。

(2)从图面上无法分清居民地名称注记所指的实际范围时,则不应人为地加以划分,应把它看作是一个大的分散式居民地群,着重表示其中较大的集镇或村庄。居民地的概括只能从反映独立房屋的分布特征和密度对比出发进行选取,而且编图时最好按照原居民地名称注记位置注出。位于被除去名称注记附近的房屋可作较大的取舍。

3.2.3 分散式农村居民地

分散式农村居民地的房屋更加分散,各建筑物都依地势而建,散乱分布,没有整体规划,而且往往村界范围不清。居民地规模很小,大多数是两三家聚居一处。此类居民地以四川东部最为典型。如四川某地,平均每平方千米居民地达7~8处,最密处居民地之间相隔仅数十米,有的地区几个居民地具有一个总名。这类居民地在1:5万地形图上,只能用一两个黑块符号表示。散列式农村居民地和分散式农村居民地都用黑块符号表示,它们的区别从整个地区来看是居住集中和分散的不同,从每个居民地来看主要是规模大小的不同。在读图时,必须明确在散列式农村居民地中,黑块符号之间一般仍属居民地用地,如场地、菜园地,而分散式农村居民地,黑块符号之间是农作物地带(如图5-18所示)。

3.2.4 特殊形式的农村居民地

西北地区窑洞式居民地往往与独立房屋组成散列式农村居民地(如图5-19所示)。概括时除按上述原则外,尚须注意以下几点:

(1)对成排分布的窑洞,应控制两头、中间内插,并区分出连续或间断排列的不同情况。

(2)对多层分布的窑洞,首先选取上下两层,中间层次减少或内插。

(3)注意保持窑洞与等高线协调一致,窑洞洞口处应朝向斜坡且与等高线垂直,不能使

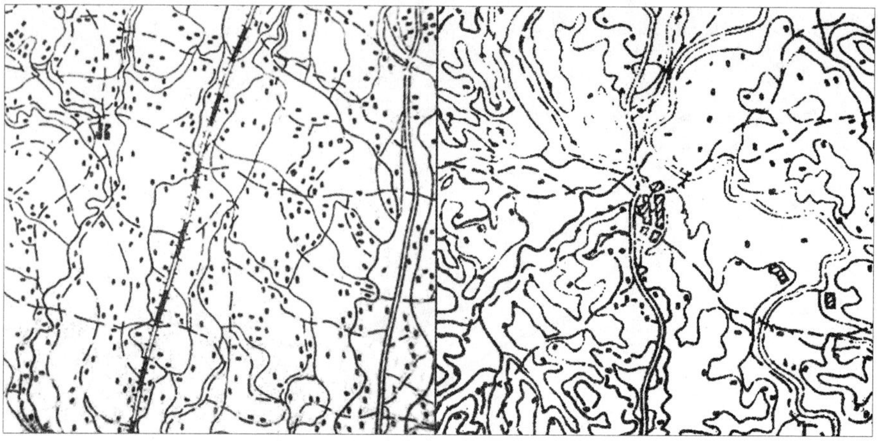

图 5-18　分散式农村居民地的综合

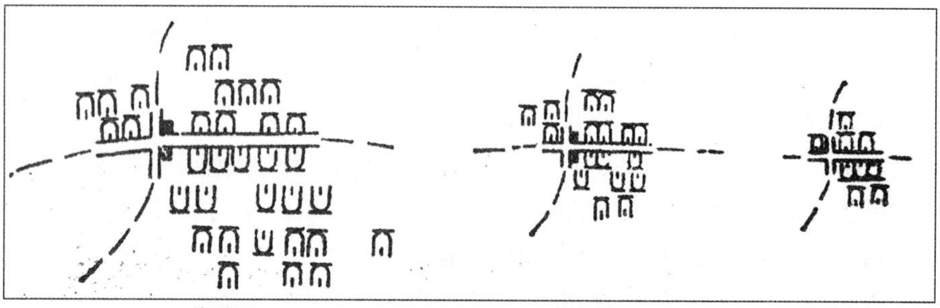

图 5-19　特殊形式的农村居民地的综合

洞口朝向山顶或山脊方向。

(4)优先选取位于水源附近和道路出入口处的窑洞,并尽量保留居民地中的独立房屋。蒙古包和帐篷一般在大、中比例尺地形图上选取表示。

4　圈形符号表示居民地

用平面图形表示居民地保证清晰醒目的极限尺寸一般认为是图上面积 2 ~4 mm^2,随着地图比例尺的缩小,图上面积小于这一极限尺寸时,只能用圈形符号表示居民地。这时,居民地“形状”的概念已完全消失,也无所谓形状概括了,居民地只有位置和等级的概念了。

用圈形符号表示居民地时,圈形符号的大小应接近于居民地平面图形的最小尺寸,各级逐渐递减。图上保持圈形符号清晰可见的最小直径为 0.8 ~1 mm,面积 2 mm^2 的圈形符号直径约为 1.6 mm,面积 4 mm^2 的圈形符号直径约为 2.3 mm,因此圈形符号的直径范围应为 0.8 ~2.3 mm。

居民地由平面图形过渡到用圈形符号表示时,主要解决两个问题:一是圈形符号位置的确定,二是圈形符号与其他要素关系的处理。

4.1　圈形符号位置的确定

圈形符号位置的确定实质上是确定居民地平面图形的什么地方代表居民地的位置。圈形符号位置的确定按以下几种情况进行处理:

(1)圈形符号的中心置于居民地平面图形的中心。

(2)居民地由明显的几部分组成,一般情况是把圈形符号绘在面积最大的部分,但若几部分大小相当,应绘在几部分适中(通常是几何中心)的位置。

(3)居民地由街区和独立房屋组成时,圈形符号应表示在街区部分。

(4)散列式农村居民地改用圈形符号表示时,其符号应绘在房屋较集中的部位。

4.2　圈形符号与其他要素关系的处理

圈形符号与其他要素(主要是河流、道路、岸线等线状地物)的关系,一般表现为相交、相切、相离三种。

(1)当河流或道路通过居民地时,用相交关系表示,圈形符号的中心配置在河流及道路的中心线上。若居民地位于河流交叉口上,当两条河流不同级时,圈形符号可与大河相切,与小河相交;当两条河流同级时,保持居民地中心位置不变,河流与符号相交(如图5-20所示)。

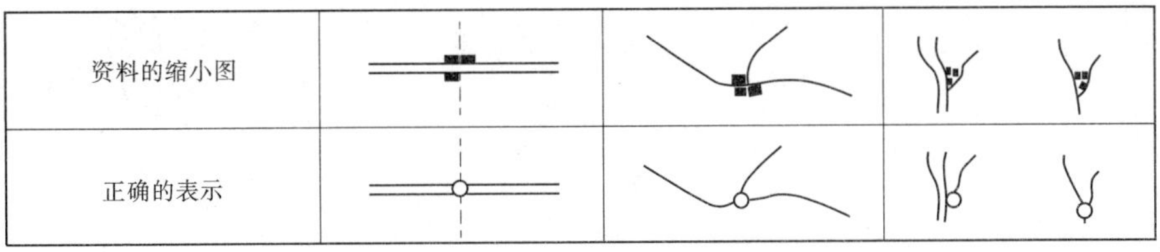

图5-20　居民地与河流、道路相交

(2)居民地位于河流、道路等线状地物近旁时,保持居民地圈形符号与其相切。在中、小比例尺地形图上,居民地与河流、道路相切只表示一个相对的概念,其中有的确实位于河流、道路的近旁,有的与河流、道路有一段距离,但随着地图比例尺的缩小和符号的相对扩大,也逐步变成了相切关系。当编绘底图上居民地图形的边缘与线状符号间隔小于0.2 mm时,用相切的关系表示(如图5-21所示);若居民地位于河流或海岸的弯曲地段,当弯曲部分容纳不下时,可将弯曲夸大、符号缩小或相对移位,也可不用圈形符号,仍绘成黑块符号;当在编绘地图上居民地图形的边缘与线状符号间隔大于0.2 mm时,可用相离的关系表示(如图5-22所示)。

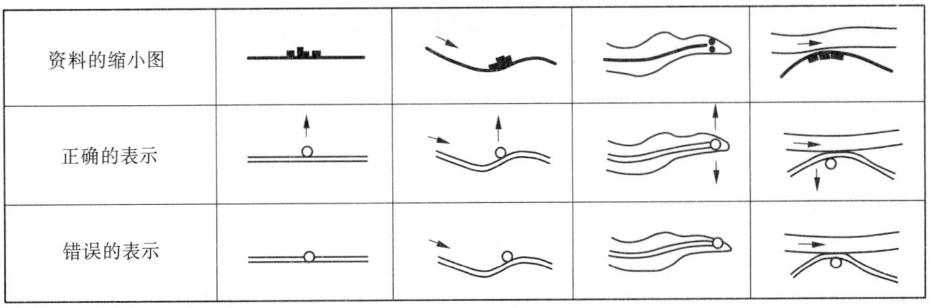

图5-21　居民地与河流、道路相切

居民地与其他多种要素关系复杂时,应根据具体情况处理(如图5-23所示)。例如,1:5万地形图上居民地和河流、道路、地貌之间的关系,居民地位于道路的一侧,但仍在谷地

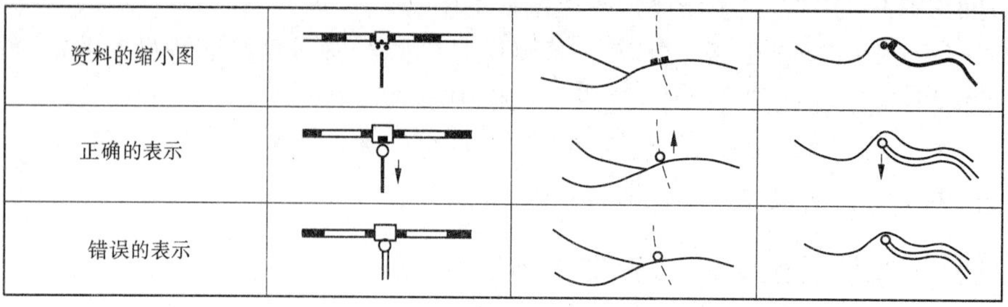

图 5-22　居民地与道路、河流、岸线相离

之中。当该图比例尺缩小至1:50万时,如果仍要求保持居民地与道路的相互关系,则会因山脊线和谷底线间距缩小及各种符号相应扩大,把居民地挤到山顶上去,这显然是错误的。为了保持"居民地在谷地中"这个适应关系,应把居民地绘成与道路相交。

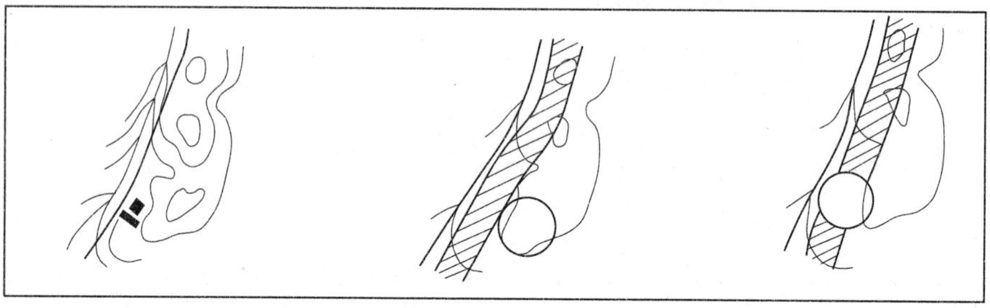

图 5-23　居民地与其他要素关系的处理

4.3　居民地的选取

通常只有在大于1:2.5万比例尺的地形图上才可能把居民地的平面图形表示出来,1:5万~1:10万地形图上,居民地开始有了取舍,但只是舍去独立房屋及居民地十分稠密地区的小居民地。在1:25万和1:50万的地形图上,居民地的取舍开始明显起来,有一定数量的居民地被舍掉。在1:100万地形图上以及以下各种比例尺的普通地图上,能表示出来的居民地往往是极少数,大多数居民地被舍去,这时居民地的取舍就成为居民地综合的主导方面。

居民地的选取要解决两个基本问题:选取数量和选取对象。

确定居民地的选取数量应满足以下几个要求:

(1)保证地图具有较好的详细性和清晰性,以满足用图的要求。

(2)必须反映不同地区居民地密度的对比。

(3)尽量简便易行。

确定选取标准的具体步骤和方法如下:

(1)了解地区特点。确定选取指标前应充分了解制图区域的特点,包括作业地区所属范围、地理位置、自然条件、交通状况、居民地类型、图形大小、分布特点、注记字大及字数等。通过对以上内容的了解,可以从整体上建立起居民地分布的大致轮廓,并对居民地稀疏状况和重要性作出初步判断。

(2)研究居民地的密度状况。居民地的选取是以各居民地的密度为依据的。为了在地图上正确确定选取指标并实施选取，总参测绘局研究所对我国现有居民地的分布和密度情况进行了全面的调查统计工作，并运用数理统计方法得到我国居民地各级密度区分布状况的方案（见表5-1）。

表5-1　我国居民地各级密度区分布状况的两种方案

方案	居民地类型	中、小型居民地						大、中型居民地		
	密度等级	很稀	较稀	中等	较密	稠密	最密	稀	中	密
第一种方案	个/(100 km²)	0～15	16～35	36～60	61～110	111～200	200以上	0～35	36～60	60以上
	大约面积（万 km²）	554.9	75.8	63.3	82.5	81.6	27.8	29.8	26.9	17.3
	占全国总面积的比例(%)	57.8	7.9	6.6	8.6	8.5	2.9	3.1	2.8	1.8
第二种方案	个/(100 km²)	0～15	16～40	41～80	81～140	141～250	250以上	0～35	36～60	60以上
	大约面积（万 km²）	554.9	80.6	80.6	78.7	75.8	15.4	29.8	26.9	17.3
	占全国总面积的比例(%)	57.8	8.4	8.4	8.2	7.9	1.6	3.1	2.8	1.8

居民地的选取指标确定了“选取多少”的问题，但应选取哪些居民地还不清楚，所以还必须回到居民地的质量指标上，按指标从主要到次要、从大到小的顺序选取居民地。在地形图编绘规范中，规定了城市、县城、集镇在图上都必须表示，因此居民地的选取是在集镇以下的大量农村居民地中进行的。

在小比例尺地形图上，仍然是在低级居民地当中进行选取。不过，随着地图比例尺的缩小，低级居民地的概念也在不断变化，不仅镇、县级居民地可能成为低级居民地，有时省级居民地也可能成为低级居民地。

居民地的选取通常是规定一个全取标准（界限），全取标准以上的全部选取，以下的按条件选取，并按从高级到低级、从主要到次要的顺序进行，逐渐加密，直到达到规定的数量。居民地的选取原则有以下几点：

（1）按居民地的重要性进行选取。居民地的重要性是根据其数量和质量标志来衡量的，这些标志通常指行政意义，人口数量，政治、军事、经济意义和交通状况等。选取时，应优先选取下列居民地：

①行政等级高的、人口数多的、平面图形大的居民地；

②政治历史意义大的，如韶山、古田、杨家岭、西柏坡等居民地，在某些小比例尺地形图上也要表示；

③军事意义大的，位于道路交叉口、河流汇合处、渡口、桥头、隘口、车站、码头、水源、国境线附近、林间空地等具有方位意义和空间意义的居民地；

④经济、交通意义大的，如位于交通起讫点、矿产开采地，以及有电厂、电站、工厂、排灌站及其他重要设施的居民地，必须优先选取。

（2）按密度对比和分布特征进行选取。居民地的分布与自然地理条件及交通状况等有着密切的联系。一般地势平坦、水网发达、自然条件较好的地区，居民地分布就密集；而高山、荒漠、寒冷地区和农业耕作差的地区居民地则稀少。在平原地区居民地多沿交通干线、河流、沟渠分布;在山区多沿谷地分布;沙漠地区居民地多分布在水源附近或绿洲上。选取居民地时,一定要反映出居民地的这些分布特征和规律,以及不同地区居民地密度的差别。

此外,还要注意保持居民地分布的连续性。一般情况下,居民地从密到稀是逐渐过渡的。为此,在不同密度区的分界线附近,高密度区应取选取指标的下限,低密度区应取选取指标的上限,使各密度区疏密均匀过渡,不造成人为的阶梯状。

(3)按居民地和其他要素的相互联系进行选取。居民地不是孤立存在的,它与其他要素有着密切的联系,彼此构成一个有机的整体。因此,居民地的选取应同其他要素的选取结合起来考虑,既要考虑居民地的重要性,又要考虑居民地与其他要素的联系。如通常道路网的选取应从属于居民地的选取,但选取居民地时也应照顾到道路网的分布特征和道路网眼的形状与大小,在选取居民地的同时就要作好道路网的规划与布局。选取居民地时首先以大的、重要的居民地和高级道路为骨干,逐级选取居民地和道路,在图上构成规定的网眼,然后依据居民地的选取指标和分布特征,选取与道路有联系的小居民地,舍去与道路无联系的小居民地。

5　居民地的注记

地图上居民地一般都需要注出其名称,名称注记是识别居民地的首要标志。通过居民地注记的字意、字大、字体,可以表达居民地的名称、行政等级、类型。居民地名称注记的合理配置,还能反映居民地的分布特征和密度对比。随着地图比例尺的缩小,居民地图形逐渐缩小,这种作用将更加明显。

对于居民地的名称注记,必须首先用现有资料对其进行审查处理,要保证名称的正确性和现实性,注记要以国务院批准公布的简化汉字为依据。在编绘地图时,应着重解决居民地名称注记的选取和配置两个问题。

5.1　居民地名称注记的选取

一般在大于1∶5万比例尺的地形图上,几乎所有居民地都可以注出其相应名称。在1∶100万及更小比例尺的普通地图上,一般表示在地图上的居民地都要注出相应的名称,也不存在居民地名称注记的选取问题。只有在1∶10万～1∶50万比例尺的地图上,为了满足详细表示居民地的需要,允许少量小居民地只表示其平面图形而不注出名称:

(1)与城市毗连在一起的近郊居民地。地图的比例尺缩小以后,无法配置所有居民地的名称注记时,可以选注部分居民地的名称。

(2)居民地有总名和分名时优先选取总名,选注分名。例如,有总名和分名的居民地毗连成片或相距很近时,一般保留总名,选注分名;当总名指示范围不清时,一般可将总名作为地理名称注出,选注分名。

(3)分散式居民地地区,允许少部分居民地不注名称。

(4)当一些居民地连续分布,虽无总名,但各居民地名称的基本部分相同,只是前面冠有“东、西、南、北”“前、后、左、右”“上、中、下”“新、老”“大、小”等字意时,可视具体情况选注或将共同部分作为总名注在这些居民地的适当部分(如图5-24所示)。

另外,镇以上居民地有两个名称时(正名和副名),一般都要注出(如图5-25所示);乡镇以下居民地，只注自然村名；与邻国有边界争议地区的居民地，应注出我国惯用的居民地名称。

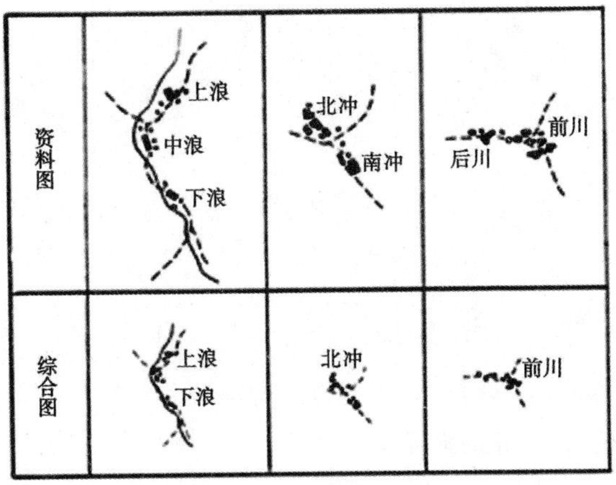

图 5-24　居民地注记选取

图 5-25　居民地副名的表示

5.2　居民地名称注记的配置

居民地注记的配置对地图的清晰性和完备性有很大影响，居民地的名称注记应该配置在何处，在具体实施时，应遵循以下原则：

(1)居民地的名称注记应指示明确。一般选择最有利的位置，如居民地图形的右方或上方，其次才考虑左方，不得已才放在下方（如图 5-26 所示）。注记与居民地图形应保持适当的距离（0.3 ~ 0.5 mm），不能相距太远，以致难以确定。居民地名称注记的排列，应能反映居民地的分布特征，不能像图 5-27 一样配置，造成居民地名称易于混乱。当居民地沿东西方向排列时，可用水平字列注出；沿南北方向排列时，可用垂直字列注出；居民地沿某一方向成线状分布时，注记的排列应与居民地延伸方向一致（可用雁行字列或屈曲字列）（如图 5-28所示）。

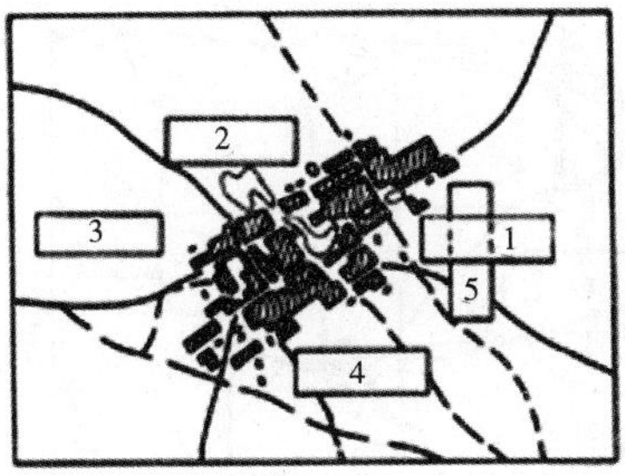

图 5-26　居民地名称注记的配置

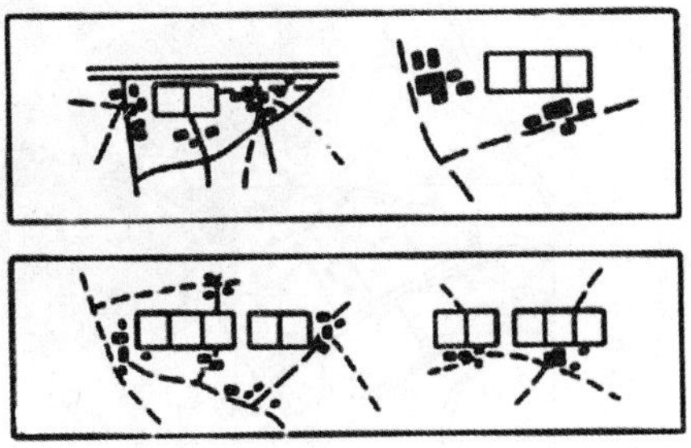

图 5-27　居民地名称易于混乱的配置

(2)名称注记不得压盖重要地物或线状地物的特征点，如道路交叉点，河流交汇处，道路、河流的拐弯处，道路在居民地的出入口等。

(3)行政境界尤其是国界两侧的居民地，名称注记应配置在居民地的同侧，使其归属明确。沿河流两侧分布的居民地，注记也尽量配置在河流两侧。

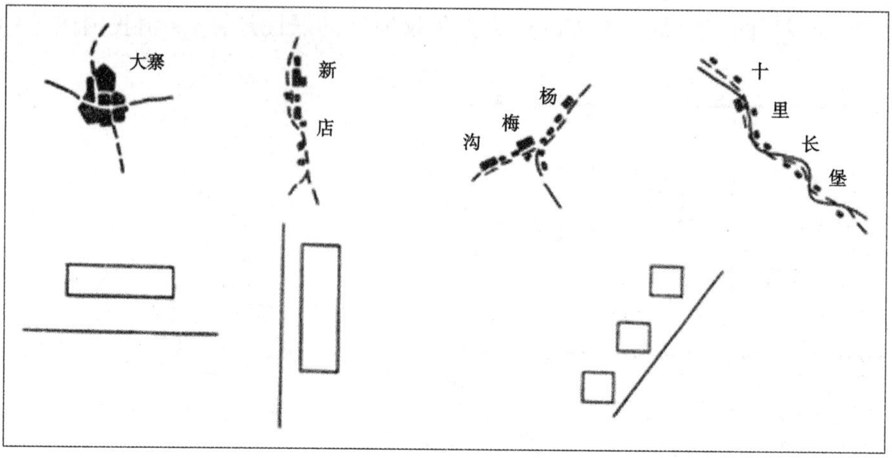

图 5-28　居民地名称注记的排列

项目实施

任务 1　城市式居民地的编绘

1.1　任务内容

城市式居民地的编绘,基本资料图比例尺为 1∶5万(如图 5-29 所示),新编图比例尺为 1∶10 万(如图 5-30 所示)。

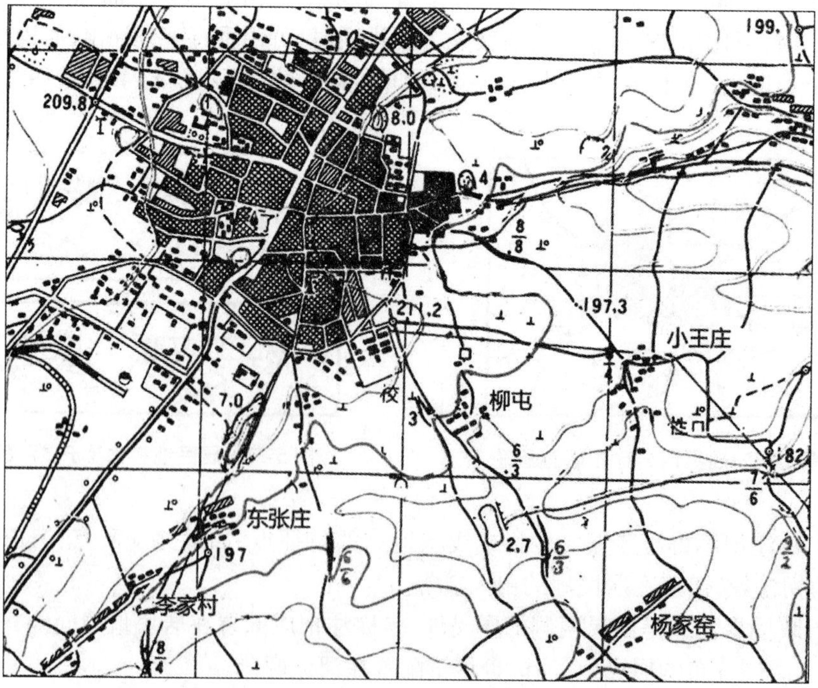

图 5-29　资料图(1∶5万)

1.2　任务要求

通过实习，掌握城市式居民地的编绘原则和方法。

1.3　资料说明

本区位于某省境内，图中最大的居民地为某县，属城市式居民地，平面图形结构特征为不规则状；其他的居民地均为农村居民地，多为街区式和散列式。居民地为中密度区，分布的道路有铁路、建筑中的铁路、等级公路、机耕路、小路等。

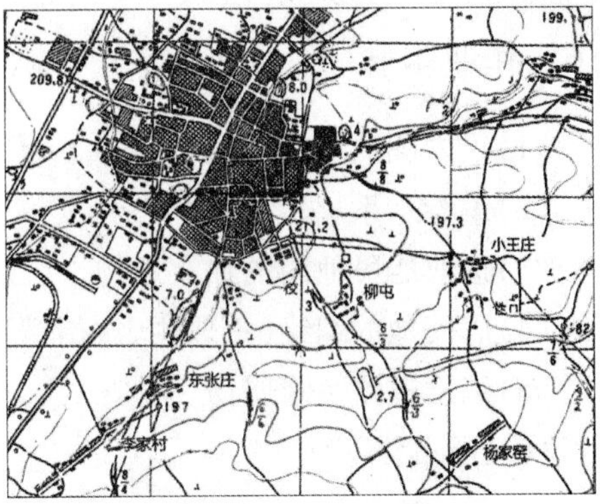

图5-30　新编图(1:10万)

1.4　编绘方法

等大编绘。

1.5　编绘要求

(1)化简该县城市平面图形时，应按城市式居民地形状化简的程序进行。选取个别具有明显方位意义的独立地物。

(2)正确反映该县平面图形的不规则结构特征。选取街道时，不能随意将街道拉直。主要街道边线0.1 mm，空白0.5 mm；次要街道边线0.1 mm，空白0.3 mm。对城市外围普通房屋可选取1/2～1/3。

(3)选取与等级公路以上的道路相衔接的街道为主要街道，没被选上的主要街道可降为次要街道，选取表示。

(4)由密集街区构成的街区单元，图上面积一般为16～25 mm^2，城市外围和郊区房屋稀疏地段，街区单元面积一般为4～16 mm^2。

(5)正确反映居民地内部建筑面积和非建筑面积的对比关系。街区内的空地面积<1～2 mm^2的可不表示。街区的凸凹、拐角<0.25 mm^2 的可舍去或夸大表示。

(6)农村居民地的化简，应注意反映街区式和散列式居民地的特征。保持街区式的主要通道和散列式的分布范围的密度对比。

(7)本区可舍去2～3个小型的农村居民地。

(8)据现势资料，资料图上建筑中铁路现已建成。编图时，按原位改为已成铁路。舍去短小铁路支线(图上<1 cm的)。

(9)道路网格图上面积一般≥2 cm^2。

(10)居民地名称注记等级。

县级：3.5 mm中等线体，K100；主要村庄：2.5 mm仿宋体，K70；其他村庄：2.0 mm仿宋体，K70。

1.6　作业步骤

(1)绘内图廓。

(2)编绘水系。

(3)选取居民地内的独立地物。

(4)居民地的编绘(选取主、次街道)。

(5)编绘道路及附属物。

(6)注记。

1.7　编绘示例

为了正确地概括居民地,保证主要物体的精度以及描绘居民地的方便,遵守一定的概括程序是十分必要的。下面对居民地图形的概括程序作简要说明。

1.7.1　选取居民地内的方位标

居民地内部的烟囱、水塔、庙宇、鼓楼、钟楼、教堂等是重要的方位标,描绘时应该按照配置方位标符号的规则保持其精确的位置。方位标符号是非比例的,如果过多地表示方位标就会破坏街区图形的完整性,因此只能保留少数位置、高度、形状和颜色比较突出的、目标最为明显的方位标,这些方位标在测图和调绘时容易确定(如图 5-31 所示)。

由于方位标的符号是非比例的,所以在等大编绘过程中应按照《地形图图式》中相应符号的尺寸要求将符号尺寸放大表示;而且此图中并非只有图 5-31 所示的几个方位标,在此只是做个示范。

1.7.2　选取铁路、火车站及主要街道

一般地图比例尺小至 1∶1万或 1∶2.5 万以后,图上的铁路和主要街道符号就不能依比例尺表示了,这时必须将铁路和主要街道沿符号中心线向两旁加宽描绘。为了不使铁路和主要街道两旁的街区缩小过多,又不顺次移位扩大居民地,不使居民地图形产生显著的变形,应将由于铁路和主要街道加宽描绘所引起的街区移位量均匀地配赋在较大范围的街区和街道中(如图 5-32 所示)。

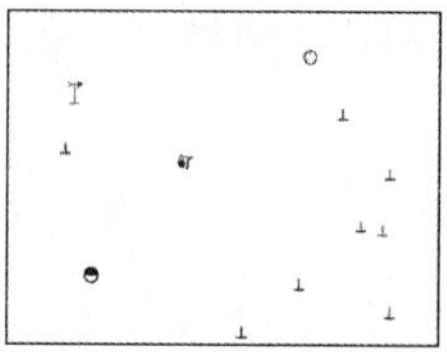

图 5-31　方位标图

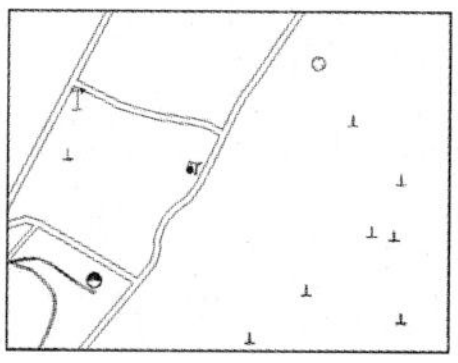

图 5-32　铁路及主要街道的选取

表 5-2 列举了各种比例尺地形图上主、次街道的符号宽度,可供实施居民地描绘参考。同时,从表 5-2 中符号相应的实地宽度可以看出,图上比实地街道宽度放大很多。

表5-2 各种比例尺地形图上主、次街道的符号宽度

比例尺	1:2.5万		1:5万		1:10万		1:20万		1:50万		1:100万	
街道在图上的宽度(mm)	主	次	主	次	主	次	主	次	主	次	主	次
	0.5	0.3	0.5	0.3	0.5	0.3	0.3~0.5	0.2	0.3~0.5	0.2	0.5	0.3
相应的实地宽度(m)	12.5	7.5	25	15	50	30	60~100	40	150~250	100	500	300

1.7.3 选取次要街道

选取次要街道应分以下几步进行:

(1)选取通行状况较好、连贯性强的次要街道;

(2)选取有利于反映街道网图形特征和街区方向的次要街道;

(3)考虑街区大小,选取有利于反映街道网密度对比的次要街道(如图5-33所示)。

1.7.4 概括街区内部结构

概括街区内部结构(如图5-34所示),通常可按下列顺序进行:

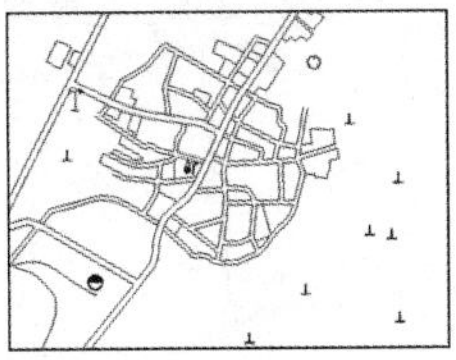

图5-33 次要街道的选取

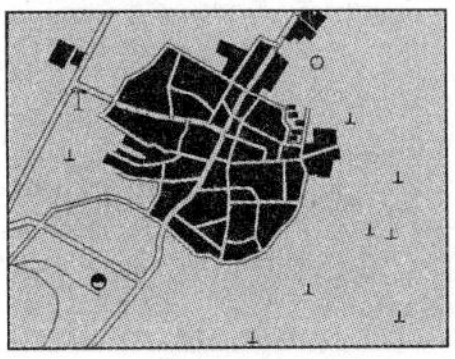

图5-34 街区的概括

(1)合并、删除和夸大等方法概括建筑地段的图形。

(2)绘出建筑地段的相应质量特征,例如在大比例尺地形图上区分建筑物的坚固、不坚固等特征。

(3)绘出街区内不依比例尺表示的独立房屋。在这一过程中,实际作业时还包括居民地内部质量特征的概括,如将许多密集的建筑物合并成建筑地段,减少了内部建筑物的质量差别等。

1.7.5 概括居民地的外围轮廓图形

首先要从图上确定居民地的范围及其轮廓的特征点,然后才考虑形状概括的问题。

1.7.6 添绘说明符号

添绘说明符号是指在植被、土质分布范围内添绘相应的说明符号,例如在大比例尺地形图的相应位置上绘出果园、菜地、公园、沼泽等符号。随着地图比例尺的缩小,详细区分其质量特征的可能性越来越小。当上述分布范围不能容纳下说明符号时,就只能表示成空地了。

1.8 作业时限

4学时。

任务2　街区式农村居民地的编绘

2.1　任务内容

街区式农村居民地的编绘,基本资料图比例尺为1:5万(如图5-35所示);新编图比例尺为1:10万(如图5-36所示)。

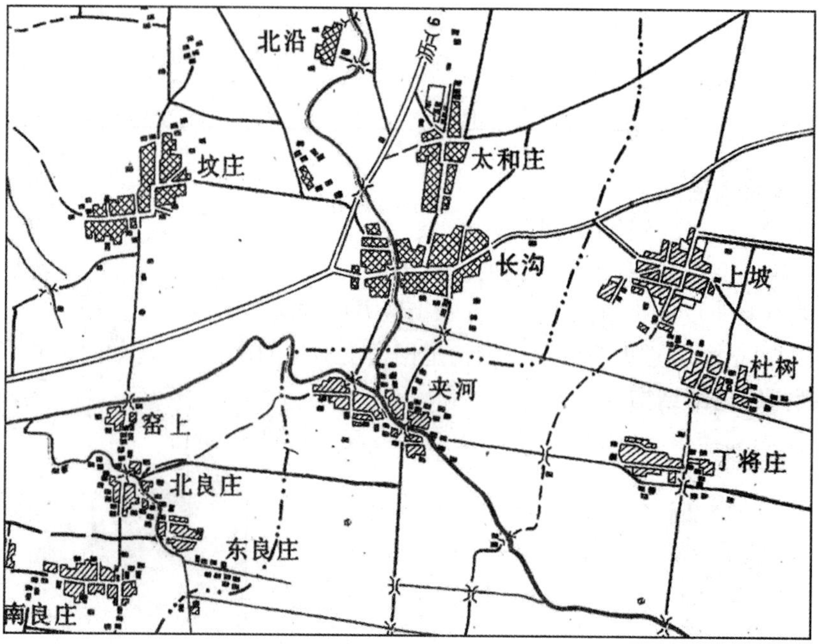

图5-35　资料图(1:5万)

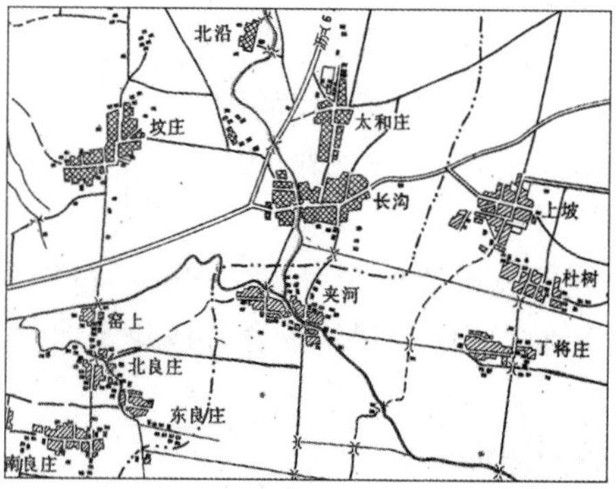

图5-36　新编图(1:10万)

2.2　任务要求

通过实习,要求能够掌握街区式农村居民地的编绘原则和方法。

2.3　资料说明

本区地势平坦,居民地分布均匀,居民地类型为街区式居民地,其密度属大中型中密区。

本区分布的道路有等级公路、机耕路、小路等，由道路构成的平面图形多呈四边形和三角形等形状。

2.4 编绘方法

等大编绘。

2.5 编绘要求

(1)本区内可舍去2~3个居民地，并按图形与注记同时取舍的原则进行。

(2)按街区式居民地图形特征进行化简。注意反映居民地内的通道，凡与公路相接的街道以主要街道表示，其他的以次要街道表示，并进行取舍。

(3)图上街区单元面积一般为4~16 mm^2，最小面积≥1 mm^2。街区凸凹部分<0.25 mm^2 时，可舍去或夸大表示。

(4)街区外缘不依比例尺的普通房屋不得并入街区，应进行适当取舍。取舍时优先选取与居民地外围轮廓形状有关的普通房屋。

(5)图上街区内面积<1~2 mm^2 的空地可并入街区内。街区均涂黑表示。

(6)居民地内部的普通房屋与其相邻街区间隔<0.3 mm^2 时，可并入街区；出入口处的普通房屋，一般不得并入街区。

(7)图上"长沟"为乡级居民地，并按行政名称注出，"乡"字省略。

(8)等级公路以上等级的道路全部选取。其他道路可进行取舍，道路网格一般≥1 cm^2，优先选取乡、镇、大村庄之间的道路。两居民地间有数条道路相接时，应优先选取等级较高的、距离最短的道路。

(9)机耕路、小路的图形可适当化简，舍去一些无特征意义的小弯曲。

(10)公路上的桥梁一般应表示，但在特稠密地区可选取跨越主要河流的桥梁。

(11)居民地名称冠以东、西、南、北等时，一般能按总名和分名处理。居民地密集时，应选注其中较大村庄的名称。

(12)居民地名称注记等级如下：

乡级	长沟	3.0 mm 中等线体	K100
村庄		2.5 mm 仿宋体	K70

2.6 作业步骤

(1)绘内图廓。

(2)编绘河流、水库和湖泊。

(3)编绘居民地。

(4)编绘道路。

(5)注记。

2.7 作业时限

4学时。

2.8 编绘示例

编绘示意图(局部)见图 5-37。

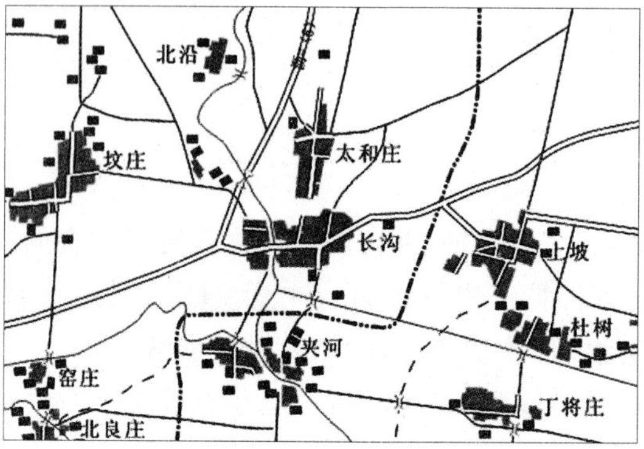

图 5-37　编绘示意图(局部)

任务 3　用圈形符号表示居民地

3.1 任务内容

居民地图形转换,居民地的选取及定位。基本资料图比例尺为 1∶25 万(如图 5-38 所示);新编图比例尺为 1∶50 万(如图 5-39 所示)。

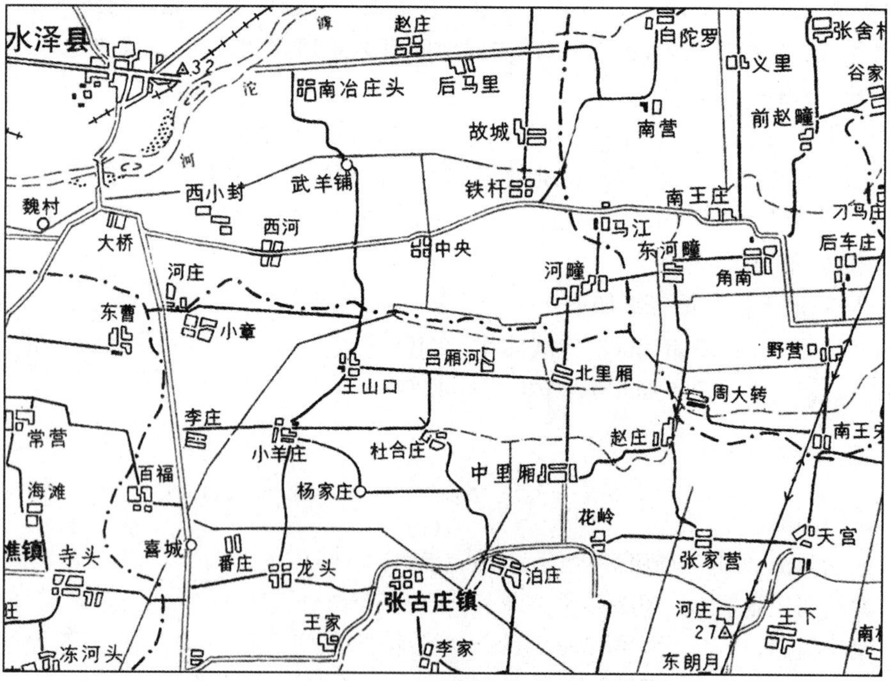

图 5-38　资料图(1∶25 万)

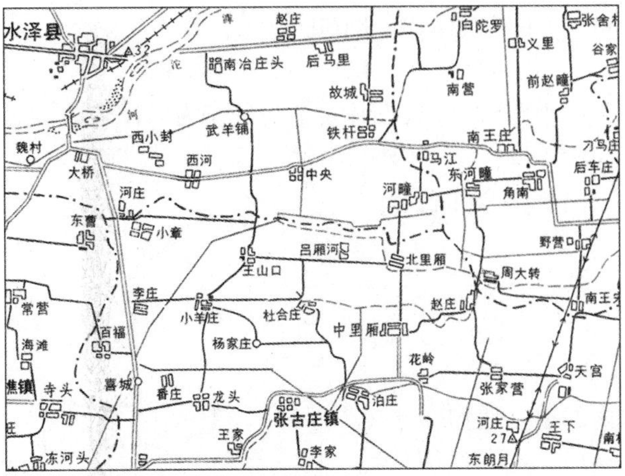

图 5-39　新编图(1∶50 万)

3.2　任务要求

通过实习,要求能够掌握居民地由平面图形转换为圈形符号的转换方法;掌握中比例尺地形图上居民地的选取,以及与其他要素关系的处理方法。

3.3　资料说明

本区地势平坦,居民地分布均匀。区内最大的居民地为水泽县,属城市式居民地,其余均为农村式居民地。居民地密度为中小型中密区(实地密度约为 80 个/100 km^2)。分布的道路有等级公路、机耕路、小路等。

3.4　编绘方法

等大编绘。

3.5　编绘要求

(1)居民地选取的分界尺度为 60～80 个/cm^2。

(2)镇级以上居民地全部选取,镇级以下的居民地视其重要性按从主要到次要的原则进行选取。应优先选取重要村庄和位于河流交汇处、道路交叉和端点处的具有地理特征意义的居民地,以及能反映均匀分布特点的其他居民地。

(3)居民地平面图形,图上面积为 2～30 mm^2 的用轮廓图形表示。用轮廓图形表示时,应正确反映居民地的范围和轮廓特征,轮廓线一般以街区的外边线或外缘街道为准,注意保持轮廓的明显拐角、弧线、折线等形状,凸凹部分 <0.25 mm^2 时,可舍去。轮廓线外围的零散建筑物不表示。

(4)居民地平面图形,图上面积 <2 mm^2 的用圈形符号表示。圈形符号一般配置在居民地的中心位置。正确反映居民地圈形符号与河流、道路之间相交、相切、相离的关系。

(5)凡选取的居民地均需注出名称,并正确表示其行政等级。乡镇级以上居民地按行政名称全名注出。注记等级:

县级　　3.0 mm　　中等线体　　K100

镇级	2.0 mm	中等线体	K100
村庄	2.0 mm	仿宋体	K70

(6)等级公路以上的道路应全部表示，大车路是作为居民地之间、居民地与高级道路之间相互联系的补充。道路网眼大小为1 ~3 cm^2。

(7)双线河上的公路桥梁全部表示。

3.6　作业步骤

(1)绘内图廓。

(2)编绘水系。

(3)选取居民地内的独立地物。

(4)居民地的编绘(选取主、次街道)。

(5)编绘道路及附属物。

(6)注记。

3.7　作业时限

4学时。

3.8　编绘示例

编绘示意图(局部)见图5-40。

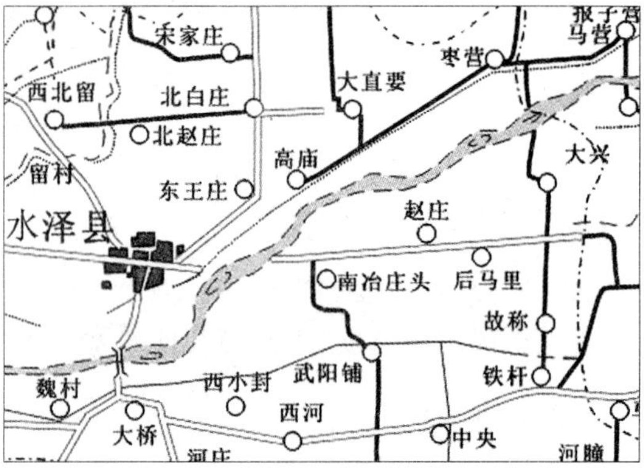

图5-40　编绘示意图(局部)

思考题

1. 地图上表示居民地时，城镇居民地和农村居民地的形状各有什么特点？

2. 城镇居民地概括的原则是什么？

3. 如何概括农村居民地的形状？

4. 居民地的选取要解决哪些问题？如何在地图上选取居民地？

5. 随着地图比例尺的缩小，居民地由平面图形表示转换为用圈形符号表示时，圈形符号怎样配置？

项目6　交通网的编绘

项目描述

交通网是地图的重要内容之一，和人们的活动联系密切，在地图上正确表示交通网内容具有非常重要的意义。本项目的学习内容主要是围绕地图上交通网的表达、道路的选取和化简要点展开，通过道路综合任务的实施，达到对道路编绘要点的掌握。

项目目的

通过学习，要求掌握交通网的分类及表示方法；掌握道路编绘的方法；掌握道路的选取方法；掌握道路图形的化简方法。

背景知识

1　交通网的分类

交通网是陆上、水上、空中及地下运输路线的总称。交通运输在政治、经济、军事等方面都具有重要意义。交通网是国民经济建设的脉络，是联结居民地的纽带，是地区经济发达的重要标志，交通网在军事上的意义更为重要，它是部队行动和运输的重要保障，同时飞机飞行时还可以根据道路的形状、特点来判定方位。因此，在地图上应正确显示交通网的类型、等级、位置、形状、分布密度，通行程度和运输能力以及与其他要素的关系，以满足国民经济和国防建设用图的需要。

表示在地图上的交通网一般可以分为陆上交通、水上交通、空中交通和管道运输等类型。

1.1　陆上交通

陆上交通即通常所指的道路，包括铁路、公路及其他道路。

1.1.1　铁路

铁路是交通运输的大动脉，是火车、城铁等交通工具的轨道。地形图上铁路常按线路数量、轨距、机车牵引方式、建筑状况等标志分类。如按线路数量可分为单线铁路和复线铁路；按轨距分为常轨铁路和窄轨铁路；按机车牵引方式分为蒸汽机车铁路、内燃机车铁路、电气化铁路；按铁路的通行情况可分为已通行的铁路和建筑中的铁路。

目前，我国已成为世界上高速铁路发展最快、系统技术最全、集成能力最强、运营里程最长、运营速度最高、在建规模最大的国家，随着客运高速铁路在各省间、各主要城市间相继开工与落成,我国将在2020年形成“四纵四横”的高铁格局。

1.1.2 公路

公路是交通干线,图上应表示它的等级、路面宽度、质量及其建筑状况。目前,我国大比例尺地形图上,公路按其行政等级分别用相应的国道、省道、县道、乡道及其他公路,专用公路符号表示。

大、中比例尺地图上公路以双线符号表示,再配合符号的宽窄、线号的粗细、套色和说明注记等反映公路的类型、路面宽度、路面性质等各项技术指标,大、中比例尺地形图上还用符号表示涵洞、路堤、隧道等各种道路的附属建筑物。

小比例尺图上公路分类比较概略,一般多以红色实线表示,并运用线划的粗细来区分公路的主次。

1.1.3 其他道路

在我国地形图上,其他道路指的是公路以下的低级道路,包括大车路、乡村路、小路、时令路、内部道路等。这些道路根据主、次分别用实线、虚线、点线,并配合线号的粗细来区分。

小比例尺地图上,公路以下的其他道路表示得很概略,通常只区分大路或小路或根本不区分不表示了。

1.2 水上交通

水上交通主要分为内河航线和海洋航线两种。

内河航运一般不标出具体航线,通常在河流上标出航运起讫点,有的还区分出定期通航和不定期通航的河段,以及表示具有船舶通行建筑的水利枢纽工程和可通行的吨位等。

海洋航线由港口和航线所组成,通常只在小于1∶100万比例尺地图上表示。海港用符号表示所在地,有时还根据货物的吞吐量区分等级。航线多用蓝色虚线绘出,常区分为近海航线和远洋定期航线两种。在航线上还注出起止港口的名称和距离。

1.3 空中交通

普通地图上空中交通只表示航空站,一般不表示航空线。我国目前普通地图上不表示任何航空标志,主要表示国外机场。机场按规模大小分为主要机场和小机场,按功能可分为民用(国际、国内)机杨和军用(陆地、水上)机场等。

1.4 管线运输

管线运输主要包括运输管道和高压输电线两类。管道运输是现代工业发展的显著标志,也是一种安全、迅速、节约的运输方式。这种运输方式已经在运输领域占有非常重要的地位。

管道运输有地面和地下(或水下)两种,一般用线状符号加简明的说明注记来表示。现代地图上的管道不但要区分其运输的货物(石油、煤气或其他),还应表示管道的线数、管道直径、泵位和气体加压站等。

电力运输的高压输电线要求区分高压输电线的强度(等级)和能源的类型(热电站、水电站、原子能电站、太阳能电站等)。在我国地形图上,用线状符号加简明注记表示高压输电线的线数和电压等,在小比例尺地图上,一般不表示。

通信线(包括电话、电报线两种)也看作是交通网的一个组成部分,一般在人烟稀少地区才表示。我国大于1:10万地形图上用线状符号表示,并同时表示出有方位意义的通信线杆。

2　道路的选取

道路的选取与居民地的选取有一定的从属关系。道路的取舍还有它自己的特性,其他要素的载负量通常是随着地图比例尺的缩小而增大,而道路则不然。比如1:25万地形图常作道路图使用,道路要求表达比较详细,比例尺再缩小,道路则会大量被舍去。1:100万及更小比例尺图上道路主要表示铁路和公路,地图上道路的载负量不会增加,反而有降低的趋势。

选取道路时,首先要很好了解和分析制图区域内道路分布情况、道路质量及道路网图形的基本特征,确定道路在该地区的作用与意义,然后根据编图规范及编图设计书的要求进行取舍。

2.1　道路的选取指标

道路的选取指标包括道路的数量指标和道路的质量指标。选取道路的数量指标可以用规定道路网眼大小和网眼数来控制。

2.1.1　规定道路网眼的大小

道路网眼的大小即道路围成的封闭图形面积的大小,通常以cm^2为单位。从多年的生产实践中总结出:在小型居民地稠密区,道路网眼大小为1.0~1.5 cm^2,在大型居民地稠密地区,网眼大小为1.5~2.0 cm^2较为合适。这一指标是从地图的清晰性和详细性出发的,并考虑到居民地平面图形的大小、距离、注记大小、道路网眼形状等几个因素确定的。关于图上表示的网眼大小在各种不同比例尺地形图的规范中均有具体规定。

规定道路网眼面积大小的优点是比较直观,作业中便于掌握;缺点是只规定了道路网稠密地区的指标,对于道路中等和稀疏地区网眼面积要适当加大,否则会出现道路均匀化分布的趋势。

2.1.2　由居民地与道路网眼的数量关系来确定道路的选取指标

在一定的比例尺范围,道路的疏密与居民地的疏密大致成正比关系,即居民地稠密地区,道路也稠密;居民地稀疏地区,道路也稀疏,这就是道路与居民地在数量上的一致性。

为了寻求居民地与道路网眼数之间的数量关系,在中比例尺地形图上对道路成网状的不同地区进行了大量统计,发现道路的网眼数与居民地个数之间存在着相当明显的直线相关。这一关系用直线方程表示为:$n=-0.98+0.9Q$(n为道路网眼数,Q为居民地个数)。

编图时可以根据上述公式,按选取居民地的个数计算出应当选取的道路网眼数。但它并不是一个通式,即各地区和各种不同比例尺地图上居民地和道路网眼间虽可能存在这种相关关系,但解算出的具体数值会有差别。注意:若道路构不成网,则不能用上式计算。

2.1.3　规定道路选取的质量指标

道路选取的质量指标实质上是解决选取哪些道路的问题。首先应规定一个全取界限,如规定某地区简易公路以上的道路全部选取,这样道路的选取就要在大车路这一级中进行了。全取界限以上的道路不应超过道路选取的数量指标,不够的部分再按一定条件从低级道路中选取。

2.2　道路的选取原则

2.2.1　重要的道路优先选取

决定道路重要性的指标有两点:一是道路等级,等级越高重要性越高;二是指具有特殊意义的道路,同等级的道路,具有特殊意义的道路重要性高。

道路等级的确定又具有一定的相对性。道路等级高可以包含两层意思:一是指道路修筑质量好,通行和运输能力强,如铁路和公路等,这种区分是我们习惯性对道路等级的区分方法;二是指在一定地区范围内,从道路的相互比较中相对重要的道路,如大车路在交通发达的平原地区可能被大量舍去,而交通不发达的山区、乡村路,甚至连贯性较好的小路也可能成为当地的重要道路。正是因为道路等级高低的区分比较灵活,所以实际作业中必须考虑道路的类型、等级和它在不同地区的作用等方面的情况,正确区分清主次,进行取舍。

下列道路是属于具有某种特殊意义的道路:通向沙漠区水源的唯一道路,穿过沼泽或湖区的唯一道路,作为行政境界的道路,连贯性较好的道路等,通向国境或沿国境线的等级最高或唯一的道路,便于部队隐蔽、集结和行动的道路,如森林铁路、林间小路等。

另外,通向车站、机场、码头、渡口、山隘、矿山、行政中心或高一级居民地、制高点、边防哨卡等处的道路,需要优先考虑选取。

2.2.2　保持道路与居民地的联系

居民地的密度和等级大体上决定着道路的密度和等级,居民地的分布特征决定着道路网的结构,居民地的大小决定着与其相联系道路的多少。所以,道路的取舍应与居民地的取舍相适应,并能正确反映与居民地之间的联系。一般来说,每个居民地都应有一条以上的道路相互联系,当居民地舍去了,图上的道路也应随之舍去,当有两条以上的道路通向居民地而又必须取舍时,应保留等级高的一条;如果道路等级相同,应保留通行距离短和便于通行的道路。另外,选取道路时还应反映居民地在行政上的辖属关系,要注意选取通向行政中心的道路。

图6-1是道路选取时保持道路与居民地关系一致的示例图,图中"罗岗镇"等级最高,要保证其他居民地通向"罗岗镇"的道路,当有多条道路可选择时,要选择重要的、距离短的、连通性好的。

2.2.3　保持道路网平面图形的特征

道路网是由许多不同等级和形状的道路组成的,其结构、平面图形、走向是由居民地、地貌、水系、土质、植被的分布和特征所决定的。选取道路时,应把各级道路看成是一个有机整体,全盘考虑,正确反映道路网的形状及其与其他要素的联系。高级道路是构网的基础,因此首先以高级道路为骨干,再用低级道路作为补充,根据道路网的图形特征逐级选取。

如北方平原区道路平直多呈规则的格状,网眼多为三角形和四边形(如图6-2、图6-3所示);通向行政中心或经济中心的道路多为放射状,其网眼多为扇形;在平行岭谷地区,主要的道路沿谷地穿行,次要道路翻山越岭,构成的道路网眼多为规则的长方形格状(如图6-4所示);在丘陵地区大多数道路沿丘陵的"山脚"绕行,形成不规则的网状结构(如图6-5所

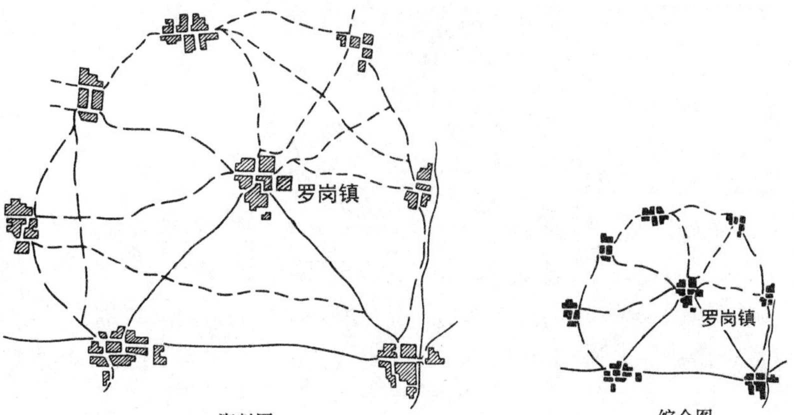

资料图　　综合图

图6-1　道路选取示例图

示)。这些道路网的形状在取舍时,只是舍去一些由低级道路构成的网眼,总的图形特征在大、中比例尺地图上并没有改变。但在小比例尺地图上,由于低级道路被大量舍掉,道路网的图形结构就不容易保持了,但总的结构特征还应反映出来。

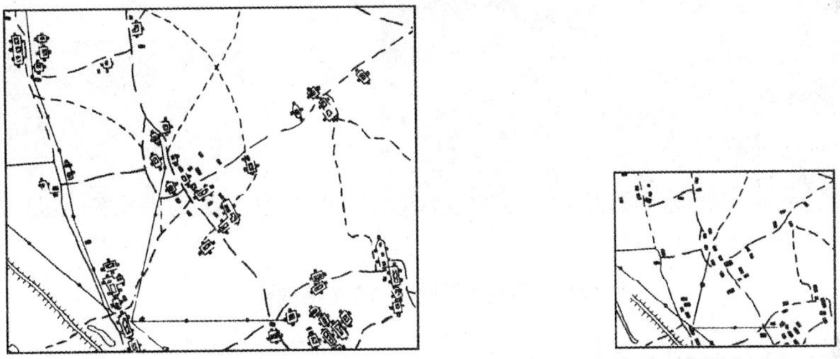

资料图　　综合图

图6-2　三角状道路网的综合示例

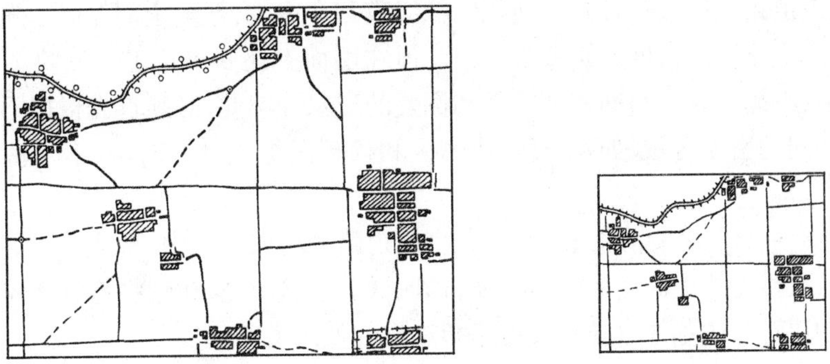

资料图　　综合图

图6-3　四边形网状道路的综合示例

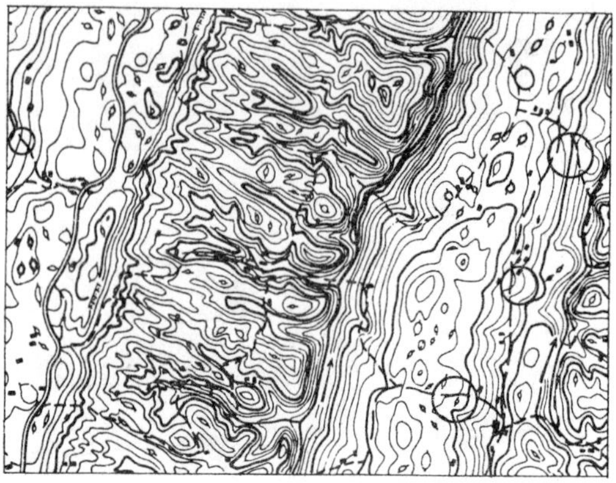

资料图

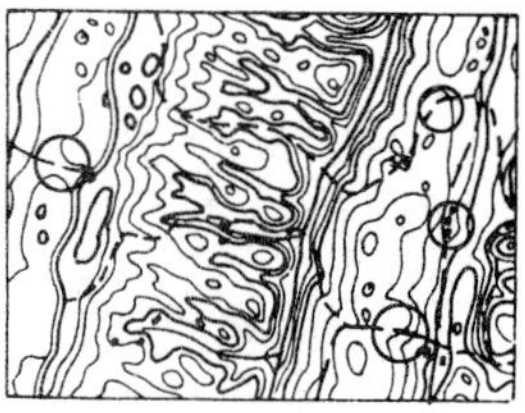

综合图

图 6-4　矩形网格状道路的综合示例

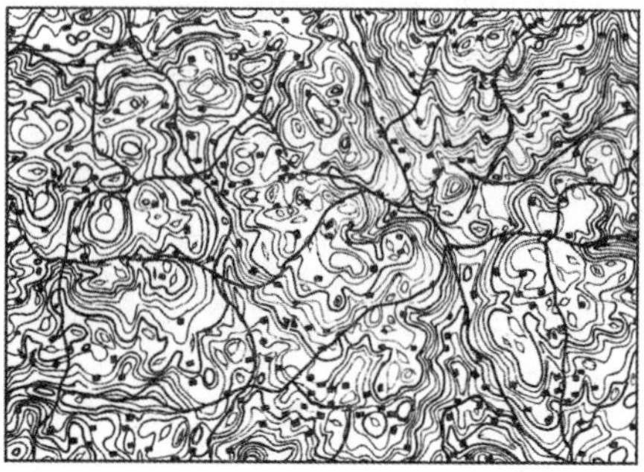

资料图

综合图

图 6-5　不规则网状结构道路的综合

2.2.4　保持不同地区道路密度的对比

道路分布的密度与人口的分布、经济的发展程度、自然条件的好坏关系很大,各地很不平衡。一般城市等发达地区道路密集,山区以至沙漠地区道路稀疏。在取舍的过程中,道路网稠密区,低级道路舍得多;道路网稀疏区,低级道路舍得少,甚至全部保留。随着比例尺的缩小,不同地区道路网的密度差别愈来愈小。但在图面上还要求正确地反映不同道路网密度的对比关系,不能出现道路网密度拉平和倒置的现象。因此,必须首先根据不同的道路网密度划分为不同的密度区域,如稠密区、中密区和稀疏区等,然后按各种不同密度区采用不同的选取指标。

另外,还要注意保持道路的连续性。在实施道路的选取过程中,不能单纯追求网状的规格化而不考虑道路连续性的选取法。例如,选取低级道路时,应注意将连贯性较好的道路保留,不要随意中断,并注意选取与高级道路相连贯的低级道路。

图 6-6 ~ 图 6-8 是正确选取道路的示例。

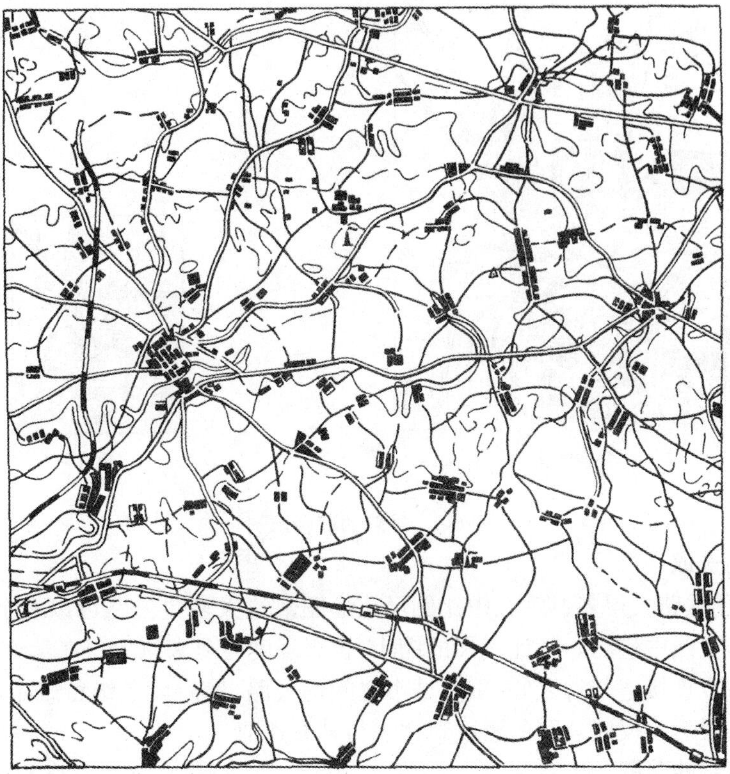

图6-6　道路的选取资料图(1:10 万)

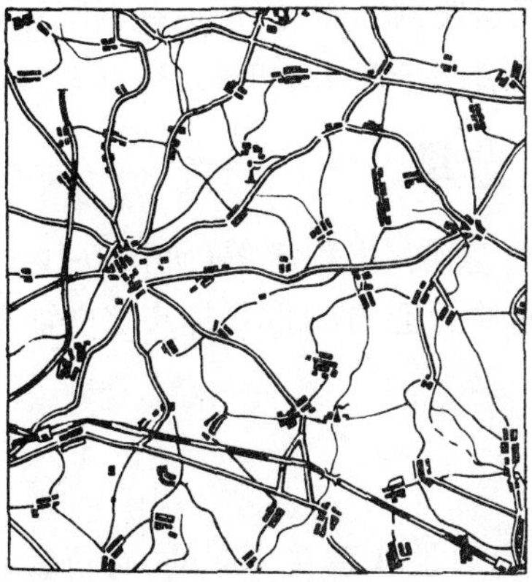

图6-7　道路的选取(1:20 万)

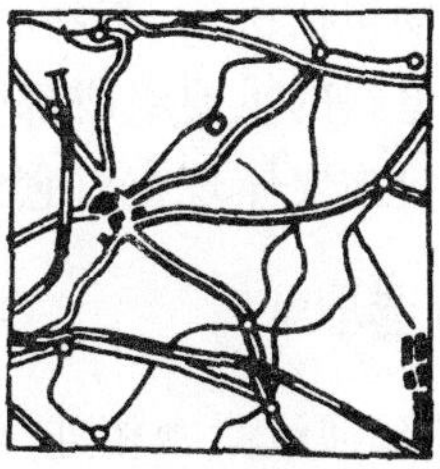

图6-8　道路的选取(1:50 万)

2.3　选取道路的步骤

选取道路时一般应遵循铁路、公路和其他道路的顺序。

2.3.1　铁路的选取

铁路是陆地交通运输骨干,它的密度在道路网中是最小的,我国铁路的密度不高,一般可以全部表示,取舍很少,只是在一些通往厂矿的专用线、支叉线或窄轨铁路比较稠密时才进行取舍,图6-9是支叉铁路取舍的示例。

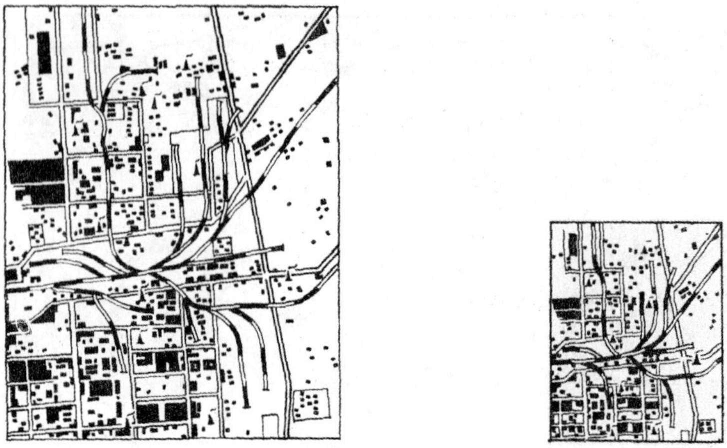

资料图　　综合图

图 6-9　铁路的取舍示例

2.3.2　公路的选取

公路密度比铁路大得多,在大、中比例尺地形图上绝大多数公路可以表示,取舍多在一些专用线、短小支线中进行。随比例尺的缩小,舍弃程度会愈来愈大。在编绘中小比例尺地图时,首先要选取连接省与省之间、重要城市之间的公路,然后以各级行政中心为结点选取较重要的公路,最后为反映公路的密度对比进行补充选取。

2.3.3　其他道路的选取

其他道路在中小比例尺地形图上是取舍的主要对象。前面介绍的关于计算道路网眼的多少,主要是针对这些道路的。它们的选取是为了补充道路网的密度,使道路网眼达到选取指标的要求,同时还要显示出道路网眼的密度对比及道路网平面图形的特征。

3　道路附属物的选取

道路附属物包括桥梁、车站、渡口、隧道、路堤、路堑、涵洞、里程碑等(如图 6-10 所示)。道路附属物是道路的重要组成部分,是说明道路质量和通行能力的重要标志之一。道路附属物的制图综合主要体现在对它们的选取上。

3.1　桥梁的选取

桥梁与道路、河流紧密相连,桥梁的选取与道路的选取是联系在一起的,有桥就有路与之相连。桥梁符号间断河渠,在编绘水系之前就要选取桥梁。在大、中比例尺地形图上,一般双线河上的桥梁均应选取,只有在桥梁密集地区才进行适当的取舍。小比例尺地图上,只表示重要的大桥,其余都不表示,道路直拉通过河流符号。

此外,选取桥梁时还要考虑桥梁的等级高低和特殊意义。通常,优先保留连接铁路、公路的桥梁;交通不发达的地区,则首先选取主要通道上跨越较大障碍的桥梁。桥梁的说明注记也要取舍,从通行的情况出发,首先应选取载重吨位大和载重吨位小的桥梁注记。

3.2　火车站的选取

火车站包括站内铁路、房屋建筑及附属建筑物(信号灯、柱、天桥)等。在大比例尺地形

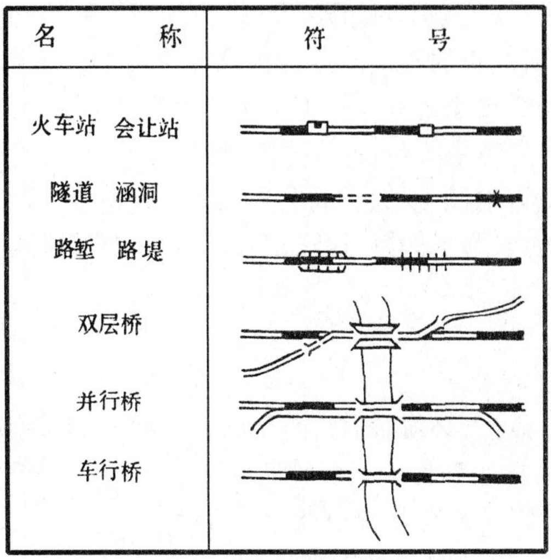

图6-10　道路附属物

图上，火车站一般用平面图形表示，比例尺缩小后则改用符号表示，此时车站符号应绘在主要站台的位置上，符号中的黑块绘在站房一边。

比例尺等于或大于1∶25万的地形图上，大部分火车站都可按其相应等级区分表示，比例尺再缩小，就要选取表示。一般是选取等级高的火车站，它可根据车站所处的位置及与周围的联系，参考铁路部门的专用图、列车时刻表、地形图等来判断和查明。那些次要的小车站往往随所在的小居民地一起舍掉了。

3.3　渡口的选取

大、中比例尺地形图上，凡是火车和汽车的渡口，一般都应表示，通行困难地区的人行渡口也需表示，因为渡口影响通行能力和运输速度。小比例尺地图上，河流仍用双线表示时，应表示车渡。

3.4　隧道的选取

隧道是既影响通行又可起隐蔽作用的附属物体。在平原地区很少，应全部表示。在隧道密集地区只能取舍不能合并，并应首先选取长的；在隧道集中地区，要先选取位于两端的隧道，中间的酌情选取；隧道和桥梁相间出现时，要注意反映隧道、桥梁和铁路之间的比例关系。特别大或非常重要的隧道，有时在小比例尺地图上也应表示。

3.5　路堤、路堑的选取

在大比例尺地形图上，路堤、路堑具有一定的方位意义，按图式规范规定，够选取标准的均应表示。在中、小比例尺地形图上，只能选取够一定长度的。路堤、路堑一般只取舍不合并。

4　道路形状的概括

道路的形状或弯曲在大比例尺地图上可以精确详细地表示出来，但随着比例尺的缩小，有些弯曲小到不能如实表达时,必须对道路形状进行化简。另外,道路符号并不随地图比例尺的缩小而缩小,相反它所代表的实地宽度却愈来愈大。如以公路为例,1∶2.5 万地图上,公路符号宽 0.6 mm,相当于实地宽 15 m,道路的实际弯曲尚可表示出来。当地图比例尺缩小到1∶10 万时,公路符号宽还是0.6 mm,但相当于实地宽60 m,实地上许多弯曲,就被很自然地拉直了。到了 1∶100 万地图上,公路符号宽 0.5 mm,相当于实地宽 500 m。这样符号放宽必然要压盖一部分地物,为了保持道路的形状特点和处理同其他要素的关系,必须采用形状概括的方法。

4.1　道路形状的特点

要对道路的形状进行概括,必须对道路的形状特点要有所了解。道路的形状特征取决于道路的类型和其所处的自然条件。一般铁路的形状都比较平直,弯曲处呈圆弧状,没有急弯和直弯;公路和其他道路随着等级的降低,设计要求也逐级降低,一些低等级的道路甚至就没有经过设计,所以公路和其他道路会有折角和急弯出现。同时,道路的形状受地形影响很大,平原地区的道路一般比较平直;山区道路受地形的影响而具有多弯曲的特点,有的绕行谷地中,有的呈"螺旋形"或"之"字形在山坡上盘旋迂回(如图 6-11 所示)。

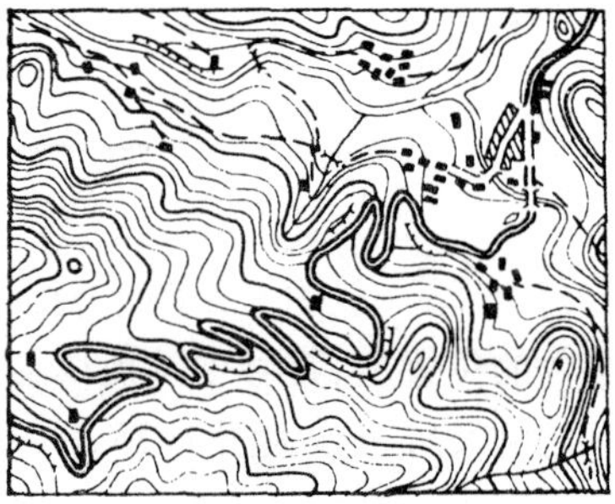

图 6-11　山区道路

4.2　道路形状概括的方法

道路形状概括的基本方法是删除、夸大和移位。

4.2.1　删除小弯曲

比例尺缩小后,对于道路上无特征意义的小弯曲(如小于0.5 mm ×0.5 mm 的),可以舍去,以达到清晰反映道路形状的目的(如图 6-12 所示)。

资料图

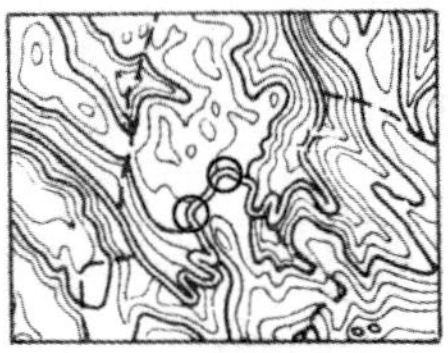

综合图

图 6-12　删除道路小弯曲

4.2.2　夸大具有特征意义的小弯曲

对于小于分界尺度但能反映道路形状特征和具有一定方位意义的小弯曲,应保留并夸大到分界尺度表示,如平直道路上的突然弯曲、形状特殊的小弯曲等(如图 6-13 所示)。

资料图　　综合图　　放大图

图6-13　道路特征弯曲的夸大

夸大的方法是保持形状特征向外扩张图形。为减少道路形状夸大时所产生的过大变形，可对公路、简易公路的急拐弯处或与铁路平行的路段采用“共边”的方法，如图6-14中“1”标注处就采用了共边的方法。铁路、公路本身可共边线，不同等级的道路(如铁路和公路)也可共边线，但要以高级道路为主。若采用共边仍不能表示弯曲情况，可以适当减少弯曲次数，如图6-14中“2”标注处，即保持一组弯曲两头的两个弯曲和其中较大弯曲的形状和位置不变，删去其中较小的弯曲。

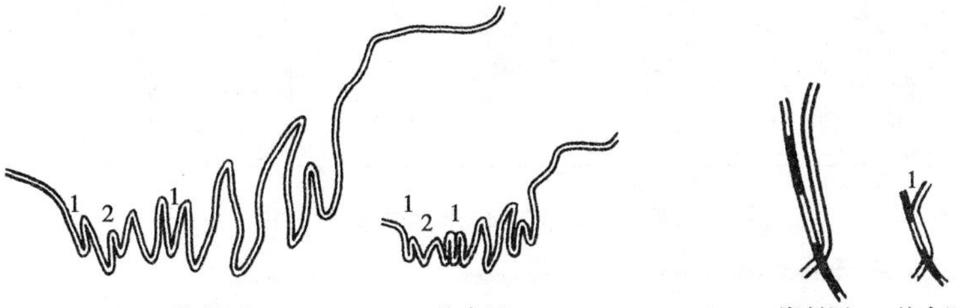

资料图　　综合图　　资料图　综合图

图6-14　用“共边”法和减少弯曲次数概括道路形状例图

4.2.3　移位

移位是道路与其他要素或道路与道路之间发生争位矛盾时形状概括的一种方法。如为了保持道路与线状地物的相交、并行、缠绕等的关系时，都要用到移位的方法。

移位的一般原则是：保证重要物体位置准确而移动次要物体位置；当两物体同等重要时，可作相对移位，以保持物体间的相互关系，当道路与水系物体发生争位矛盾时，一般应保持固定性强的水系物体的位置，移动道路符号。但当水系物体保持不动而会破坏道路形状特征时，可移动水系物体位置(如图6-15所示)。

道路与道路之间发生争位矛盾时，必须先保持高级道路位置准确，再移动低级道路符号，也可以采用共边线方法(如图6-16所示)。道路等级相同时，采用相对移位的方法来处理(如图6-17所示)。道路形状概括的大小主要取决于道路本身等级的高低以及道路分布区域的特点。一般道路等级高或平坦地区的道路形状概括要小些，道路等级低或山区的道路概括程度就大一些。

4.3　道路形状概括的要求

4.3.1　保持道路特征点的位置和弯曲特征

概括时不能产生较大的变形和移位，所以必须要保持道路的交叉点、特征拐弯处、笔直线段等的精确位置和形状(如图6-18所示)。

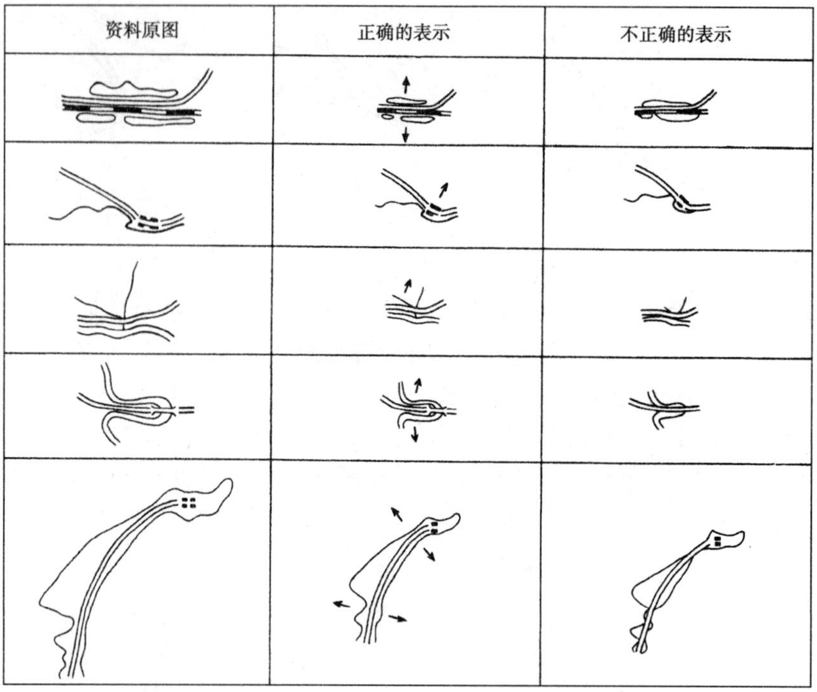

图 6-15　道路与水系关系的处理

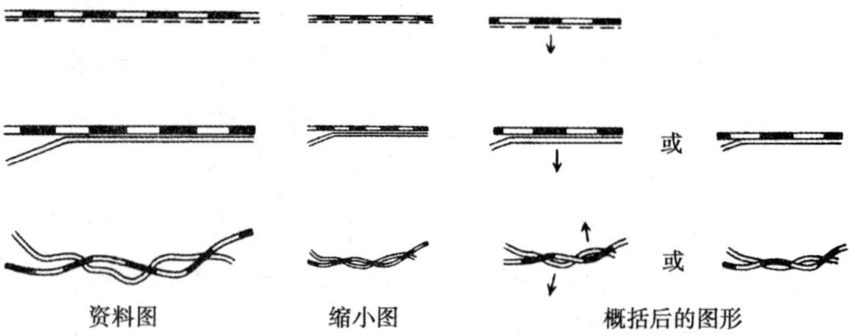

图 6-16　不同等级道路关系的处理

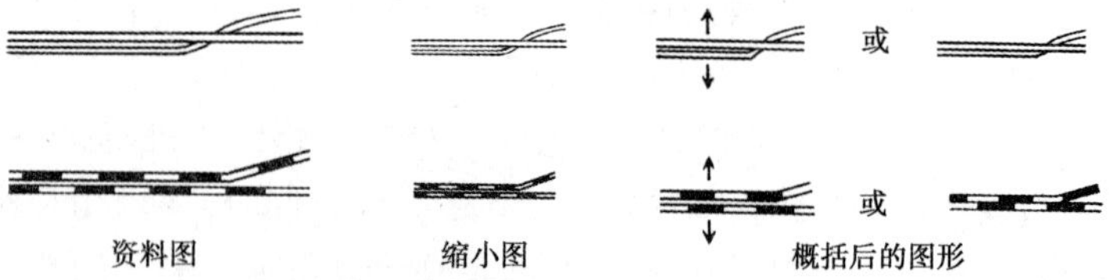

图 6-17　同等级道路关系的处理

4.3.2　反映不同地段道路弯曲程度对比

道路的形状与地形有关，山区和平原道路的弯曲程度差异很大，就是同一条道路不同路段的弯曲程度也不同。因此，在形状概括时，必须反映出道路弯曲程度的对比关系。

4.3.3　道路形状要与相关要素相互协调

化简道路弯曲时要考虑到与其他要素的联系。如道路的概括要与地貌、河流的概括相协调。若等高线或河流的小弯曲化简了，道路的弯曲也要随之化简，以保持道路形状与地貌相协调（如图 6-19 所示）、与河流的关系正确（如图 6-20 所示）。

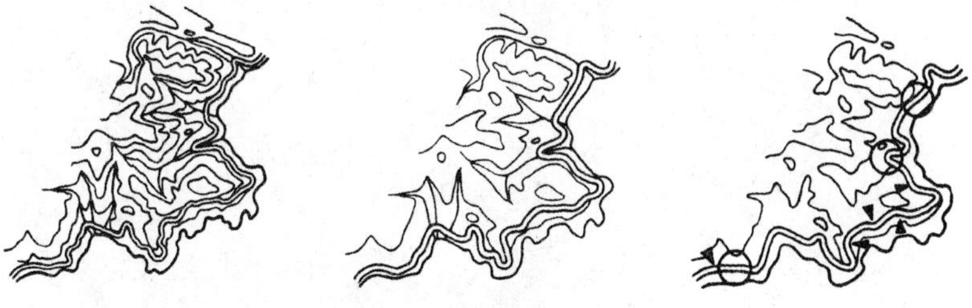

图6-18　保持道路线的位置、弯曲、特征点

图6-19　道路概括与地貌相协调

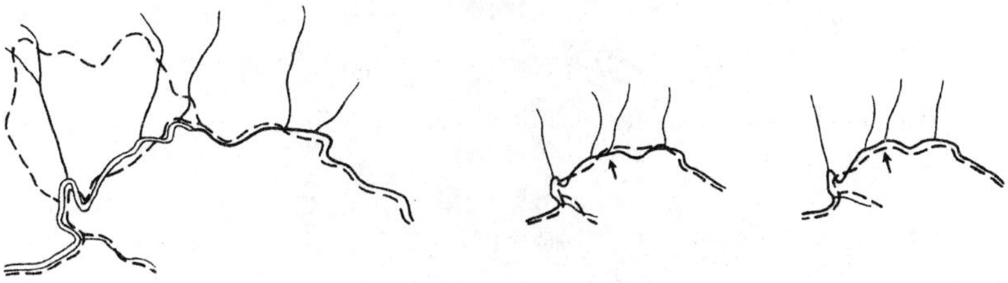

图6-20　道路概括与河流相协调

4.3.4　应反映道路之间交叉的特征

各种道路交叉应保持关系合理和交叉点的准确位置。铁路与铁路、铁路与公路立体交叉时，须以相应的桥梁符号显示其关系；公路穿越铁路或河流，如弯曲过小或穿越次数过多，则应适当进行概括。

项目实施

任务1　居民地和道路网及水系的编绘

1.1　任务内容

居民地和道路网及水系的制图综合，基本资料图比例尺1∶5万（如图6-21所示），新编图比例尺1∶10万（如图6-22所示）。

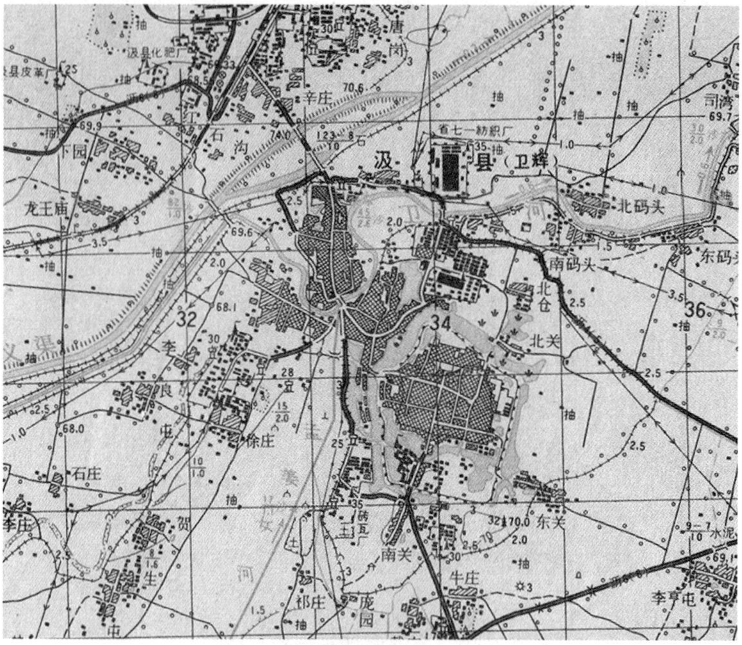

图 6-21　资料图(1∶5万)

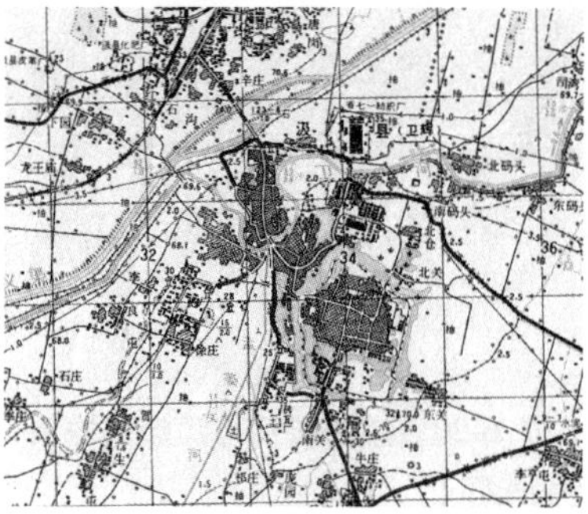

图 6-22　新编图(1∶10 万)

1.2　任务要求

通过实习,掌握道路网的编绘原则和方法。道路编绘和水系编绘、居民地关系密切,这一任务也可达到对水系和居民地编绘方法的复习和巩固的目的。

1.3　资料说明

本制图区域位于河南省境内,地势平坦,道路比较发达,分布有铁路、公路、简易公路、大车路、乡村路、小路、时令路等(如图 6-23 所示),由道路构成的平面图形多呈四边形和三角形等形状。制图区域内汲县(卫辉)居民地的规模最大,街道的表示比较详细,平面图形属于不规则结构特征。居民地内部有河流通过。农村居民地分布均匀,每个居民地都有一定的规模,能看到主要街道的通过,基本上都属于街区式农村居民地。

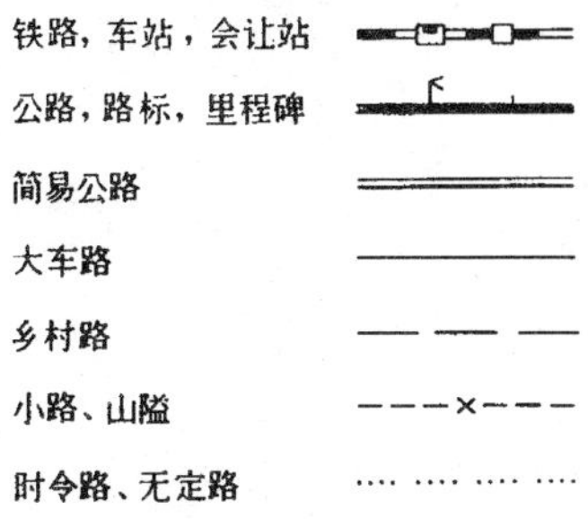

图 6-23　道路的分级

1.4　编绘方法

等大编绘。

1.5　编绘要求

(1)河流、沟渠大于 1 cm 的选取。密集河、渠的间距一般不小于 3 mm。选取时,应按从大到小、由主到次的顺序进行。为了反映渠网密度和呈格网状特征,可选取少量长度小于选取指标的渠道。

(2)图上宽度大于 0. 4 mm 的河、渠,用依比例的双线表示;宽度小于 0. 4 mm 的用单线表示的沟渠,视其主次,分别用 0. 3 mm 和 0. 15 mm 线粗表示。

(3)街区图形概括时,按街区式居民地图形特征进行化简。注意反映居民地内的通道,凡与公路相接的街道以主要街道表示,其他的以次要街道表示,并进行取舍。

(4)街区最小面积不小于 1 mm^2。街区凸凹部分小于 0. 25 mm^2 时,可舍去或夸大表示。

(5)街区外缘不依比例尺的普通房屋不得并入街区,应进行适当取舍。取舍时优先选取与居民地外围轮廓形状有关的普通房屋。独立房屋可作较大的取舍,一般舍去 1/2 ~2/3。

(6)图上街区内面积小于 1 ~2 mm^2 的空地可并入街区内。街区均涂黑表示。

(7)居民地内部的普通房屋与其相邻街区间隔小于 0. 3 mm 时,可并入街区;出入口处的普通房屋,一般不得并入街区。

(8)铁路、公路及简易公路全部选取。其他道路可进行取舍,道路网格一般不小于 1 mm^2,优先选取乡、镇、大村庄之间的道路。两居民地间有数条道路相接时,应优先选取等级较高的、距离最短的道路。

(9)机耕路(大车路)、乡村路和小路的图形可适当化简,舍去一些无特征意义的小弯曲。

(10)公路上的桥梁一般应表示,但在桥梁分布稠密地区可选取跨越主要河流的桥梁。选上的公路桥梁应加注载重吨数,其他数量特征均可舍去。

(11)注记等级:县级,3. 0 mm 中等线体;村庄,2. 25 mm 仿宋体;水系,2. 5 mm 左斜宋体。

1.6　作业步骤

(1)绘内图廓线(0. 3 mm)。

(2)编绘河流和湖泊。

(3)编绘居民地。

(4)编绘道路。

(5)注记。

1.7　作业时限

5 学时。

1.8　综合示例

1.8.1　编绘河流和湖泊

制图区域内水系都用蓝色表示,包括双线河、渠,单线河、渠。按综合要点说明,图上宽度大于0.4 mm 的河、渠,用依比例的双线表示,线粗0.1 mm(C = 100),普染水域面(C = 20)。宽度小于0.4 mm 的用单线表示的沟渠,视其主次,分别用0.3 mm 和0.15 mm 线粗表示。图中“共产主义渠”宽度大于0.4 mm,仍用双线渠符号表示;“卫河”图面宽度小于0.4 mm, 改为单线河符号表示,沿河流中心线进行矢量化,注意河流的上下游变化(如图6-24、图6-25 所示)。

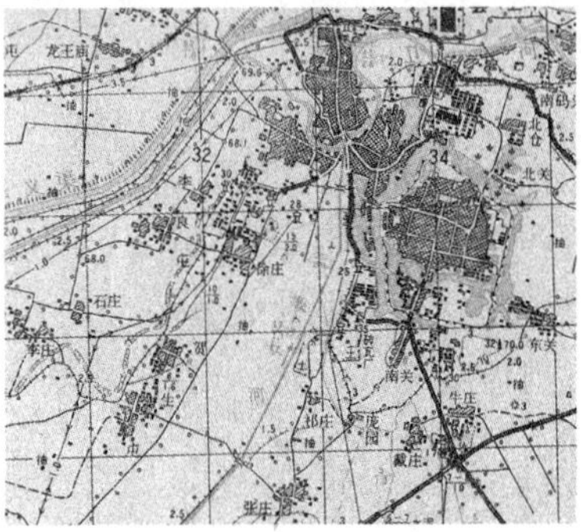

图6-24　资料图

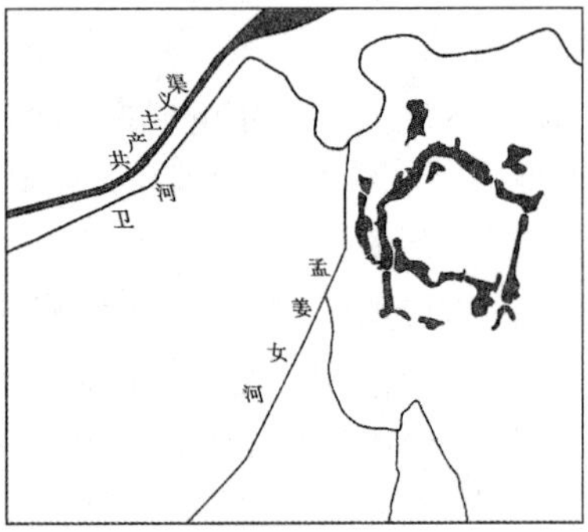

图6-25　编绘河流湖泊示例

制图区域的单线河流、沟渠要进行选取。选取大于1 cm 的单线河流、沟渠表示于图面。密集区河、渠的间距一般大于3 mm,小于3 mm 的要进行选取,选取时应按从大到小、由主到次的顺序进行。为了反映渠网密度和特征,可选取少量长度小于选取指标的渠道,表示出河流线条从上游至下游、由细到粗的变化,注意对于河流的小弯曲要进行化简。对于居民地周围分布的规则分布的湖泊,只能取舍,不能合并,面积小于0.5 mm^2 的湖泊可舍去。

1.8.2　编绘居民地

街区图形概括时,按街区式居民地图形特征进行化简。注意反映居民地内的通道,凡与公路相接的街道以主要街道表示,其他的以次要街道表示,并进行取舍。主要街道宽0.5 mm,次要街道宽0.3 mm。街道两边界向两侧移位,保证街道的宽度符合要求(如图6-26、图6-27所示)。街区最小面积不小于1 mm^2。街区凸凹部分小于0.25 mm^2 时,可舍去或夸大表示。街区外缘的独立房屋符号不得并入街区,应进行适当取舍。取舍时优先选取与居民地外围轮廓形状有关的普通房屋。独立房屋符号可作较大的取舍,一般舍去1/2 ~2/3。图上街区内面积小于1 ~2 mm^2 的空地可并入街区内。街区均涂黑表示。居民地内部的普通房屋与其相邻街区间隔小于0.3 mm 时,可并入街区;出入口处的普通房屋,一般不得并入街区。

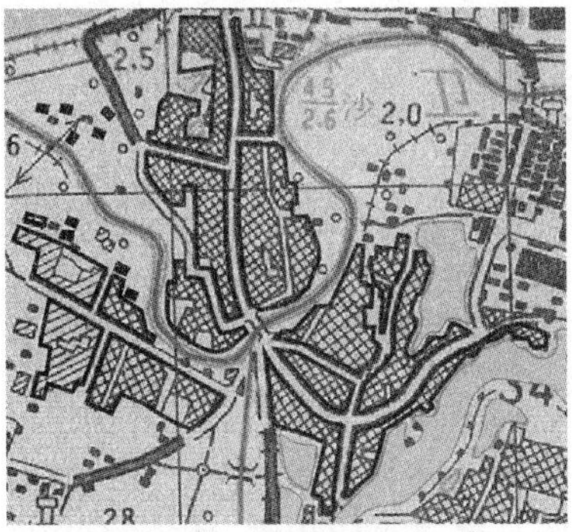

图6-26　资料图

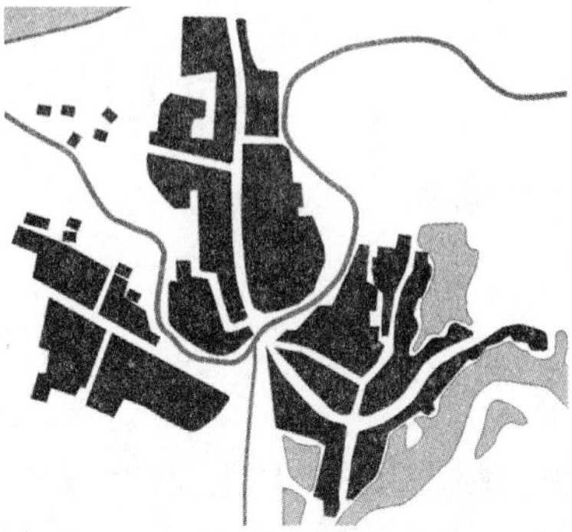

图6-27　编绘居民地示例

1.8.3　编绘道路

简易公路以上等级的道路全部选取,图面上的这部分道路(特别是铁路和公路)应按原图全部表示,因为这些道路的图形都很平直,拐弯处也很平滑,没有小弯曲,图形基本不需要概括。简易公路以下等级的其他道路可进行取舍,要优先选取县、乡(镇)、大村庄之间的道路。两居民地间有数条道路相连接时,应优先选取等级较高的、距离最短的道路。机耕路(大车路)、乡村路和小路的图形可适当化简,舍去一些无特征意义的小弯曲,图6-28、图6-29中的道路编绘是一个简单的示例。

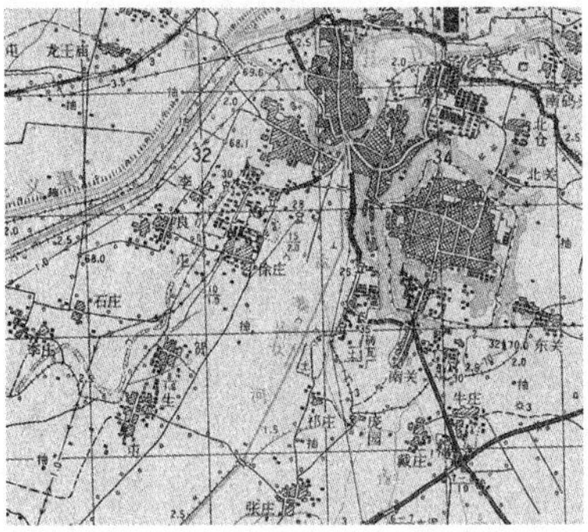

图6-28　资料图

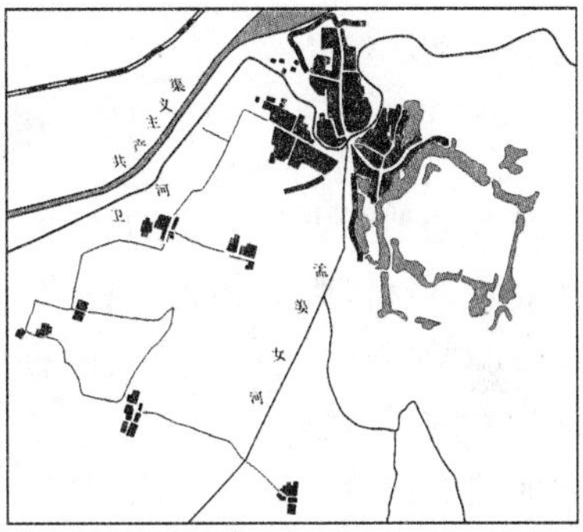

图6-29　编绘水系、居民地和道路示例
(说明:图面内容以水系、居民地和道路的编绘方法为主,图面内容编绘并不完整)

思考题

1. 地图上表示的交通网如何分类?
2. 编图时如何选取道路?
3. 道路形状概括的方法和要求是什么?

项目 7　地貌的编绘

项目描述

地貌是普通地图上最主要的要素之一,也是地图编制的主要内容之一。通过学习完成两个任务:低山地貌的编绘和黄土地貌的编绘。主要学习等高线的化简、地貌符号和高程注记选取,完成地貌的编绘工作。

项目目的

通过学习,要求掌握等高线化简方法,掌握地貌符号和高程注记选取方法,掌握地貌编绘方法。

背景知识

1　地貌的表示方法

地貌是普通地图上最主要的要素之一。地貌影响和制约着要素的分布和特点。它不仅对自然地理要素有极大的影响,而且对社会经济要素的分布和发展也有很大的影响。地图上表示地貌,对军事上也有极重要的意义,如部队运动、阵地选择、工事构筑、火器配置、隐蔽伪装等都受到地形的影响。

普通地图上地貌的表示方法很多,主要有写景法、晕滃法、晕渲法、等高线法、分层设色法等。本项目只介绍用等高线法表示地貌。

1.1　等高线法

等高线是地面上高程相等点的连线在水平面上的投影(如图 7-1 所示)。用等高线来表现地面起伏形态的方法,称为等高线法,又称水平曲线法。

1.2　等高线的特点

(1)位于同一条等高线上的各点高程相等。

(2)等高线是封闭连续的曲线。

(3)等高线图形与实地保持几何相似关系。

(4)在等高距相同的情况下,等高线愈密,坡度愈陡,等高线愈稀,坡度愈缓。

用一组有一定间隔(高差)的等高线来反映地面的起伏形态是一种很科学的方法。从构成等高线的原理来看,它可以反映地面高程、山体、谷地、坡形、坡度、山脉走向等地貌基本

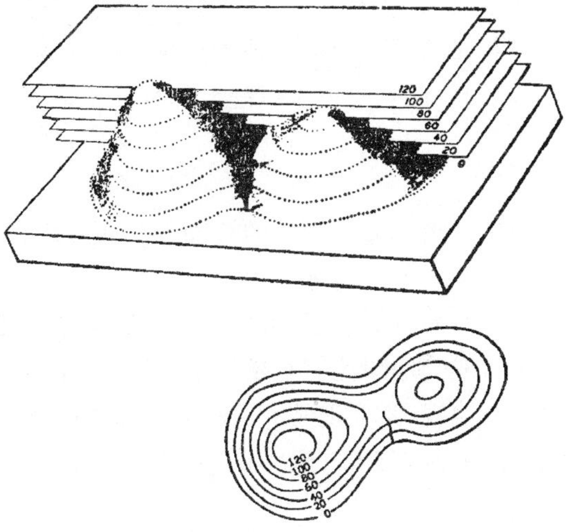

图7-1　等高线的原理

形态及其变化,能为读者提供可靠的地形基础。由等高线可量算地面点的高程、地表面积、地面坡度、山体的体积和陆地的面积等。

地形图上的等高线分为首曲线、计曲线、间曲线和助曲线四种(如图7-2所示)。

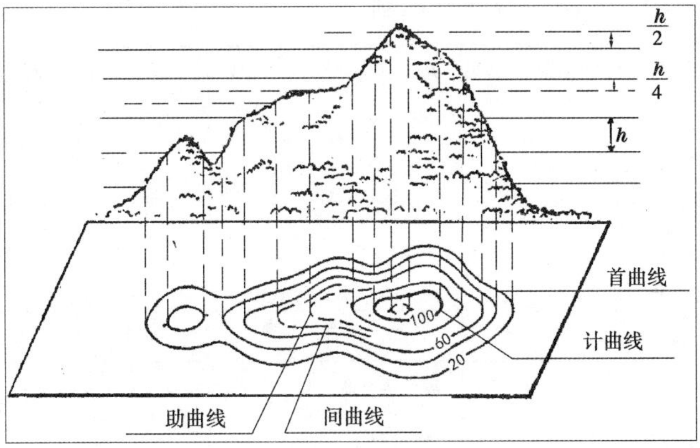

图7-2　地形图上的等高线

首曲线又叫基本等高线,是按基本等高距由零点起算而测绘的等高线,通常用细实线来描绘。

计曲线又称加粗等高线,是为了计算高程的方便加粗描绘的等高线,通常是每隔四条基本等高线描绘一条计曲线,它在地形图上以加粗的实线表示。

间曲线又称半距等高线,是相邻两条基本等高线之间补充测绘的等高线,用以表示基本等高线不能反映而又重要的局部形态,地形图上常以长虚线表示。

助曲线又称辅助等高线,是在任意的高度上测绘的等高线,目的是表示那些等高线都不能表示的重要微小形态,因为它是任意高度的,故也叫任意等高线,但实际上助曲线多绘在基本等高距1/4的位置上。地形图上助曲线是用短虚线描绘的。

我们也常把间曲线和助曲线称为补充等高线。

小比例尺地形图上只分基本等高线和补充等高线两种,但它们的符号相同,只有在地貌高度表上才能区分出来。

等高线符号的印色一般多以棕色为主。

等高线表示地貌有两个明显的不足:其一,缺乏视觉上的立体效果;其二,两等高线间的微地形无法表示,需用地貌符号和地貌注记予以配合和补充。

1.3　地貌符号与地貌注记

地貌符号和地貌注记作为等高线显示地貌的辅助方法而被广泛地使用于普通地图上。

1.3.1　地貌符号

地表是一个连续而完整的表面。等高线法是一种不连续的分级法,用等高线表示地貌时仍有许多微小地貌无法表示或受地图比例尺的限制,需用地貌符号予以补充表示。这些微小地貌形态可归纳为独立微地貌、激变地貌和区域微地貌等。

(1)独立微地貌是指微小且独立分布的地貌形态,包括坑穴、土堆、溶斗、独立峰、隘口、火山口、山洞等。

(2)激变地貌是指较小范围内产生急剧变化的地貌形态,包括冲沟、陡崖、冰陡崖、陡石山、崩崖、滑坡等。

(3)区域微地貌是指实地上高度甚小但成片分布的地貌形态,如小草丘、残丘地等;或仅表明地面性质和状况的地貌形态,如沙地、石块地、龟裂地等。

图 7-3 是普通地图上常用地貌符号示例。

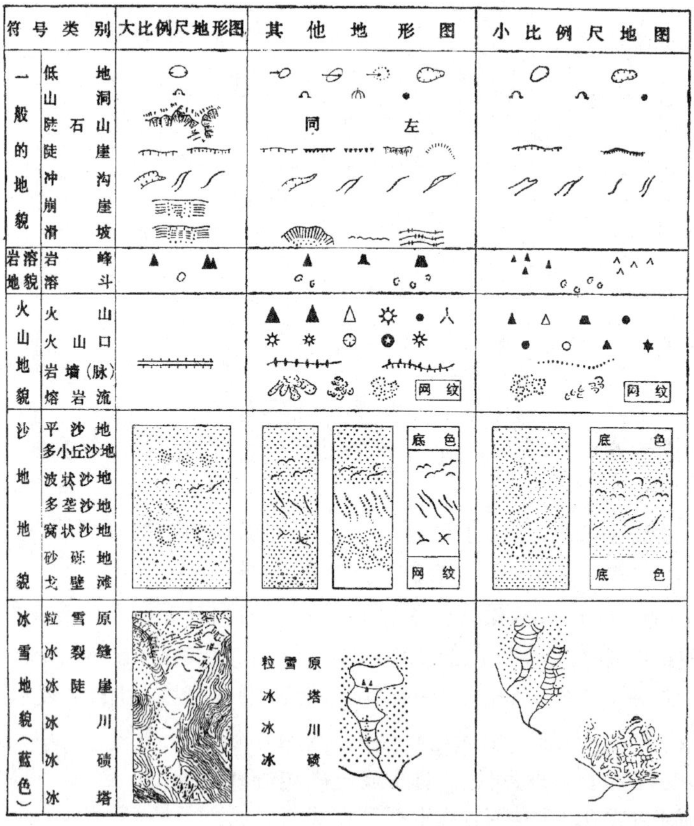

图 7-3　普通地图上常用地貌符号示例

1.3.2　地貌注记

地貌注记分为高程注记、说明注记和名称注记。

(1)高程注记包括高程点注记和等高线高程注记。高程点注记是用来表示等高线不能显示的山头、凹地等,以加强等高线的量读性能。等高线高程注记则是为了迅速判明等高线的高程。

(2)说明注记是用以说明物体的比高、宽度、性质等,按图式规定与符号配合使用。

(3)名称注记包括山峰、山脉注记等。山峰名称多与高程注记配合注出。山脉名称沿山脊中心线注出,过长的山脉应重复注出其名称。在不表示地貌的图上,可借用名称注记大致表明山脉的伸展、山体的位置等。

2　地貌等高距与高度表

等高线间的高程差称为等高距,它的大小直接影响地貌表示的详细程度。正确地选择等高距是地图设计的重要任务。大、中比例尺地形图上大都使用固定的等高距,在小比例尺地形图上则使用有规则变化的等高距。

等高距与地面倾斜角间的关系表示为

$$h = \frac{aM}{1\ 000}\tan\alpha \tag{7-1}$$

式中　h——以 m 为单位的地貌等高距;

α——地面倾斜角;

a——以 mm 为单位的等高线间隔;

M——地图比例尺分母。

为了详细表示地貌,我们把等高线间隔定为读者能清楚辨认和绘图能顺利完成的最小间隔,一般应为 0.2 mm。那么,在地图比例尺确定的条件下等高距的大小由地面倾斜角确定。

为保证地图的统一,每一种比例尺地形图只能有一种或两种等高距,但同一幅地形图只能采用一种等高距,且不同比例尺地形图上的等高距之间应保持简单的倍数关系。我国地形图上的等高距见表 7-1。

表 7-1　大中比例尺地形图等高距

比例尺	1:1万	1:2.5 万	1:5万	1:10 万	1:25 万	1:50 万
一般等高距(m)	2	5	10	20	50	100
扩大 1 倍的等高距(m)		10	20	40	100	200

在坡度较大的山地地区,可由编辑人员确定是否使用扩大 1 倍的等高距。

由于 1:100 万地形图包括的区域范围大,包含的地貌类型多,使用单一的等高距不利于反映地面的特征,所以它采用变距的高度表,如表 7-2 所示。

表 7-2　1:100 万地图变距高度表

高程(m)	<200	200 ~ 300	>3 000
等高线(m)	0,50	200 的倍数	250 的倍数

为了反映局部的地貌特征，在不同的图幅上可以选用20 m、100 m、300 m、500 m 的等高线作为补充等高线。

在不同的比例尺地形图上，选用等高线的原则和表示方法是有区别的。前面讲的在变距高度表的地形图上，补充等高线的符号同基本等高线一致，且在一幅地形图上一旦采用，必须整幅图都需将此等高线绘出来。在大、中比例尺地形图上情况就不同了，补充等高线和辅助等高线同基本等高线不但符号不同，而且只需在基本等高线不能反映其基本特征的局部地段选用，它们通常只在不对称的山脊、斜坡、鞍部、阶地、微起伏的地区或微型地貌形态地区特征的区域出现。

3　等高线图形概括的方法

3.1　等高线图形形状化简的基本原则

(1)以正向形态为主的地貌，扩大正向形态，减少负向形态。

这是对一般地貌形态适用的原则，在等高线的形状化简时，要删除谷地、合并山脊，使山脊形态逐渐完整起来。删除谷地时，等高线沿着山脊的外缘越过谷地，使谷地“合并”到山脊之中(如图7-4 所示)。

图7-4　以正向形态为主的地貌等高线的化简

(2)以负向形态为主的地貌，扩大负向形态，减少正向形态。

负向地貌为主的地貌形态，指那些以宽谷、凹地占主导地位的地区，如喀斯特地区，砂岩被严重侵蚀的地区、冰川谷和冰斗等，它们都具有宽阔的谷地和狭窄的山脊、扩大谷地、凹地等。删除小山脊时，等高线沿着谷地的源头把山脊切掉(如图7-5 所示)。

3.2　等高线的协调

地表是连续的整体，删除一条谷地或合并两个小山脊，应从整个斜坡面来考虑，将表示谷地的一组等高线图形全部删除，使同一斜坡上等高线保持相互协调的特征(如图7-6 所示)。但是不能刻意去追求等高线的协调。例如，当地面比较平坦、等高线间的间隔很大时，在干燥剥蚀地区，都不应人为地去追求曲线间的套合。

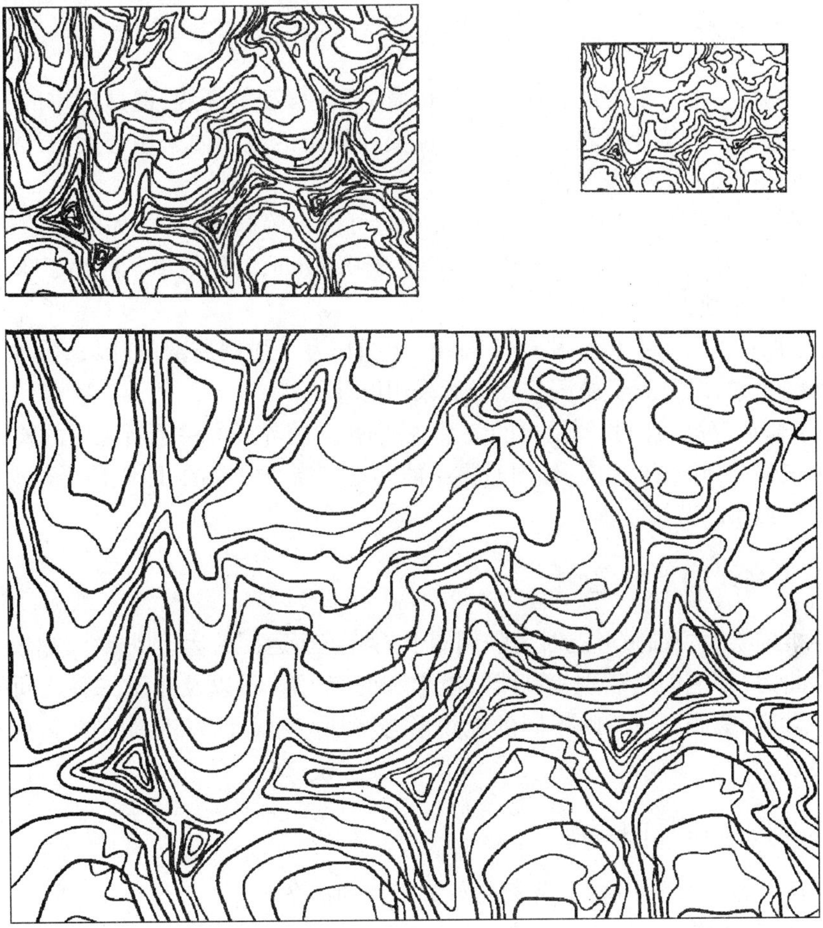

图 7-5　以负向形态为主的地貌等高线的化简

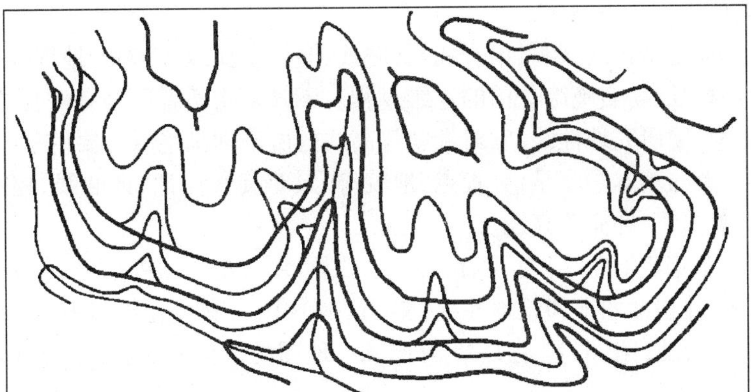

图 7-6　删除谷地时,应使同一斜坡的等高线相互协调

3.3 等高线的移位

在图形化简时，不管是去掉谷地或砍掉山脊，都会移动等高线，但这里讲的不是这一类的移位，而是为了表达某种地貌局部特征的需要在规定的范围内采用夸大图形的方法适当移动等高线的位置，这主要表现在：

（1）为保持地貌图形达到规定的最小尺寸时可进行等高线移位，如山顶的最小直径为0.3 mm，山脊的最小宽度、最窄的鞍部都不应小于0.5 mm，谷地最窄不应小于0.3 mm，等高线与河流的间隔必须大于0.2 mm 等。

（2）为了保持地貌形态特征移动等高线。例如，为了强调局部的陡坡、阶地，为了显示主谷和支谷的关系，以及为了协调谷底线所采用的移位。

（3）为了协调等高线同其他要素的关系，特别是同国界线的关系所采用的移位。

必须再三强调，除非不得已，编图时是不能移动等高线位置的，即便是要移动，也要把移动的量控制在最小的范围之内。

3.4 关于等高线图形的笔调

笔调是指描绘地貌细微形态时为强调图形的特点而运用的运笔风格。这种风格表现为呈折角状弯曲的“硬笔调”，表现等高线圆滑柔和的“软笔调”以及介于二者之间的“中间笔调”。各种不同的笔调用于反映不同的地貌形态特征。随着计算机制图的发展，“笔调”的作用一定会减少。

3.5 等高线图形概括的实施

为了进行等高线的图形化简，先要做好如下两项准备工作。

3.5.1 分析地形特征

根据地理研究的成果，分析地形的高度、比高、山脊走向、山顶特征、斜坡类型、切割状况等，必要时还要分析其成因，为的是正确反映其类型特征（如图 7-7 所示）。

3.5.2 勾绘地性线

地性线又称地貌结构线，包括山脊线、谷底线、倾斜变换线等，勾绘地性线的过程可以进一步地认识地形特征，是实施综合前的思维过程。不管是初学者还是有经验的作业员，在实施地貌综合前都必须研究地性线，它对调整等高线的协调性是绝对必要的。

描绘地貌图形的基本顺序是：高程点、地貌符号、等高线注记、计曲线、控制山脊或谷底位置的等高线、首曲线、补充等高线。

图 7-8 是等高线综合的一个实例：图（a）是根据 1∶5万地形图缩小为 1∶10 万地形图上的资料等高线图形，并在此图上勾绘地性线；图（b）是 1∶10 万的编绘图；图（c）是由 1∶10 万编绘成 1∶25 万的编绘图；图（d）则是 1∶25 万比例尺地图的放大图，为的是使读者看清图形概括的情况。

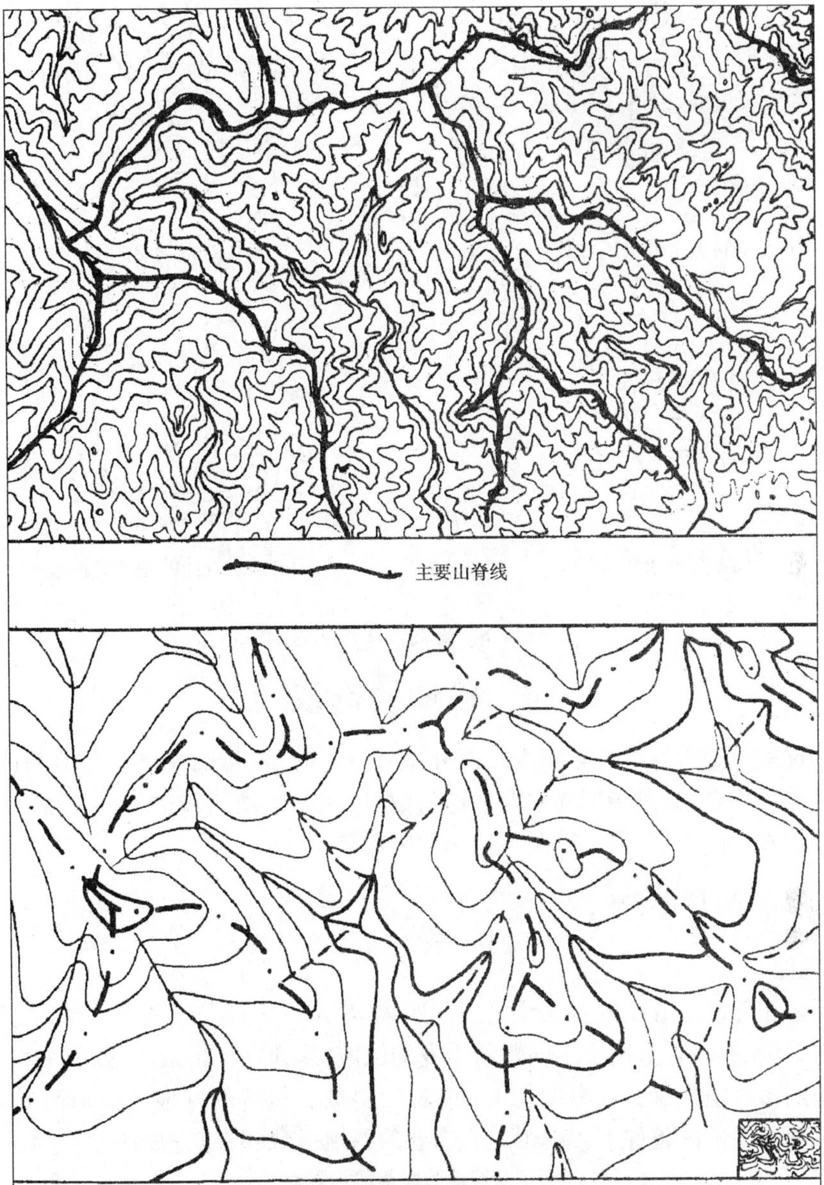

图 7-7　地性线的应用

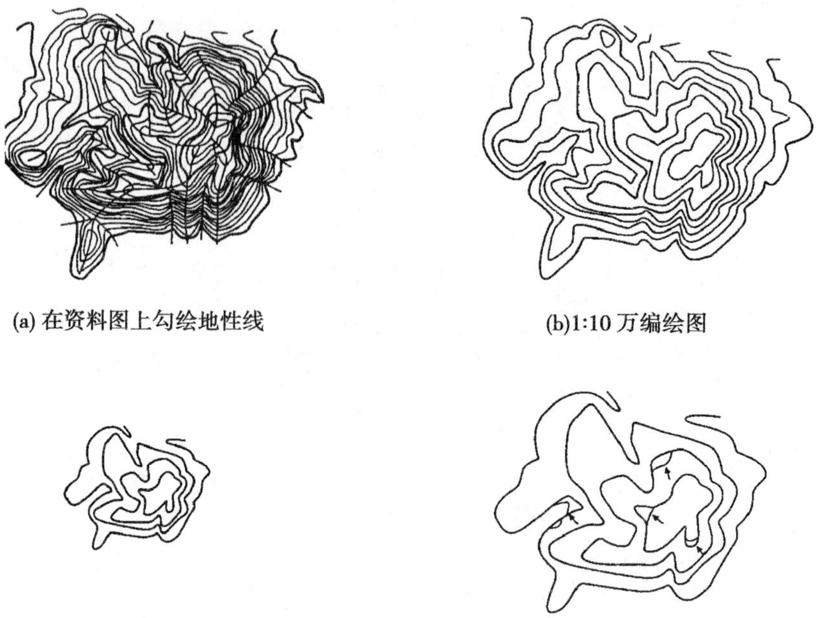

(a) 在资料图上勾绘地性线　(b)1:10 万编绘图

(c)1:25 万编绘图　(d)1:25 万地图的放大图

图 7-8　等高线图形化简

4　谷地的选取

谷地的选取是地貌综合的重要组成部分，是保证综合质量的关键。谷地的选取由数量和质量两个方面确定：数量指标指选取谷地的数量，用于反映地貌的切割密度；质量指标指谷地在表达地貌中的作用，用于控制谷地选取的对象。

4.1　谷地选取的数量指标

4.1.1　谷间距

谷间距指相邻两条谷地的谷底线之间的距离，以 mm 为单位。地形图编绘规范对谷间距的规定为 2 ~ 5 mm，它适用于不同切割密度的区域，这通常是指最高密度。

不同切割密度是根据在资料图上 1 mm 长的斜坡上包含的谷地条数来衡量的。表 7-3 是在比例尺缩小 1 倍的条件下新编图上应选取的谷地条数和谷间距指标。

表 7-3　谷地选取条数与谷间距

切割密度	资料图上 1 cm 长的斜坡上的谷地条数	新编地图上 1 cm 长的斜坡上应选取的谷地条数	谷间距
密	≥5	5	2
中	3 ~ 4	3 ~ 4	2.5 ~ 3.3
稀	<2	<2	≥5

4.1.2　按比例选取谷地

根据基本选取规律，为了保持地图的详细性和不同地区的密度对比，对各种不同的密度

区采用不同的比例,这个比例大体上可以由下式确定:

$$n_F = n_A \sqrt{\left(\frac{M_A}{M_F}\right)^x} \tag{7-2}$$

式中　n_F——新编图上选取谷地的条数;

n_A——资料图上的谷地条数;

M_A——资料图的比例尺分子;

M_F——新编图的比例尺分母;

x——选取指数,它由不同的切割密度条件确定,x 分别取0,1,2,3,相应于谷地的极稀区、稀疏区、中等密度区和稠密区。

4.2　选取谷地的质量指标

要正确实施谷地的选取,除数量指标外,还要研究谷地的质量指标。

根据谷地在表达地貌中的作用,下面这样一些谷地作为重要谷地应优先选取:

(1)作为主要河流河源的谷地。

(2)有河流的谷地。

(3)组成重要鞍部的谷地。

(4)构成汇水地形的谷地。

(5)反映山脊形状和走向的谷地。

图7-9是选取谷地的示意图。

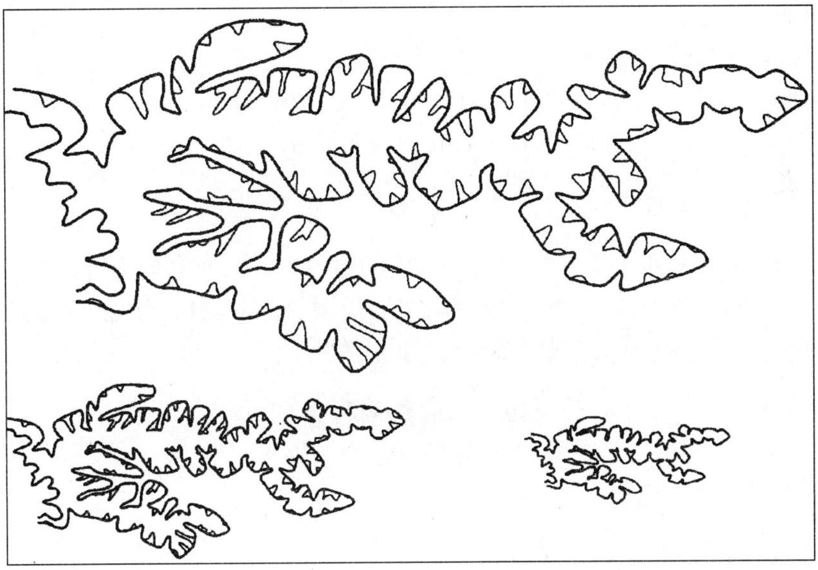

图7-9　谷地选取示意图

5　山顶的选取和合并

5.1　选取

(1)标志山体最高的山顶必须选取,当它的面积很小时,要夸大必要的程度,如达到0.5

mm^2。

（2）优先选取山体结构方向上的山顶。

（3）反映山顶的分布密度。

5.2　合并

独立的山顶有时候是不能合并的。例如，在没有明显构造方向时，独立的山顶不能合并，只能进行选取。有时，为了强调地形的构造方向性，对于有些山顶，可以采用合并的处理手段，如沿山脊分布的间隔小于0.5 mm 的山顶，连续分布的方向一致的条形山顶、沙垄、风蚀残丘等。

6　地貌符号和高程注记的选取

6.1　地貌符号的选取

6.1.1　点状符号的选取

如溶斗、土堆、岩峰、坑穴、火山口、山洞等，在图上并不能反映其真实大小，根据其目标性、障碍作用、指示作用进行选取。

6.1.2　线状符号的选取

如冲沟、干河床、崩崖、陡石山、岸垄、岩墙、冰裂痕等，它们也是定位符号。这些地形符号虽然不能用等高线表示，但可表示其分布范围、长度、宽度、高度等。制图综合时，常根据其大小或间隔进行选取。

6.1.3　面状符号的选取

如砂砾地、戈壁滩、石块地、盐碱地、小草丘地、龟裂地、多小丘、冰等；在小比例尺地形图上，有些定位符号，如溶斗、石林等，也会转化为说明符号来表示区域性质。

6.2　高程注记的选取

各种比例尺地形图的规范中都规定了高程点选取的密度，对它们进行选取时，首先应选取区域的最高点和最低点，例如著名的山峰，主要山顶、鞍部、隘口、盆地、洼地高程，各种重要地物点的高程，迅速阅读等高线图形所必需的高程等。

7　地貌编绘

7.1　地貌制图综合要求

7.1.1　等高线图形的综合要求

（1）综合等高线图形时，应根据不同地区地貌类型特点，正确表示山脊、山头、谷地、斜坡及鞍部的形态特征。在一般情况下，删除次要的负向地貌碎部，但在概括刃脊、角峰、冰斗、凹地、方山等的图形时，则可删除次要的正向地貌碎部。为强调地貌特征，个别等高线可局部适当移位（最大不得超过 1/2 等高距）。但需注意避免等高线与附近控制点和高程点之间出现矛盾。

（2）相邻两条等高线间距不应小于 0.2 mm，不足时可以断开个别等高线，但不得成组断开。

7.1.2　基本地貌形态的综合

(1)山脊:正确表示山脊形状、延伸方向及主脊与支脊之间的相互关系。山脊顶部等高线间距不得小于 0.3 mm。尖窄山脊的等高线可呈尖角形闭合,等高线一般不得向下坡方向移位;浑圆形山脊 L 部等高线可稍向下坡方向移位,以适当扩大山脊部分。

(2)山头:主要反映小山头的形状。山头闭合等高线的最小直径一般不小于 0.5 mm。有境界通过的小山头可适当放大。有高程注记的小山头,等高线绘不下时,可省去一条等高线。山脊上同走向的小山头,当距离小于 0.3 mm 时,可以适当合并。

小山头群集地区,一般只取舍而不合并。取舍时,应注意反映其分布密度和排列特征。位于交通要道、河流、宽阔谷地、平地及重要地物附近的独立高地以及有国家级测量标志、界标等的小山头,应优先选取。

(3)谷地:正确表示谷地大小、形态以及主支谷关系。图上相邻谷的谷口间距在一般情况下,中山、高山地貌为 4 ~ 8 mm,丘陵、低山地貌为 3 ~ 6 mm,黄土、风成地貌为 2 ~ 4 mm。

选取谷地时,应按从大到小、由主及次的原则进行。主要鞍部以及道路通过的谷地应优先选取。

(4)鞍部:注意反映鞍部的对称与不对称特征。鞍部两侧最高两条对应等高线距离一般不应小于 0.3 mm。地形复杂、鞍部很多的地区,可舍去一些小而次要的鞍部,强调表示有道路通过的鞍部及能显示分水岭特征的鞍部。

7.1.3　地貌符号的使用

(1)冲沟:图上长 6 mm 以上的冲沟应表示,宽度小于 0.4 mm 时,用单线表示;大于 0.4 mm 时,用双线依比例尺表示;超过 2 mm 时,沟壁应用陡崖符号表示;超过 3 mm 时,其底部应加绘等高线。

冲沟之间的间距一般应小于 2 mm,密集时,优先选取以双线表示的冲沟。

(2)陡崖:图上长 5 mm、比高 2 m 以上的陡崖应表示,有比高的需择注比高。连续分布且间隔小于 0.3 mm 的各段短陡崖可适当合并表示。

7.1.4　高程点及高程注记

(1)高程点应按地貌特征进行选取,地貌形态比较破碎复杂的地区应多取,比较完整简单的地区可少取。平原丘陵地区一般每 100 cm^2 选取 10 ~ 20 个高程点,山区每 100 cm^2 选取 8 ~ 15 个高程点。应优先选取测量控制点、水位点、图幅内最高点、凹地最低点、区域最高点、河流交汇处、道路交叉处及有名称的山峰、山隘等处的高程点。

(2)等高线注记每 100 cm^2 选取 5 ~ 10 个,字顶朝向高处。

7.1.5　地理名称注记

(1)山峰、山顶、高地、山隘等的名称均需注出,一般按山体大小和著名情况分二级注出。

(2)山岭、山脉名称参考其他有关地图资料确定,着重注记山脊走向明显的山脉、山岭名称。注记位置沿山脊走向排列,注记大小应保持一定级差。

(3)凹地、草地、沙地、沙漠、山峡、山谷、冰川等名称,按其范围、方向注出,并保持一定级差。

7.2　地貌编绘

对于初学者而言，很难直接在计算机上准确地进行综合。因此，建议在利用软件进行编图之前，首先在草图上进行综合取舍，根据在草图上编绘的结果在软件中进行编绘。

项目实施

任务 1　低山地貌的编绘

1.1　任务内容

低山地貌的编绘，基本资料图比例尺为 1∶5万，如图 7-10 所示，新编图比例尺为 1∶10 万，如图 7-11 所示。

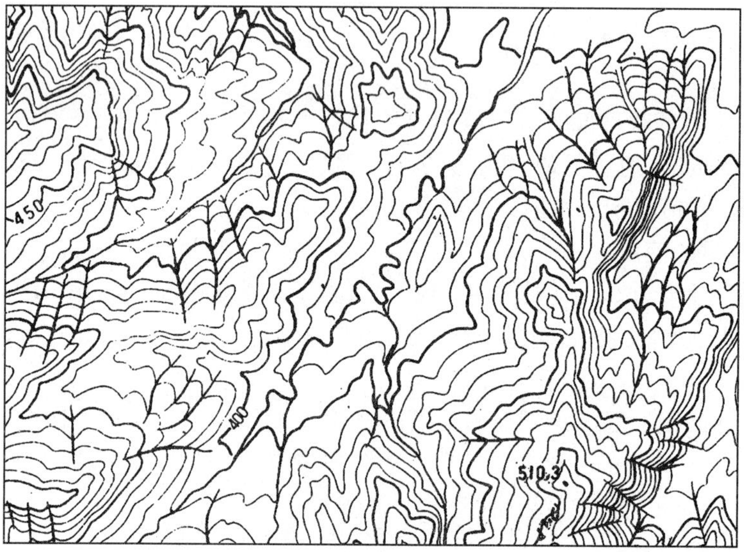

图 7-10　资料图(1∶5万)

图 7-11　新编图(1∶10 万)

1.2　任务要求

通过实习，要求掌握以正向地貌为主的等高线图形的化简原则和方法。

1.3　资料说明

本区为低山地貌。整个地势向东北方向倾斜，最高高程在东南部，为510.3 m，区内高程一般都在400 m左右。斜坡一般为凸形坡和等齐坡。坡面上受流水切割，发育了不等密度的冲沟。谷地较狭窄，多呈V形。山顶浑圆。主流向东北流，河流弯曲较大。资料等高距为10 m。

1.4　编绘方法

等大编绘。

1.5　编绘要求

(1)图上宽≥0.4 mm的河流，用双线依比例尺表示；图上宽<0.4 mm的，用单线表示，并视其在图上长度用0.1~0.4 mm逐渐变化的单线表示。

(2)河流选取的分界尺度为图上长度1 cm。

(3)新编图等高距为20 m，每100 m整倍数为加粗等高线(计曲线)。等高线和高程注记共选注2~3个。

(4)注意反映该区地貌基本形态特征。为了强调谷地的方向、等高线之间的协调关系和斜坡特征，个别等高线局部适当移位，移位量最大≤1/2等高距。

(5)本区是以正向形态为主的地貌，化简时，应删除次要的谷地(即合并相邻的高地)。

(6)正确表示谷地的形态，以及主、支谷关系。综合后图上相邻谷的谷口间距为3~5 mm。

(7)图上长≥6 mm的冲沟应表示，宽度<0.4 mm时，用单线表示。冲沟之间间距一般≥2 mm。

1.6　作业步骤

(1)绘内图廓。

(2)编绘河流。

(3)选取高程点。

(4)等高线高程注记及地貌符号(冲沟)。

(5)编绘等高线。

1.7　作业时限

4学时。

1.8　编绘示例

低山地貌编绘示意图见图7-12。

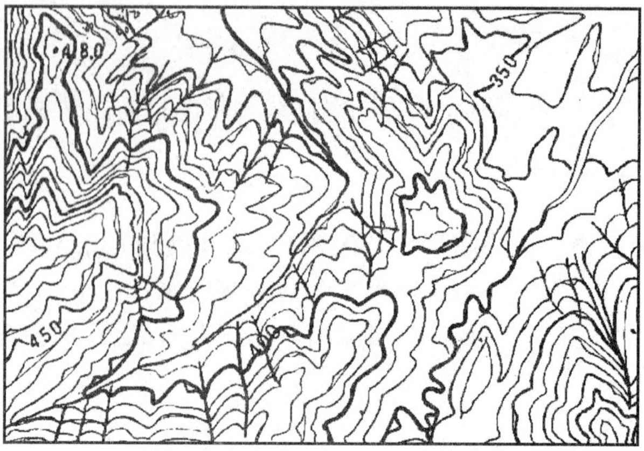

图 7-12　低山地貌编绘示意图

1.9　补充知识

图 7-13 是侵蚀剥蚀低山的一段山体。形态较和缓。相对高度约 400 m，山脊尖圆形。山体两侧坡度不对称，东北坡较陡，约 18°，西南坡较缓，约 10°，东北坡浅沟密布，西南坡为三条沟谷所分割。沟谷谷坡亦不对称。西南坡山麓坡积坡度约 5°，逐渐过渡为河谷平原。由于沟谷的底部较宽，集水盆是圆形洼地，等高线图形圆滑流畅。综合为 1∶25 万地形图时，采用除去负向地貌的方法并放大个别山顶，而且要力求表示坡度的对比，使图形具有立体感。

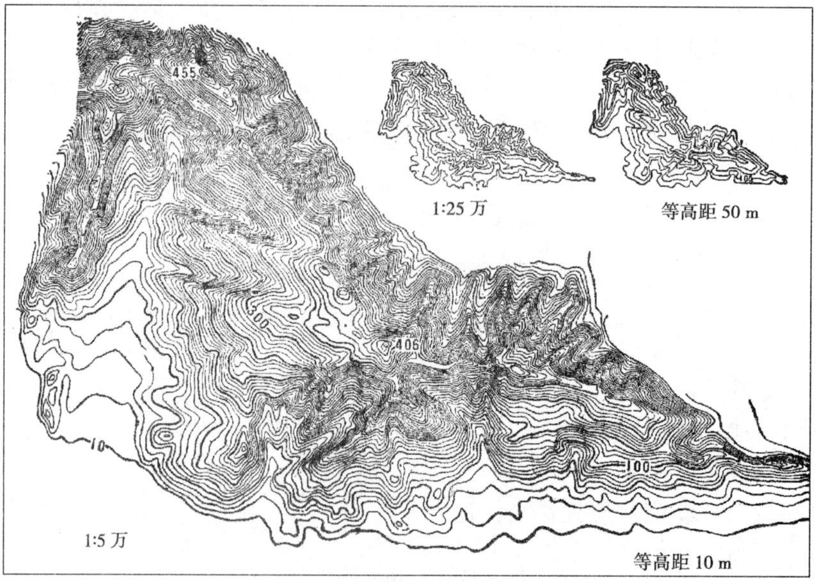

图 7-13　低山地貌综合（一）

图 7-14 也是侵蚀剥蚀低山的一段山体，它的走向受褶皱构造的控制十分明显，河流横切构造。相对高度只有 250 m。山体切割破碎，因此在 1∶25 万图上综合程度较大。横谷（大部分为浅沟）根据鞍部的配置进行选取，许多浅沟必须夸大，山顶一圈等高线极大部分必须放大，等高线沿谷底闭塞的图形较圆滑。

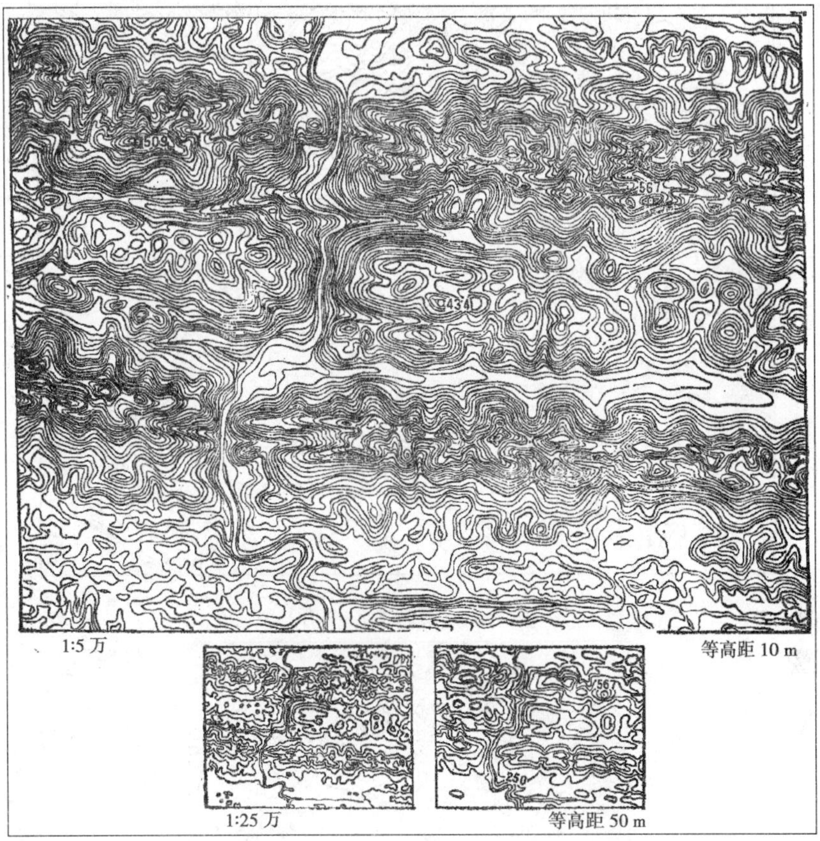

图 7-14　低山地貌的综合(二)

任务 2　黄土地貌的编绘

2.1　任务内容

黄土地貌的编绘,基本资料图比例尺为 1:5万(如图 7-15 所示);新编图比例尺为 1:10 万(如图 7-16 所示)。

2.2　任务要求

通过实习,要求掌握黄土地貌等高线图形的化简和黄土地貌形态的表示。

2.3　资料说明

本区地貌从形态上可分为两个区。图幅西北部,属黄土地貌形态之黄土梁。该区山地绝对高程 500 ~ 800 m,相对高程 250 m 左右。梁面比较平坦,并向东南方向倾斜。斜坡坡度较陡,两侧斜坡冲沟发育。冲沟沟头形状大部分呈楔形。斜坡上缓下陡,呈凸形。图幅东北部,地势平缓,受干旱和半干旱气候的影响,地表上有零星新月形沙丘分布。资料图等高距为 20 m。本区河谷宽广、谷底较平坦,两岸覆盖有狭长条沙地。

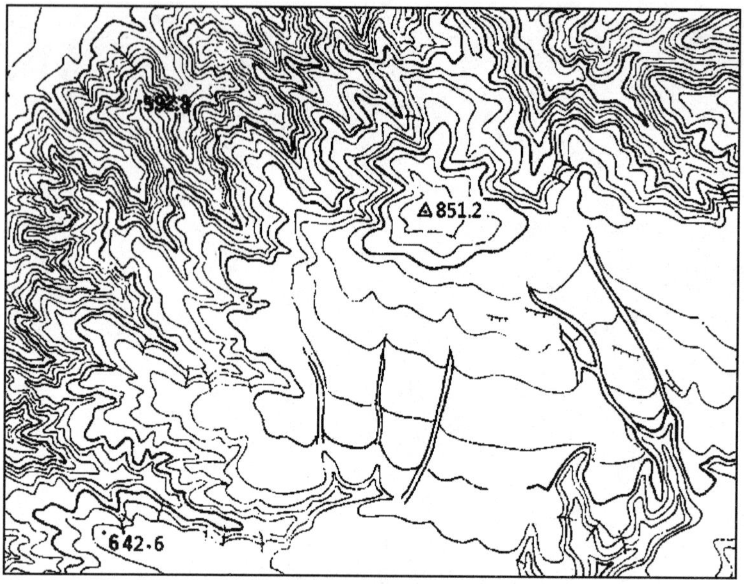

图 7-15　资料图(1∶5万)

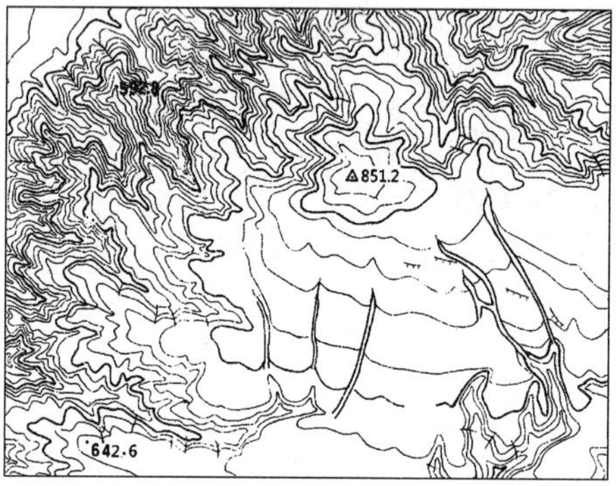

图 7-16　新编图(1∶10 万)

2.4　编绘方法

等大编绘。

2.5　编绘要求

(1)新编图等高距为 40 m,每 200 m 整倍数的等高线以计曲线表示。高程点和等高线高程注记选取 2 ~3 个。

(2)选取图上长 6 mm 和间距 2 mm 以上的冲沟。冲沟图上宽度 <0.4 mm 时,用单线表示;宽度≥0.4 mm 的,用双线依比例尺表示;双线冲沟图上宽≥1 mm 时,应绘陡壁冲沟。

(3)冲沟沟头据其形状特征用狭窄尖锐、呈 V 字形转折的等高线表示楔形谷;注意沟头部分呈掌形的汇水盆的正确显示。

(4)图上相邻谷的谷口间距一般为 2 ~4 mm。选取谷地时,应按从大到小、由主及次的原则进行,优先选取反映主要鞍部上的谷地。

2.6 作业步骤

(1)绘内图廓。

(2)编绘河流。

(3)选取高程点。

(4)选取等高线高程注记及地貌符号(冲沟)。

(5)编绘等高线。

2.7 作业时限

4学时。

2.8 编绘示例

黄土地貌编绘示意图见图7-17。

图7-17 黄土地貌编绘示意图

2.9 补充知识

黄土地貌在我国北部分布广泛。巨厚的黄土覆盖在不同的古地貌上。由各种内外营力综合作用形成的种种黄土地貌,主要有沟谷地貌和沟间地貌两类。在地形图上只有规模较大的主要沟谷才能详细表示,这类沟谷还可以再分为冲沟、干沟、河沟三种。干沟由冲沟发育形成,底较宽,沟坡较缓,沟谷略有曲折,除下雨时期外,沟床无水,一般是河沟的支沟。河沟由干沟发展而来,沟床经常有水。

沟间地的形态可分为塬、梁、峁三类。(此内容在《地貌学》课程中已经学习过,在此不再赘述)

表示黄土地貌主要是表示各种沟谷形态。凡图宽在0.4 mm以下的冲沟用单线冲沟符号表示,图宽为0.4~2 mm的用双线冲沟符号表示。冲沟沟坡陡峻不能用等高线表示时用陡崖符号表示。描绘沟谷等高线必须细致地表示谷坡和横断面的特征。

下面举例说明黄土地貌的编绘,依次叙述分析形态、取舍地貌形态和等高线图形概括等问题。图7-18是黄土平梁的1: 5万地形图。图7-19和图7-20分别是同地区的1:10万和

图 7-18　黄土地貌

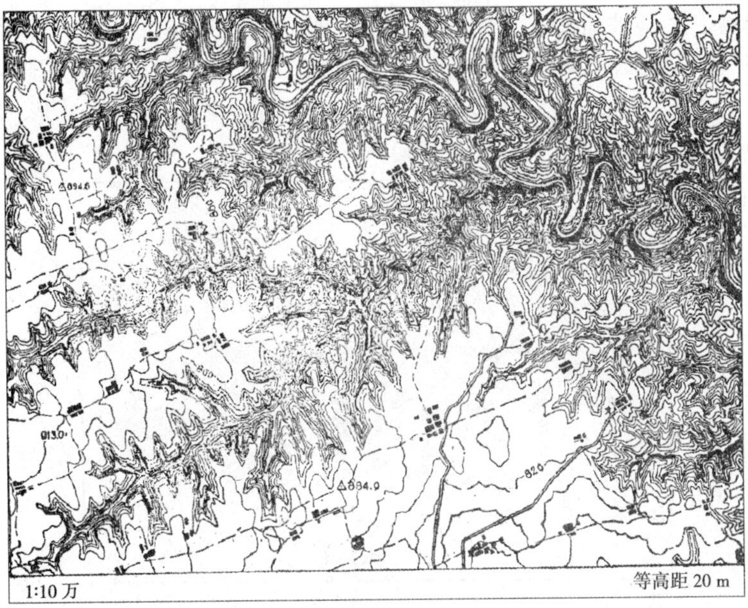

图 7-19　黄土地貌的编绘(一)

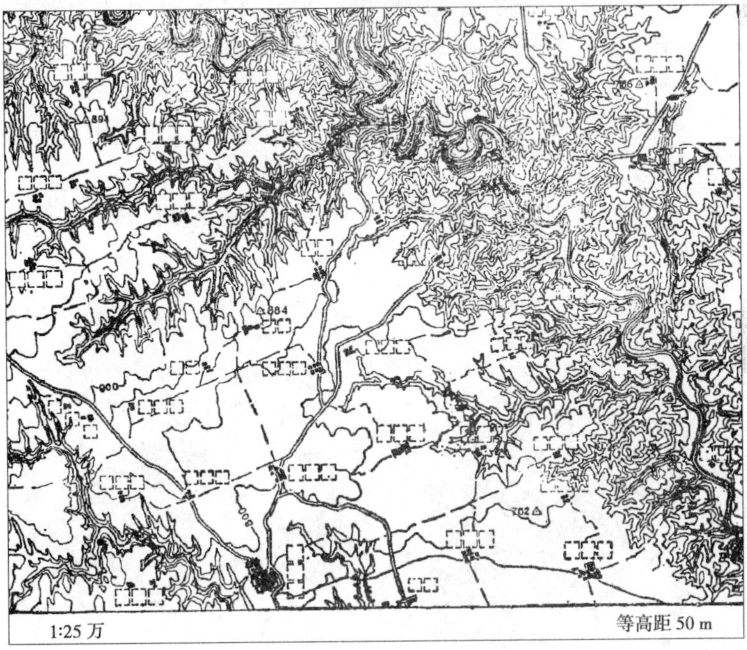

图 7-20　黄土地貌的编绘(二)

1∶25 万地形图。1∶25 万地形图包括的地区较大,中部有大片的黄土塬,西北部沟谷发育切割为平梁。流经本地区的主要河流形成深切河曲,河谷深约 150 m。这种河曲在河流深切以前已经形成,后来由于地壳上升,河流强烈下蚀加深谷地而造成深切河曲。沿河曲两侧塬面已被切割成峁梁——连续峁的形态。塬面平坦,顶部坡度只有 1°,边缘约 2°。为了分析沟谷谷坡坡度变化和横断面形态,从西部河沟取出一小块,如图 7-21 所示。这一部分从上到下,塬面坡度 1° ~2°,塬坡约 5°,沟坡上部 13°,下部 30°,坡度变换线基本上是水平的,整个斜坡为凸形坡。主沟坡面转入支沟坡面有比较明显的棱线,有的地方支沟坡面比干沟坡面还要陡,在描绘等高线时,坡面转折处应微有棱角,并注意协调使棱线图形明显。很陡的支沟坡面等高线很密,不能因为不好画而松开。各级沟谷横断面都是 V 形,等高线沿谷底处应画成锐角闭塞。

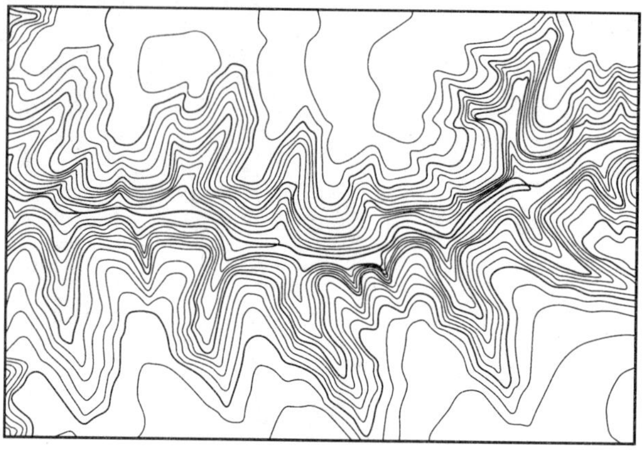

图 7-21 西部河沟其中一小块

仔细对照 1∶5万和 1∶10 万的等高线图形可以看出,在 1∶10 万图上极大部分切割坡面的浅沟(深度只 10 m 左右)都要取消,只有在冲沟密集的地方才取消较深的小冲沟,保持图上沟间距为 3 ~5 mm。深切河曲凹岸的河谷陡坡坡度达 30° ~40°,坡面沟谷很浅、很窄,按照大小不能表示。但根据顶部形态构成鞍部或位于坡面转折处(相当于合水线部位)的要选择一部分,必要时夸大表示。

在 1∶50 万地图上(如图 7-22 所示),采用 100 m 等高距,选取 700 m、800 m、900 m 等高线,除表示河沟、干沟外可以表示较大的支沟。

在 1∶100 万地图上(如图 7-23 所示),采用 200 m 等高距,只能表示干沟,有的干沟只有一条等高线。

图 7-22 1∶50 万地图

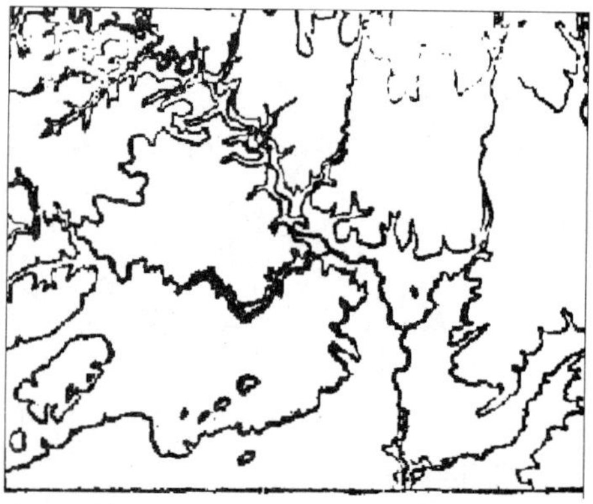

图 7-23 1∶100 万地图

图 7-19 ~图 7-23 详细地表示了黄土沟谷,对编制地形图来说综合程度偏小,实际工作中应适当掌握。

思考题

1. 简述等高线图形化简的原则、内容和方法。
2. 简述地貌编绘的内容。
3. 简述等高线图形形状化简的原则和方法以及谷底选取的原则和方法。

项目8　土质、植被及境界线的编绘

项目描述

土质、植被及境界线是地形图的重要组成要素,也是地图编绘的主要内容之一。本项目通过将1∶2.5万资料中的植被、土质及其他要素编绘为1∶5万的地图,掌握土质、植被及境界等要素的编绘方法,能根据制图要求,完成这些要素的编绘。

项目目的

通过学习,要求掌握土质、植被的轮廓形状概括、质量概括,土质、植被的选取,编绘土质、植被及境界线的方法。

背景知识

1　土质、植被的编绘

土质和植被都是地形图的基本要素。土质包括盐碱地、龟裂地、白板地、砂砾地等;植被包括林地、耕地、园地、草地等。这两种要素在地形图上的表示方法相似,都是用地图套色、配置不同的说明符号和说明注记等方法来表示其分布范围、数量和质量特征的。土质、植被的制图综合主要表现在形状概括、质量特征概括和选取三个方面。

1.1　土质、植被的轮廓形状概括

土质、植被的轮廓形状概括主要是通过删除、合并和分割的方法来实现的。

土质、植被的轮廓形状概括与海、湖岸线形状概括的原则和方法是基本一致的,但由于土质和植被不像具有实体的岸线、道路等那样明显和固定,会有穿插、交错、渗透等现象存在,其精度受到很大的限制,因此概括程度会相对大一些,通常图形弯曲的高、宽小于1.5 mm时即可进行化简。

具体进行图形概括时,一般采用联合土质、植被轮廓图形弯曲(即裁弯取直)的方法。这时有扩大和缩小土质、植被区域两种情况。例如,图8-1中用①标示处为扩大区域范围;用②标示处为缩小区域范围。概括时尽量做到使扩大与缩小的面积大体相当。

概括轮廓图形时,要注意土质、植被轮廓形状上的特征。例如,天然植被的轮廓多具有圆滑的自然形状,特别是小树林的轮廓多呈圆形、椭圆形,而人为的植被界线(耕地、防护林、森林防火线等)往往具有直线状和急剧而明显转角的轮廓图形。对于前者,应保持轮廓图形具有弧状弯曲的特征;对后者,则应强调折线状特征,尤其不要因为遗漏明显转折点而

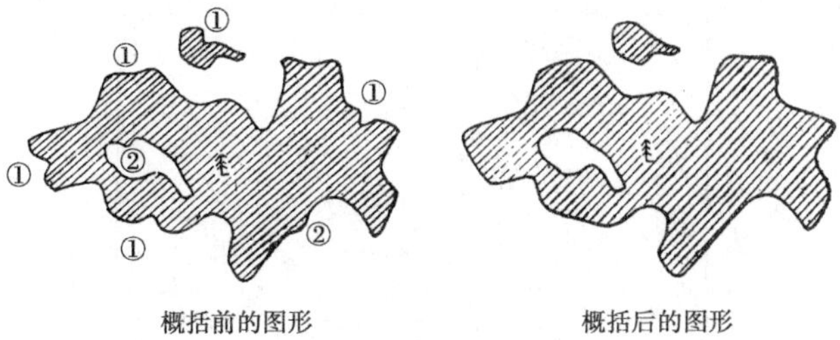

图8-1　土质、植被轮廓形状概括的方法

使轮廓产生明显的变形。

合并与分割的方法在土质、植被的轮廓形状概括中也经常使用。例如,在大面积森林旁的一些小块森林,随地图比例尺的缩小,彼此的间隔很小时可以适当地合并到大面积森林轮廓之中(如图8-2箭头所指处)。

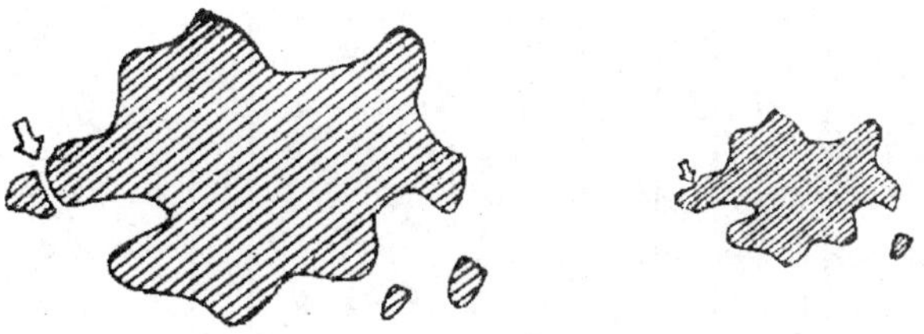

图8-2　轮廓形状合并(一)

在丘陵地区,有数量众多的小面积(小于10 mm^2)森林。综合时,应视区域分布特点采用适宜的综合方法。小面积森林相互邻近的,可以合并;呈窄条带状分布的,可适当夸大表示;反映分布特征的,可改为小面积森林符号;过于分散的,可以取舍。总之,要正确反映林地的分布特征和相对面积对比,过多的合并或改为小面积森林符号均欠妥(如图8-3所示)。

实地上的森林防火线是经过规划设计的,多呈规则的矩形,也有随地形而弯曲的。概括时,应按类似于居民地街道网的形状概括,保持防火线的结构、数量对比以及与资料图上基本相似(见图8-4)。在中、小比例尺地形图上,为保持防火线网格与资料图上基本相似,有时还需要采用分割的方法,从图上没有防火线的位置上插绘必要的防火线,以保持网格方向、防火线密度对比的正确。这样做,对空中判定方位来说有较大的实际意义。

一般,轮廓形状概括是以删除为主(此处即以扩大土质、植被的区域范围为主);而对林间空地往往是以夸大为主,即尽可能地删去林地的微小凸出部分,适当地夸大林中空地的面积,增强其明显性,以利于空中判定方位(如图8-5所示)。这样也有利于保持概括前后图形面积大体相当。

土质、植被的形状概括还要求与其他要素相协调。例如,沼泽一般发育在低洼的地方,与等高线、河流、湖岸等有一定的联系,沼泽的分布范围要与它们相适应。

1.2　土质、植被质量特征的概括

土质、植被的质量特征主要是指其类别和品种特征,例如森林的品种、状态,沙地的类别等。质量特征的概括,主要体现在随地图比例尺的缩小,减少土质植被的分类,用概括的分类来代替详细的分类。例如,在1:2.5万~1:10万地形图上成林是按树种(如针叶林、阔叶林、针阔混交林)用不同的符号来区分的,在1:25万~1:100万地形图上则概括成一类(大

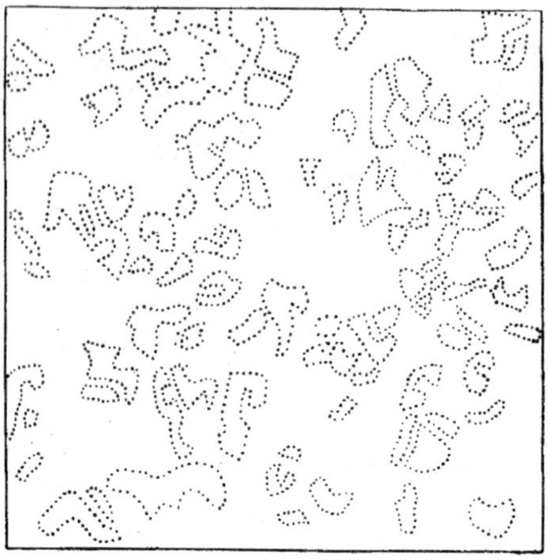

资料图(1:5万)

正确的综合

不适当地运用小面积符号

不适当的合并

图 8-3　轮廓形状的合并(二)

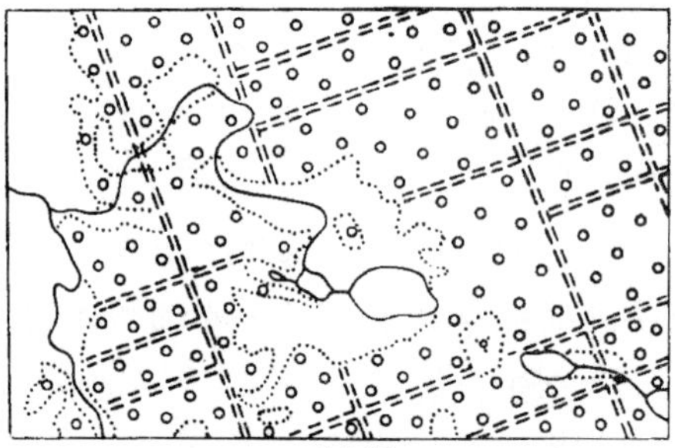

1:5万

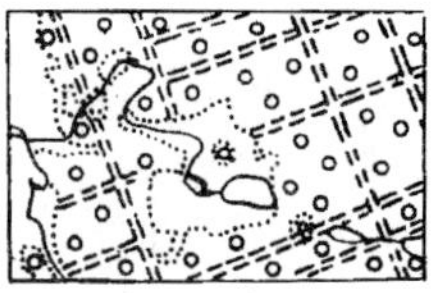

1:10万

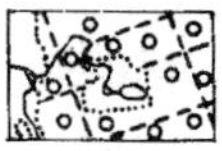

1:20万

图 8-4　森林防火线的形状概括

面积成林)了。

土质、植被的品种合并也是质量概括的一种表现。例如,在一个区域内多种植物混杂,虽无地类界明显区分,但有大体上的区域范围,这时可将一些细小、零星分布的植物除去,突出显示区域 1 ~ 2 种主要植物,相当于减少植物的品种方面差别(如图 8-6 所示)。

1.3　土质、植被的选取

土质、植被的选取主要取决于地图的用途、比例尺和图上面积的最小尺寸。

根据地图用途和比例尺的不同,对土质、植被的表示也有很大的差异。在 1∶2.5 万 ~ 1∶10万比例尺地形图上,不仅要表示土质及植被的类型、分布、面积、形状,而且要详细区分

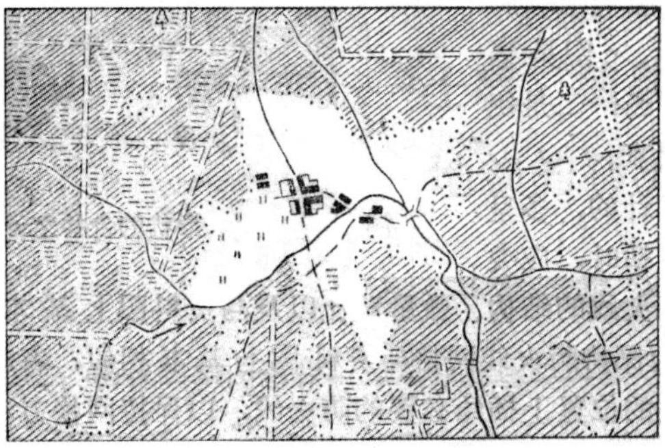

1:10 万

1:20 万

图 8-5　林中空地的概括示例

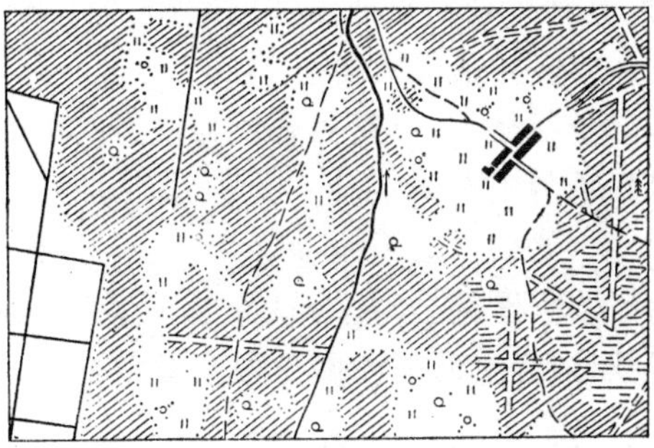

1:5 万

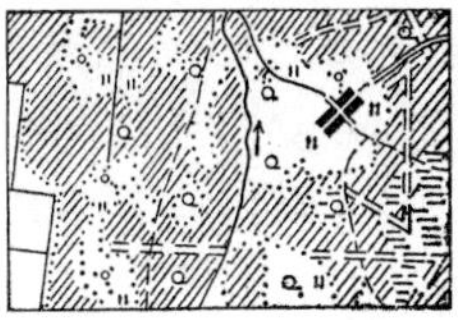

1:10 万

图 8-6　质量特征概括示例

其质量和数量特征，并正确地反映它与其他要素的相互联系；在 1∶25 万～1∶100 万比例尺地形图上，则只表示出少数几类土质、植被和它们的分布；到了小比例尺地图上，土质、植被表示得更概略了，有时甚至不表示。

只有一个原则性的选取指标是不够的，因为各种同性质的土质、植被，在不同的分布地段，不可能千篇一律地引用同一选取指标。为此，就要求取舍土质、植被时还要考虑其他的一些原则。这些原则就是：保持土质、植被在制图区域中所占的面积（百分比），保持土质、植被的分布特征以及反映与其他要素的相互关系。

在不同比例尺地图上量测的结果表明，随着地图比例的缩小，有的要素在图上的面积被夸大了，而有的要素在图上所占的面积却缩小了。例如，沼泽、草地的面积随着地图比例尺而缩小了，而森林面积随地图比例尺的缩小而夸大了。那是因为随着比例尺的缩小，许多林间空地因无法显示而不断地并入森林范围所引起的。所以，欲想保持图上森林所占面积的百分比大致不变，就要注意林中空地的选取，甚至夸大表示。

选取时，保持土质、植被的分布特征也很重要。例如：森林沼泽多分布于低地、河谷和斜坡上；藓苔沼泽则多分布于平坦的分水岭地带；森林按高度的垂直分带性特别明显。

土质、植被的取舍与其他要素的关系也很密切，例如舍去了谷地，谷地中的沼泽也可以考虑舍去。

2　境界的编绘

境界是区域的范围线，包括政区境界和区域界线。

政区境界是国与国之间各行政区划单位间的领土界线。我国地图上表示:国界、未定国界,省、自治区、直辖市界,自治州、盟及地级市界,县、自治县、县级市界。地区界不是正规的行政境界,它的行政机构不是政府,而是省政府的派出机构,由于它实际上也是权力实体,所以地区界也归入自治州这一级一并表示。

县级以下的行政境界由于其确定性差,很难在地形图上正确表示,通常只在专题地图上才概略表示。

区域界线包括自然保护区界、特区界及类似的界线。

2.1 地图上表示境界的一般方法

地图上的境界线是不同的点线符号,为了增强其明显性,还可以配合色带符号。

(1)境界线的形状按实地位置描绘,其转折处用点或实线段绘出,境界交会处也应当是点或实线。只有这样,才能保证图上表示的境界定位精确。

(2)陆地上不与地物重合的境界线应连续绘出,其符号轴线为境界的正确位置。

(3)不同等级的境界重合时只绘高级境界的符号。

(4)境界沿河延伸时的境界符号。

①以河流中心线分界,当河流内能容纳境界符号时,国界符号应连续不间断绘出,境界符号可分段绘出;江河内绘不下境界符号时,应沿河流两侧分段交替绘出,但色带应按河流中心线连续绘出。

②沿河流一侧分界时,境界符号沿一侧不间断绘出。

③共有河流,不论河流图形的宽窄,境界符号都不绘在河中,而交替绘在河流的两侧,河中的岛屿用注记标明。

(5)境界两侧的地物符号及其注记都不要跨越境界线,保持在各自的一方。

2.2 国界的表示

国界是表示国家领土归属的界线,它是关系到国家领土主权和国际关系的大问题,必须严肃对待,慎重处理。

2.2.1 编绘国界应遵循的基本原则

(1)编绘国界应以我国政府公布或承认的正式签订的边界条约、协议、议定书及其附图为准。如签订的边界条约、议定书等已进行了联合检查,并对原议定书及附图有修改,则国界应以联合检查的有关文件或附图为依据编绘。尚未签订边界条约、议定书的国界应按传统习惯线标绘。编绘外国国界时,应以中国地图出版社发行的最新地图为准。

(2)编绘国界应保持位置高度精确,并尽可能详细表示。

(3)正确表示国界和其他要素的相关位置,国界两侧的各种地物及其相应注记,应配置在各自所属的区域内,以准确表示各种地物的归属。

(4)凡绘有国界的地图,出版前必须呈报国家主管部门审批。

2.2.2 国界的编绘方法

(1)保持国界的形状特征。化简国界形状时,应尽量保留细小弯曲和转折点。若弯曲小于图解的可能性,一般应删除,而不采用夸大方法来强调某些小弯曲。

(2)应保持国界界标的精确性。国界界标(界桩、界碑)是根据不同的地形情况竖立的单立界标或同号双立界标、同号三立界标。

一般情况下，竖立单立界标是国界通过的真实位置，通常设在转折处或有重要意义的位置上（如图 8-7(a)所示）。在地形复杂的情况下，竖立同号双立界标或同号三立界标。双立界标是国界线穿过道路、河流、湖泊时在其两侧竖立的界标，双立界标的连线中点是国界的真实位置（如图 8-7(b)所示）；三立界标是国界通过河流交叉口或道路与河流交叉口时竖立的界标（如图 8-8 所示）。

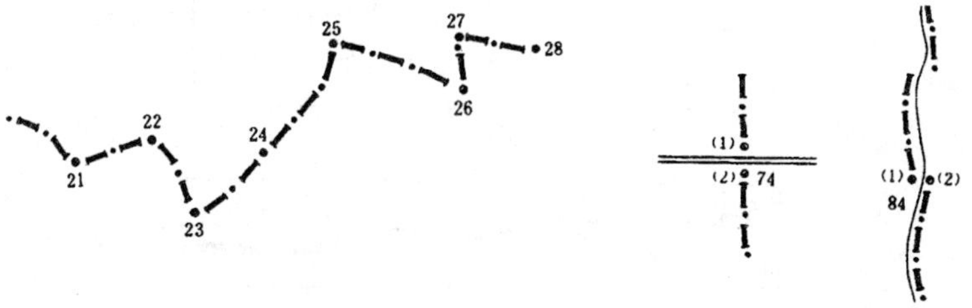

(a)　(b)

图 8-7　国界界标的表示(一)

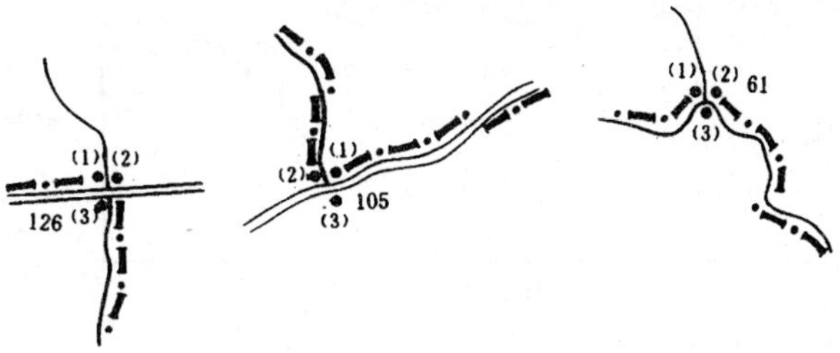

图 8-8　国界界标的表示(二)

在大比例尺地形图上，对于有坐标值的国界界标，通常应用仪器精确展绘其点位。比例尺缩小后，不能同时绘出同号双立或同号三立界标时，可用空心小圆圈按实地的相对关系绘出，并注出各自的编号；在图上双立或同号三立界标过密时，应作为一个整体成组取舍，不允许只取其中一个或两个界标，而影响国界线的中心位置偏移，如图 8-9 所示，其中图 8-9(b)为错误的取舍。

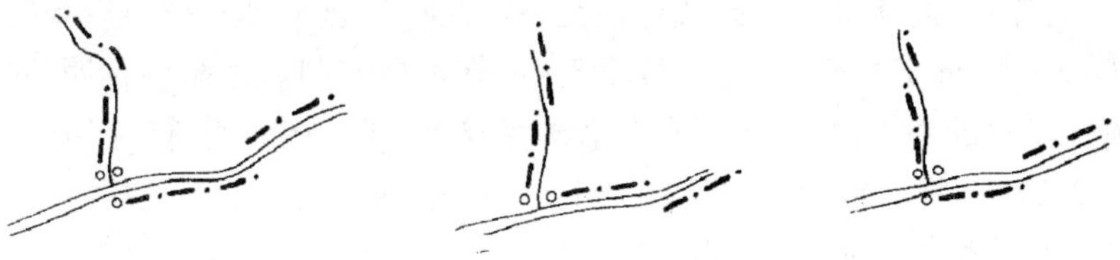

(a)　(b)　(c)

图 8-9　界标的取舍

(3)国界沿河流延伸的，应分不同的情况配置国界符号。以河流中心线为界的：河内能绘下符号时，应在河流中间不间断地绘出国界符号，并分清岛屿的归属（如图 8-10(a)所示）；河内绘不下国界符号的，应在河流两岸不间断地交替绘出符号（每段 3～4 节），岛屿用附注标明归属。

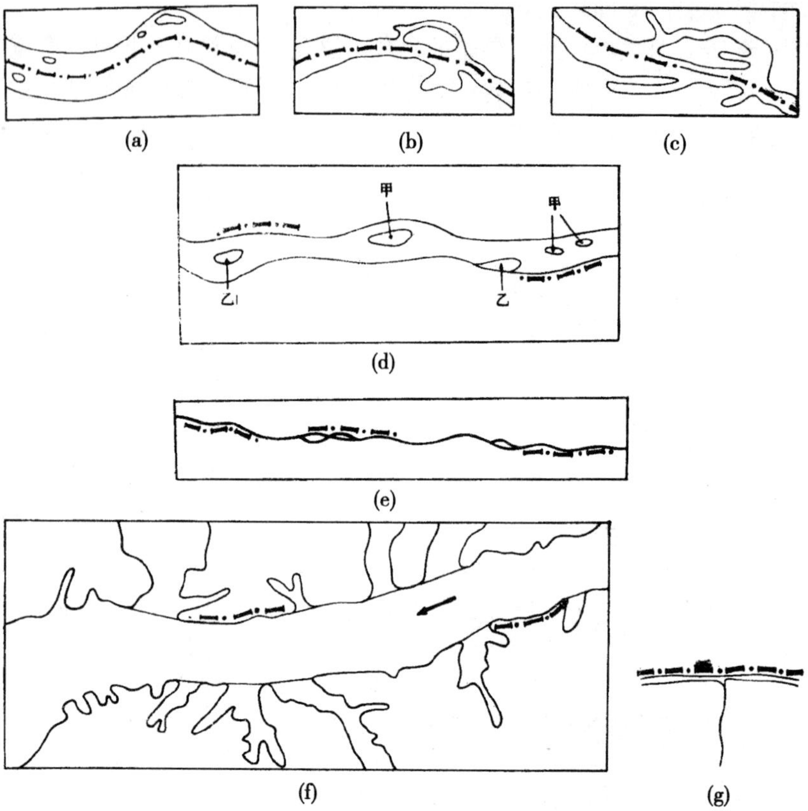

图 8-10　国界与河流的关系处理

以主航道为界的（指通航河流或河段）：国界符号在主航道的中心绘出（如图 8-10（b）所示）；在大比例尺地图上，以国界线符号配合航道线表示（如图 8-10（c）所示）。这两种情况，国界符号的中心均表示国界的真实位置，故应注意符号中心线位置准确。

比例尺缩小后，当河流符号太窄或变成单线时，国界符号在河流两侧不间断地交替绘出，绘法如上所述。这时，国界符号只起说明作用，而河流中心线是国界的真实位置，所以应保持河流位置准确。

以共有河为界的（河流属于两国共有）：无论河流符号宽窄，国界符号不绘在河中，而在河流两侧每隔 3 ~4 cm 交替绘出一段（每段 3 ~4 节），岛屿归属用附注标明（如图 8-10（d）所示）。随着比例尺的缩小，当河流符号太窄或变成单线时，在岛屿所属国家的外侧绘出国界符号（如图 8-10（e）所示）。当共有河界与国内河流、湖泊出口汇合处的河口较宽时，用黑线标出国界河的范围（如图 8-10（f）所示）。

以河流一侧为界的：国界符号在相应一侧不间断绘出。此时，河流中水域属一个国家所有，靠近邻国的河流水涯线是国界线的真实位置，国界符号起说明作用（如图 8-10（g）所示）。

（4）国界沿山脊、山谷延伸时，应沿山脊、山谷绘出国界符号，保持国界通过其所在的山头、鞍部、山脊、山谷的中心位置不变（如图 8-11 所示）。

（5）国界线上的独立地物（如独立石、独立树、水井等），在实地有一定方位意义，又是两

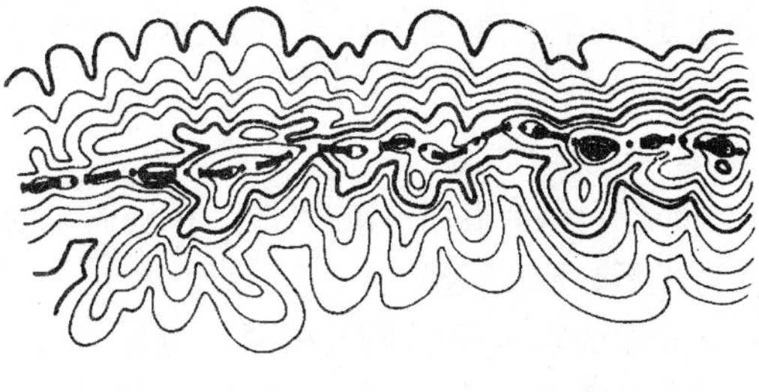

图 8-11　国界与地貌要素的关系处理

国的分界标志之一时，一般应表示。描绘时，符号的实地中心绘在国界线上（如图 8-12 所示）。独立地物密集时，可舍去无特征意义的。

（6）国界线上及其附近的地形、地物名称的处理。位于国界线上及其附近的地形、地物的名称，如居民地、道路、山隘、山峰、河流、岛屿和沙洲等的名称，应详细表示，并明确其领属关系。特别是国界条约协定中指出的作为划界依据的山名、河名、村名等，应尽量详细表示，其名称应与条约附图一致；若与新测地名不一致，可将边界条约附图的用名作副名括注。名称过密时，可舍去少量不太重要的。

图 8-12　国界与独立地物的关系处理

凡属一国所有的地物，其名称应各自注在本国境内。

凡属两国共有的界山、界河、界标的名称，一般将名称和高程或编号分别注在两国境内。如两国的山名相同，则可将名称和高程分别注在两国境内（如图 8-13（a）所示）；如山名不同，可只注我国名称。界河名称相同时，可交替注在方便的一侧。

穿过国界线的河流、山脉的名称，不同名者可在各国境内标注各自的名称（如图 8-13（b）所示）；若两国名称相同，可分别在各国境内注出，或跨越国境线注出（如图 8-13（c）所示）。

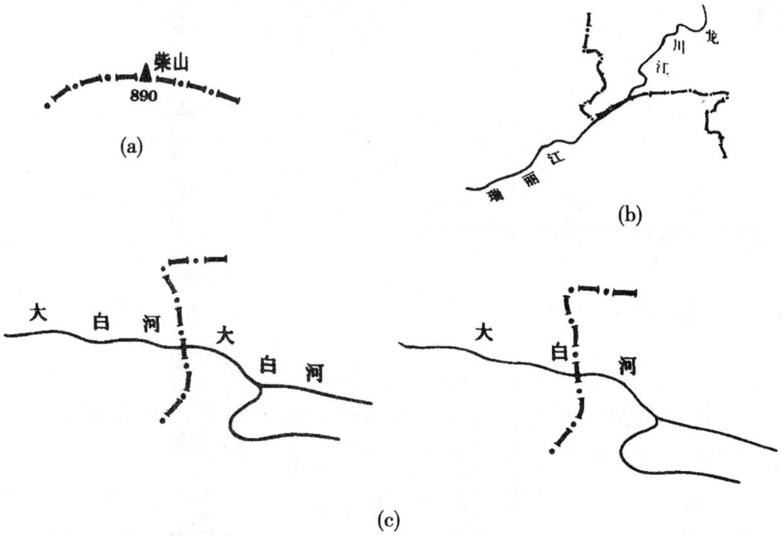

图 8-13　国界线上地物及其名称的表示

(7)水域中的国界(如我国台湾省、南海诸岛等)的表示,应遵循我国已出版地图的传统画法。

2.2.3　国内行政境界的表示

国内行政境界是国家内部各行政单位之间的界线。在地图上应精确表示,如表示有误,也会造成管理工作上的混乱和不必要的纠纷。

国内行政境界的表示与国界的表示原则基本相同。境界通过非线状地物时,境界符号应不间断地绘出;以道路、河流等线状地物为界时,若河流内能容纳境界符号,则境界符号间断地在中心位置绘出;境界符号不能在中心绘出的,可在两侧间断交替绘出,但在境界线的转折点或交会点,境界符号不得省略(如图 8-14 所示)。

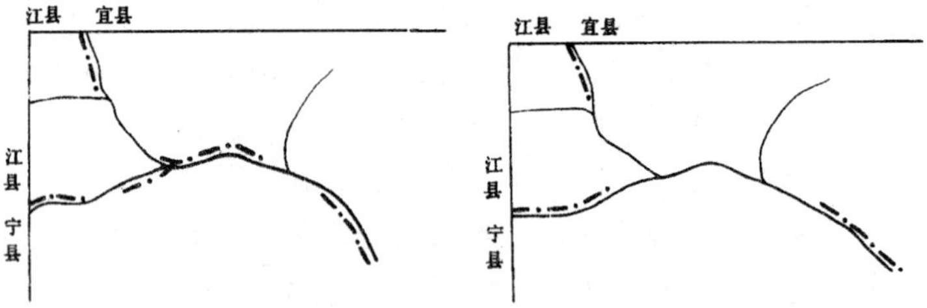

(a) 正确　　(b) 错误

图 8-14　境界交会处的表示

出图廓的境界符号,应加界端注记(如图 8-14 所示);若图廓外仅有小部分,应破图廓绘出,不加界端注记(如图 8-15 所示)。

"飞地"是指在国内是指某省、市、县所辖范围内又有另一省、市、县管辖的地区。在地形图上,"飞地"的界线用其隶属的行政单位的境界符号表示,并在其范围内加注隶属名称(如图 8-16所示)。

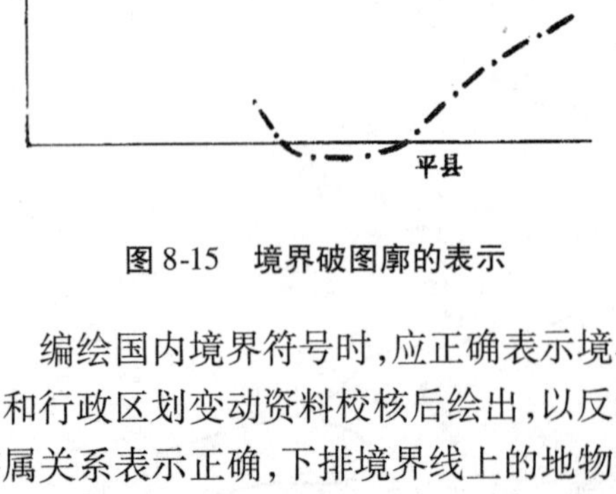

图 8-15　境界破图廓的表示

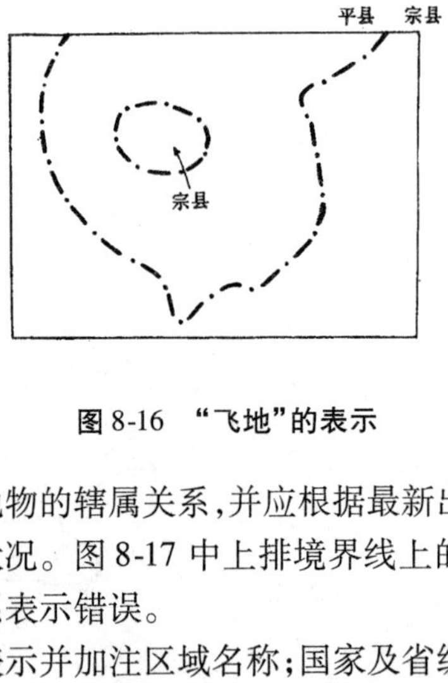

图 8-16　"飞地"的表示

编绘国内境界符号时,应正确表示境界线上的地物的辖属关系,并应根据最新出版的地图和行政区划变动资料校核后绘出,以反映现实的状况。图 8-17 中上排境界线上的地物的辖属关系表示正确,下排境界线上的地物的辖属关系表示错误。

行政等级以外的特殊地区,用特殊地区界符号表示并加注区域名称;国家及省级自然保护区以及国家森林公园范围,用自然保护区界符号表示,并在范围内注记名称。当其界线无法确定时,只在中心部位加注名称。

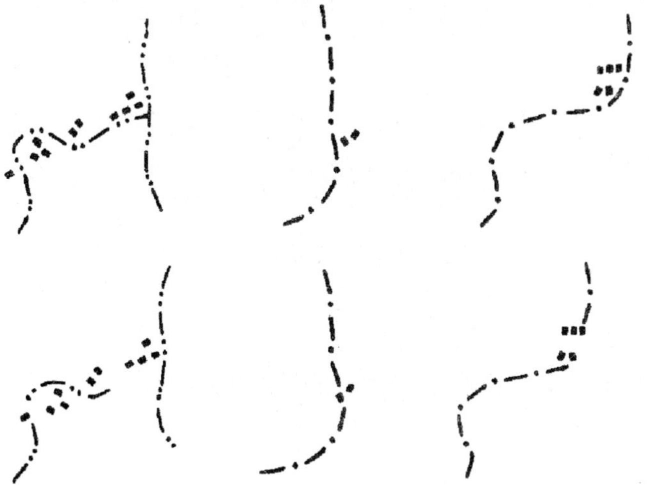

图 8-17　境界与居民地的关系

项目实施

任务 1　土质、植被的编绘

1.1　任务内容

土质、植被的编绘,资料图比例尺为 1∶2.5 万,如图 8-18 所示;新编图比例尺为 1∶5万,如图 8-19所示。

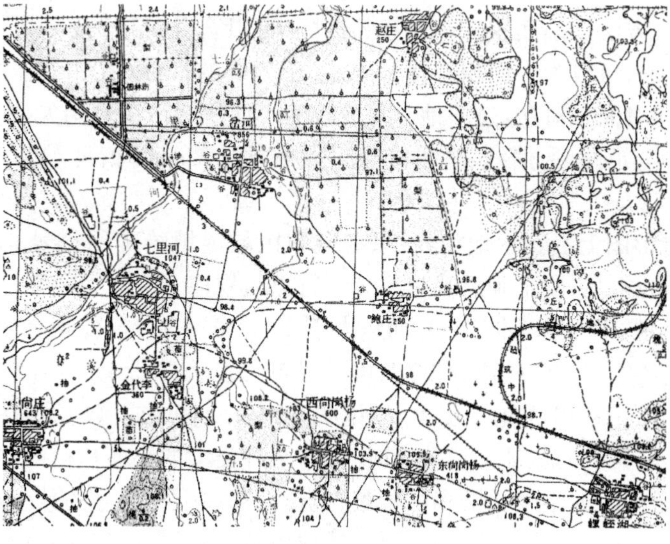

图 8-18　资料图(1∶2.5 万)

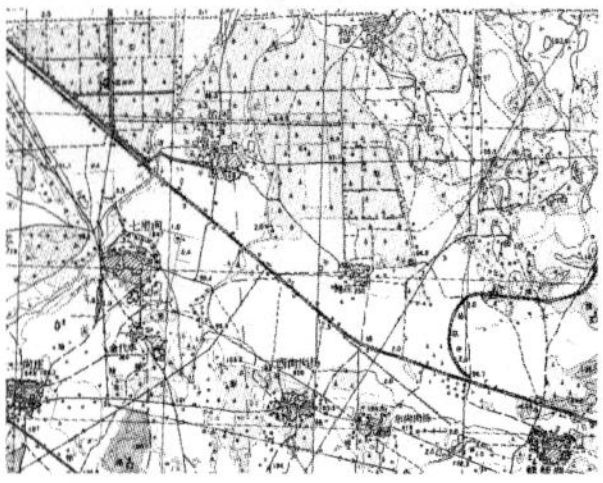

图 8-19　编绘底图(1∶5万)

1.2　任务要求

通过实习,要求能够掌握土质、植被编绘的原则和方法。

1.3　资料说明

本区位于××省××市周边,地势平坦。植被以大面积经济林为主,有少量的面状分布密集灌木林以及零星分布的稀疏灌木林,本区内分布有一定数量的平沙地,其面积内种植有幼林,沿河及道路分布有一些狭长林带,有少量零散分布的稻田穿插其中。

1.4　编绘方法

编绘方法采用等大编绘。

1.5　编绘要求

(1)对植被的轮廓形状进行概括时,林地最小面积和林中空地的最小面积应为 10 mm^2,对于面积小于 10 mm^2 的林中空地,可并入林地;若小面积林中空地数量较多,可部分并入林地,部分适当夸大为空地。对于面积小于 10 mm^2 的小面积林地,综合时,应视区域分布特点采用适宜的综合方法。小面积森林相互邻近的,可以合并;呈窄条带状分布的,可适当夸大;反映分布特征的,可改为小面积森林符号;过于分散的,可以取舍。总之,要正确反映林地的分布特征和相对面积对比,过多地合并或改为小面积林地符号均欠妥。

(2)当地类界与道路、通信线、岸线符号间隔小于 0.2 mm 时,可重合表示,不表示地类界。

(3)稻田在地形图上不表示地类界,只在分布区域内填绘稻田符号。编绘时要认真分析,注意填绘符号的规则,以正确反映它的分布特点与规律。

(4)经济作物地、灌木林等园地,凡面积大于 2 cm^2 的,直接注作物名称。对园地的轮廓图形化简时,应适当保留一些碎部,必要时可予以夸大表示。

(5)在 1∶2.5 万~1∶10 万地形图上,用说明注记表示林地或园地等的种类和数量特征。进行编绘时,当不同类型的植被交错分布时,可将某种类型的小面积植被并入邻近面积较大的另一种类型的植被。混杂生长的多种植被,概括内部注记与符号的数字及多少,决定图上哪种植被为主,减少次要植被的注记和符号,选取植被注记时,应选注有代表性的 1~2 种注记。

(6)平沙地的图形概括方法与植被相同。

1.6 作业步骤

(1)绘内图廓。
(2)编绘水系并注出名称。
(3)编绘居民地并注出名称。
(4)选取主要道路及附属物。
(5)编绘植被及土质(等高线可不用绘制,平沙地界与等高线重合时用平沙地界表示)。
(6)植被构面(填绘植被符号)。
(7)整饰。

1.7 作业时限

6学时。

1.8 编绘示例

编绘示例见图8-20。

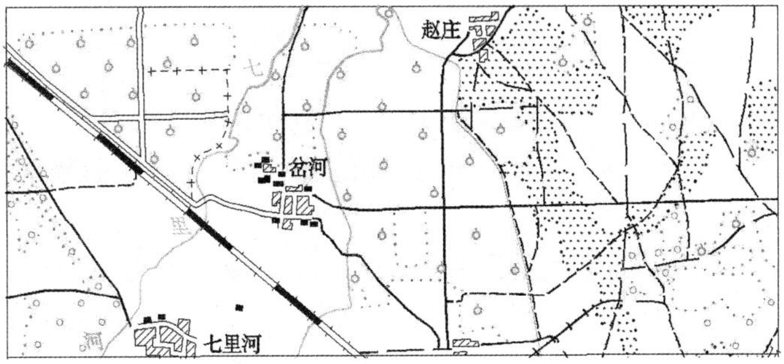

图8-20 编绘示意图(局部)

任务2 境界的编绘

2.1 任务内容

境界的编绘,基本比例尺为1∶50万,新编比例尺为1∶100万,如图8-21所示。

2.2 任务要求

通过实习,要求能够掌握境界编绘的原则和方法。

2.3 资料说明

本图幅涵盖中国两个省:甘肃省、陕西省。包括甘肃省的平凉市、天水市和陇南市,陕西省的咸阳市、宝鸡市、汉中市、安康地区和金源市,如图8-21所示。每个地市还有若干个县、市。所涉及的境界包括省界、地市界和县界。

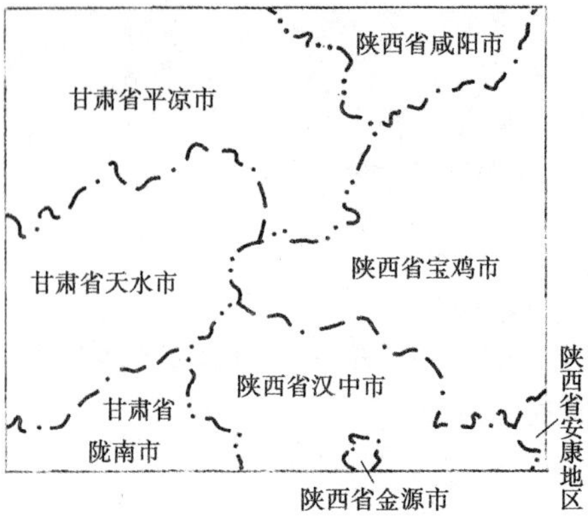

图 8-21 1∶100 万编绘图政区略图

2.4 编绘方法

编绘方法采用等大编绘。本幅新编 1∶100 万图幅的尺寸约为 26 cm × 22 cm，对于作业来说图幅面积稍大，可采用分组的方式将图幅分块进行，以保证作业时间。

2.5 编绘要求

(1)本任务主要练习的是境界的综合，因此所有的境界都要表示，不作舍去，即表示到县界；对于形状的概括要求程度尽量小，即要求在图上以最小的弯曲精确地绘出，等级高的境界更应慎重。

(2)综合时应按从高级到低级的顺序进行，不同等级的境界重合时，只绘高级境界符号。境界线的形状应按实地位置描绘，其转折点处用点或实线绘出，境界交会处也应当是点或实线。

(3)为保证境界绘制的准确，作为参考，底图中大的河流、湖泊、主要居民地也应绘出，并注出相应的名称。当双线河流宽度小于 0.4 mm 时，应将双线河改为单线河表示。

(4)陆地上不与地物重合的境界线应连续绘出，其符号轴线为境界的正确位置。对境界沿河延伸时的境界符号，以河流中心线分界，当河流内能容纳境界符号时，境界符号应不间断绘出；河内绘不下境界符号时，应沿河两侧分段交替绘出，但色带应按河流中心连续绘出；沿河流一侧分界时，境界符号沿一侧不间断绘出。共有河流，不论河流图形的宽窄，境界符号都不绘在河流中，而交替绘在河流的两侧，河中的岛屿用注记标明。

(5)境界两侧的地物符号及其注记都不要跨越境界线，保持在各自一方。

(6)境界编绘完成后，套合所给的标准 1∶100 万图框，出图廓外的境界符号应在内外图廓间标注界端注记，标明其行政区域名称。同时，按地区构出面色，标出地区表面注记，并沿省界作出色带。

2.6 作业步骤

(1)编绘大的河流、湖泊等水系要素，并按等级注出名称。

(2)选取县级以上居民地，地级市用真形符号表示，县及县级市用圈形符号表示，并注出名称。

(3)编绘省界。
(4)编绘地市界。
(5)编绘县界。
(6)套合标准图框、注出界端注记、整理数据。
(7)构省界色带。

2.7　作业时限

6 学时。

2.8　编绘示例

编绘示例见图 8-22。

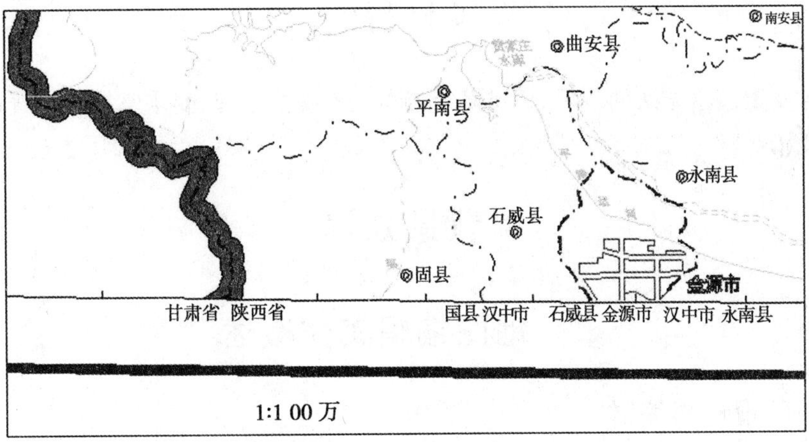

图 8-22　编绘示意图(局部)

思考题

1. 土质、植被轮廓形状的概括是什么?
2. 土质、植被质量特征的概括是什么?
3. 地图上表示境界的一般方法是什么?
4. 编绘国界应遵循的基本原则是什么?

项目9　全要素普通地图的编绘

项目描述

将4幅1∶1万地形图进行图像的校正,缩成1∶2.5万地形图,进行连编带绘,然后按照相应顺序进行接边,接完边后套合1∶2.5万地形图图框,进行图外整饰。

项目目的

结合各要素编绘方法的学习,通过系统的全要素编绘实习,要求掌握编绘普通地图的基本流程与方法。

背景知识

1　地图编辑工作概述

1.1　地图的设计与编辑

地图设计是对新编地图的规划,它的任务主要包括:确定地图生产的规划与组织,根据使用地图的要求确定地图内容,各种地理现象和物体在地图上的表示方法和使用符号的设计,制图资料的选择、分析和加工,制图数据的处理,制图综合原则和指标的确定,地图的数学基础设计,图面设计和整饰设计等。它的最终成果是地图设计书。

制图生产,特别是大型的制图生产是一项十分复杂的任务。为了缩短成图周期,降低成本,保证地图具有必要的精度以及适合于地图用途的内容、表示方法和美学效果,常常需要按生产的不同阶段和参加人员的业务能力进行专业分工,这样有利于提高从业人员的熟练程度,发挥不同层次人员的专长。

为了能使所有参加者按照统一的目标充分协调的工作,就产生了对制图生产的规划与组织的问题。这些工作称为地图编辑,从事这项工作的专业工作者称为地图编辑员。

在完成普通地图及其边缘作品,如地形图、普通地理图、政区图、交通图等地图时,地图编辑完成从研究制图任务、拟订地图的设计方案到印刷成图的整个制图生产过程中的组织领导工作。而在编制某些专题地图时,常常需要涉及其主题内容方面的专家在生产过程中与地图编辑相配合,这些专家被称为专业编辑,负责制作原图并在地图生产中起到协调与专业内容有关的工作。

仅有好的设计方案并不等于能生产出高质量的地图,还有待于编辑员在指导生产的过程中创造性地贯彻设计思想,使编绘员、地图印刷工艺员都能理解原来的设计思想并结合各阶段工作的实际加以创新。在地图出版以后,负责该图的编辑员还应调查地图的使用情况,收集用户意见及各方面对该图的评论,写出编印该图的科学技术总结,将这些信息反馈到设计新图的过程中去,促进地图质量的不断提高。

根据编辑工作的阶段性,编辑工作可分为编辑准备工作(地图设计)、编绘过程中的编辑工作、出版准备阶段的编辑工作、地图出版阶段和出版以后的编辑工作。

1.2　编辑工作的组织形式

在制图生产中,编辑工作的组织采用集中和分工相结合的方式。

集中指的是国家测绘业务的主管部门根据国家建设的需要和地图的实际保障情况,拟订编制各种类型地图的总方针,提出改进制图工艺和提高产品质量的方向,引导各制图单位的地图编辑员发挥创造精神,以保证不断创作出高质量的地图作品。特别是在编制国家基本地图时,只有实行高度的集中领导,如制定统一的规范、图式,才能保证成图的综合质量和整饰形式的统一。各单位的制图工作必须在集中的领导下进行。

分工是指按业务性质或地区划分任务,由不同的制图机构负责相应的地图编辑工作。

在一个制图机构内部,由总编辑或总工程师(或主任工程师)负责总的技术领导工作。编辑室(组)负责本单位生产中的设计和施工方面的领导。在业务范围比较狭窄时,也可以采用由编辑担任作业组长或在作业组内设编辑员的办法负责生产的技术领导工作。

在编制系列地图、地图集或大区域的地图时,单独成立编辑部(组)负责地图的设计、编绘和出版的领导工作。

为了有效地进行编辑领导,制图企业必须有选题和完成工作的长期的年度计划,总编辑根据年度计划给每个编辑员分配年度、季度或逐月的工作任务。

根据制图任务的性质和规模,由一人或数人担任制图任务的编辑工作,称为责任编辑。

1.3　编绘规范、图式

1.3.1　编绘规范

编制国家基本比例尺地图,其工作是相当复杂的。为了保证在全国范围内地图的内容、综合质量、表现形式等的统一,靠各制图机构分别拟订编辑文件是做不到的。对于这一类地图,普遍采用两级设计的办法,即由国家测绘主管部门拟订对地图各方面统一要求的总大纲——编绘规范,在它的指导下针对具体的地区由地方制图机构的编辑设计局部大纲——编辑计划。

编绘规范是编绘地图所依据的立法技术标准之一,它的内容应简明扼要,并具有相对的稳定性,过细就适得其反,反而适应不了各地的具体情况,降低了它的规范价值。

编绘规范大体上包括以下内容:

(1)总则:包括地图的性质、用途和基本要求,地图的数学基础、分幅与编号等一般性的说明。

(2)编辑准备工作:制图资料的收集、分析和选择,制图区域的研究及编辑设计书的拟定等。

(3)编绘技术方法:选择编绘原图的制作方法,数学基础的建立,基本资料的加工处理,编绘顺序及用色规定,对编绘质量的要求。

（4）地图内容各要素的编绘：各要素的表示方法、综合原则、选取指标和注记的规定等。

（5）印刷原图的制作：印刷原图制作分版规定、对印刷原图的质量要求等。

（6）附录：通常包括综合样图、图外整饰样图，有的规范还附带有地图的图式符号。

地图编绘规范是制图业务的立法文件，是编绘该类型地图时必须遵守的。规范应建立在当代科学及生产水平的基础上，顾及各方面对地图实际的要求，促进地图质量的提高。随着科学技术的进步，规范也会变得不能适应生产实际的需要，这时就要对规范进行修订或重编。

在地图编绘中还有一个术语——细则，细则和规范在本质上并没有什么差别。

1.3.2 图式

图式是地图符号样式和描绘规则的规范。为了统一国家制图标准、保证地图质量，由国家测绘业务主管部门根据地图的用途、比例尺、地面要素的特点及制印的可能性等统一制定图式。图式中规定了在相应比例尺地图上表示各种地物、地貌要素的符号、注记和颜色标准，以及使用这些符号的原则、要求和基本方法，其内容主要包括以下几个方面：

（1）技术规定：符号尺寸、符号的定位点和定位线、符号的方向和配置、符号在图上的正确显示、符号的印刷颜色的一般规定。

（2）各要素符号：对各要素的符号名称、图形、用色及其主要尺寸，都附有详细的说明。

注记：规定了各要素注记的字体、字号、字色。

（3）图廓整饰及样式：规定了地图图廓和图廓间、图廓外整饰要求。

（4）附录：包括说明注记简注表、地图分幅及编号、样图式例等。

图式有单独成册的，也有作为编绘规范的附件的。它是各部门使用地图进行规划、设计和科学研究的基本依据。

在计算机制图中通常将地图符号按规格做成符号库的形式，供编绘时使用。

2 编绘的技术方法及要求

2.1 编绘的技术方法

地形图的编绘主要有两种方法，第一种方法为先采集地形数据，再进行符号化编辑，最后形成印刷原图，如图 9-1 所示。第二种方法为采集地形数据与符号化编辑同时进行，最后形成印刷原图，如图 9-2 所示。

2.2 制图资料的选择

应收集大于成图比例尺、地图精度符合相应比例尺地形图精度要求、现势性强的地形图全要素矢量数据或地形图。一般 1∶2.5 万地形图应以 1∶1万地形图作为基本资料；1∶5万地形图就以 1∶2.5 万地形图或 1∶1万地形图作为基本资料；1∶10 万地形图应以 1∶5万地形图作为基本资料。在特殊情况下，图幅局部地区可收集与成图比例尺相同的地形图作为基本资料。现势性即成图时间一般应在 5 年以内。

作为基本资料的补充或参考，还应收集如测量控制点成果、最新航摄或卫星影像制作的数字正射影像图、与成图比例尺相同的数字栅格图等补充资料。

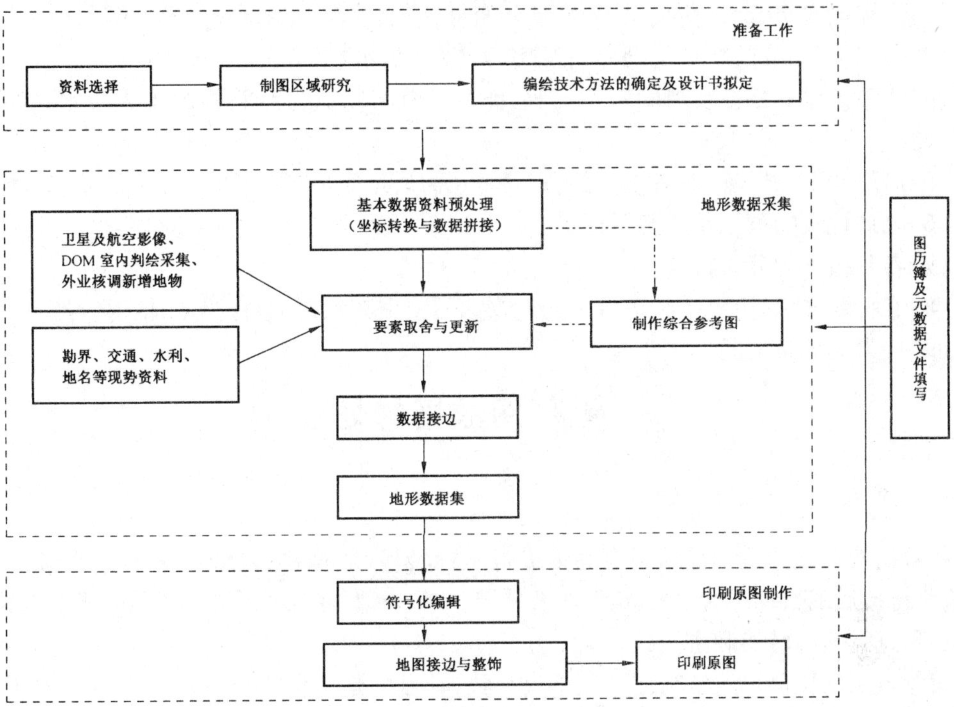

图9-1　地图编绘流程(一)

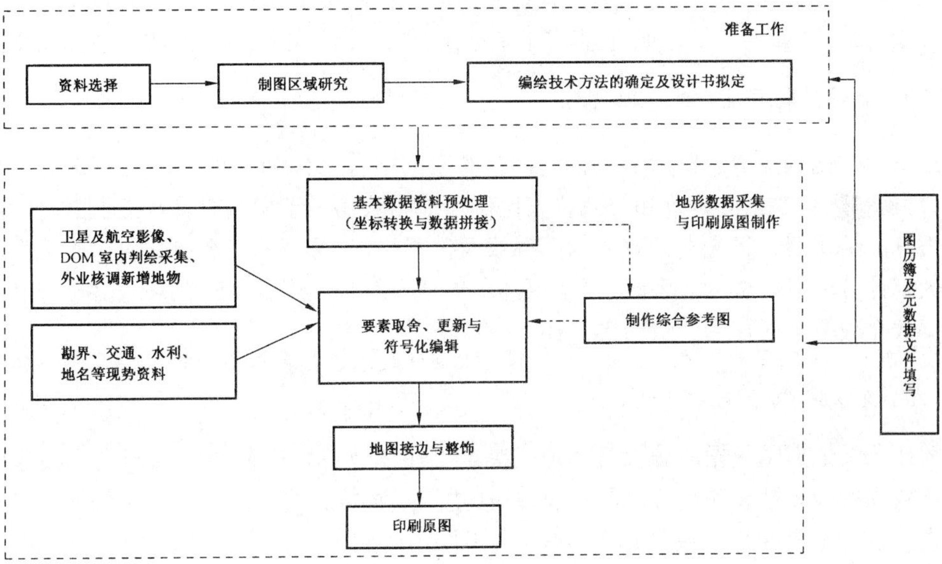

图9-2　地图编绘流程(二)

2.3　制图区域的研究

制图区域的研究是以基本资料为基础，结合补充资料和参考资料，从整体上了解制图区域概括和基本特征。研究的主要内容为：

(1)居民地的分布特点和密度差别，居民地平面图形的基本特征及行政意义等。

(2)道路的等级、通行情况、分布特点和密度差别、道路附属设施的分布情况。

(3)各级境界状况,特别是国界、省界有无待处理的问题。

(4)水系的结构特征及河网密度,湖泊类型及分布特点,运河、沟渠等人工水系特征的分布状况。

(5)海岸类型,岛、礁、航海设施的分布特点,海底地貌的形态特征。

(6)陆地地貌的类型及形态特征。

(7)各种植被的分布特点。

(8)有特殊文化、历史或经济价值的地物和国家重大工程项目的分布情况。

(9)要素的分布情况。

3　地形图数据的处理

3.1　基本数据资料的预处理

将数据按照成图比例尺的图幅范围进行坐标转换、数据拼接,如基本资料数据为3°分带,应将拼接后的数据进行投影转换为6°分带。对于纸质地形图资料,应预先进行扫描,矢量化后再进行坐标转换和拼接处理。

编绘成图的比例尺通常与成图比例尺一致,其目的是使作业员较准确地掌握地图的容量、图形的尺寸、符号之间的关系,这称为等大编绘。

放大编绘是按照资料图的比例尺或稍大于成图的比例尺来完成编绘原图。它的主要优点是描绘容易,从而加快了作业进程,虽作业量稍大,但仍能缩短编绘原图的成图周期。

3.2　地形图数据的取舍与概括

地形图数据的选取和图形的概括应按各要素的综合指标和设计书的要求进行,根据补充、参考资料进行要素的修改和补充。大比例尺地图数据用于缩编时,应注意在保持几何形状不失真的情况下进行光滑处理。内图廓线及公里格网、北回归线等要素应正确无误,采用理论数据计算生成。要素取舍时,为了更准确地把握取舍尺度,可将与成图比例尺相同的栅格数据放在数据下面作为背景参考对照。

3.3　地形数据的接边

大比例尺地形图数据的分幅管理模式决定了在作业过程中需要对数据进行接边处理,以保证数据的连续性和完整性,同时图幅的接边质量直接影响着地图的质量和使用,也是各级检查验收的主要内容。在实际工作中,由于使用的软件不同,因此接边的方法也有所差异,但基本方法主要为交互式接边和手动接边,即将相同的点状要素、线状要素、面状要素在保证精度的情况下进行无缝拼接,使之成为连续完整的数据。数据接边的前提是必须保证比例尺一致、地图参数一致、使用的系统库一致等,需要属性接边时还应保证接边的同一要素属性相同(如等高线的高程一致)。经过接边处理后的要素应保持图形过渡自然、形状特征和相对位置正确。在编绘时接边是一个必不可少的过程,接边内容包括要素的几何图形、属性和名称注记等,原则上本图幅负责西、北图廓边与相邻图廓边的接边工作,但当相邻图的东、南图幅已验收完成,后期生产的图幅也应负责与前期图幅的接边。

3.4 地图整饰

3.4.1 图外整饰

地图数据的图外整饰应按图式的规定进行，其内容包括图名、图号、图廓、接图表、比例尺、图例、坡度尺以及补充性的说明。一般要求其位置和内容应准确，其形式可以简化。

3.4.2 图廓间的道路通达注记

铁路、公路以及人烟稀少地区的主要道路出图廓处应注通达地及里程。铁路应注出前方到达站名；公路或道路应注出通达邻图的乡（镇）级以上居民地，如邻图内无乡（镇）级以上居民地，可选择较大居民地进行量注。当道路很多时，可只注干线或主要道路的通达注记。铁路或公路通过内外图廓间复又进入本图幅时，应在图廓间将道路图形连续标示出，不注通达注记。

3.4.3 界端注记

境界出图廓时应按图示的规定加界端注记，但当境界穿过内外图廓间复又进入本图幅时，可在图廓间连续标示出境界符号，不注界端注记。

3.4.4 图廓间的居民地、湖泊、水库名称注记

居民地、湖泊、水库的面积跨两幅图时，面积较大的注在本图幅内，面积较小的应将名称注在该图幅的图廓间。

3.5 地图数据的质量要求

地图数据应满足下列基本要求：

（1）地图内容符合相应编辑文件的要求。

（2）图上所有符号的形状、大小均应符合规定，同时位置要准确。

（3）各种注记的字体、字号均应满足图式规定，但图上使用最多的注记（如细等线体或宋体），可以用同样大小但容易书写的仿宋体或楷体代替，注记位置要恰当、从属分明，并要正确地使用简化字。

（4）图外整饰应按编辑文件的要求进行。

（5）对于线划的描绘质量，要求位置准确，清晰易读，彩色原图应能够作为印色的标准。

（6）图面清洁，用色合乎规范。

3.6 地图数据的审校

地图数据一般应检查下列方面：

（1）编图资料和各种指导文件是否齐全。

（2）是否遵照编辑计划正确地使用了编图资料。

（3）图廓点、坐标网、控制点的展绘精度及其数字注记是否正确。

（4）各内容要素表示的精度、各内容要素相互关系是否适当。

（5）名称注记、说明注记和数字注记是否正确。

（6）图廓外整饰是否齐全、正确。

（7）图廓接边情况以及和比例尺地图内容的一致性。

审校时可将全图幅按自然界线分为若干片，分片检查每一要素综合是否合理，使用符号

是否正确，描绘是否精确，注记是否正确，有无遗漏。各要素检查完毕后，应注意所有要素的相互关系是否适当和协调，选取的内容是否适合地图的用途，能否表达制图地区的特点。最后检查整幅地图的水系密度是否适当，主支流关系区分是否明显等。

审校发现的错误、遗漏和综合不适当的问题，应指出问题出现的部位和审校意见。

编绘原图的质量主要是根据内容的精确性和完备性，制图综合的合理性，图面是否主次分明、清晰醒目和绘图整饰质量等各方面进行评价。

4　各要素相互关系的处理

制图综合的结果不仅仅是各要素本身综合正确，而且应包括各要素间相互关系的协调性。这种协调性在地图上不是自然而然就能保证的，而是在比例尺缩小引起各要素空间关系相矛盾的情况下，经过制图综合，使各要素间的关系再现于新编地图上。当然，随着地图比例尺的缩小，各要素间相互关系的详细程度在不断简化。

地图上各要素间相互关系的情况是多种多样的，处理各要素间的相互关系没有绝对的规定，应按具体条件和地物所处的位置而定。根据长期制图实践经验，一般可按以下原则处理。

4.1　保证重要物体位置准确，移动次要物体

处理各要素相互关系时，一般是保持某一物体不动，而移动另一物体。“不动”的物体，即“主要”与“次要”中的“主要”，“高级”与“低级”中的“高级”，“重要”与“一般”中的“重要”物体。

4.1.1　海、湖、大河流等大的水系物体与岸边地物间的关系处理

4.1.1.1　海、湖、大河流岸线与居民地的关系

若居民地与岸线相切，则保持切点（切线）位置不变。沿岸有街道时，保留街道；无街道时，居民地与岸线间空 0.2 mm。当岸边街道为唯一或主要通道时，以圈形符号表示的居民地，圈形符号切于道路边线；当岸边街道非唯一或主要街道时，切于岸线（如图 9-3 所示）。

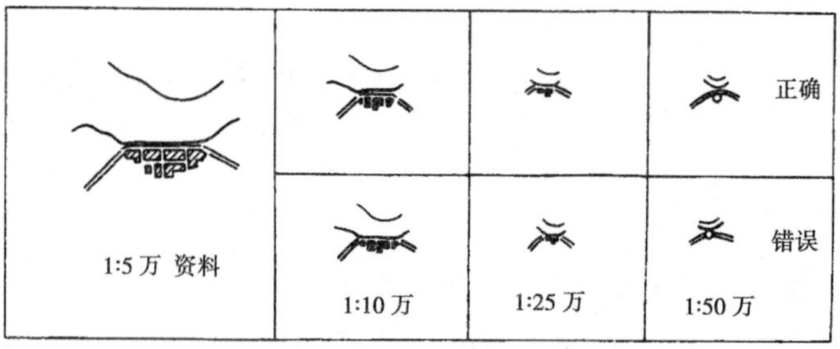

图 9-3　居民地与岸线相切时关系的处理

位于海角处的居民地，因位置重要，一般应表示，当居民地以平面图形表示而海角又容纳不下时，可缩小街区面积或外移岸线，使二者之间空 0.2 mm，并保持海角形状不变。当居民地以圈形符号表示而海角容纳不下时，则以保持海角特征为主，如果外移岸线后破坏了海角特征的显示，则将圈形符号配置在居民地中心位置割于岸线绘出（如图 9-4 所示）。

当资料图上居民地与岸线相离时，其处理方法应根据缩小后的居民地平面图形的边缘与岸线之间的距离而定。若图形（平面图形和圈形）与岸线间隔大于 0.2 mm，以相离处理；

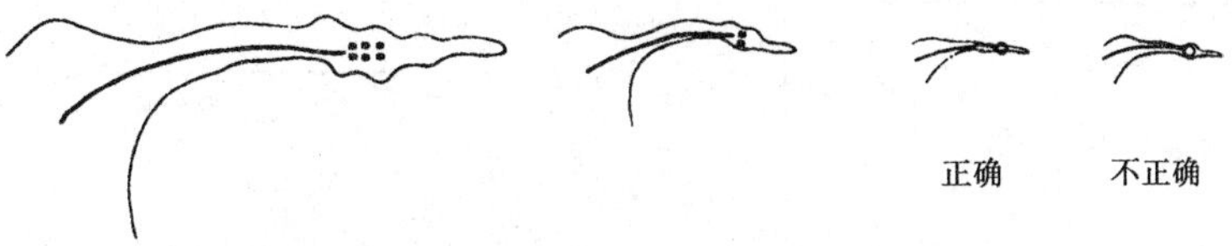

图9-4　居民地与海角关系的处理

若图形与岸线间隔小于0.2 mm,则以相切表示(如图9-5所示)。

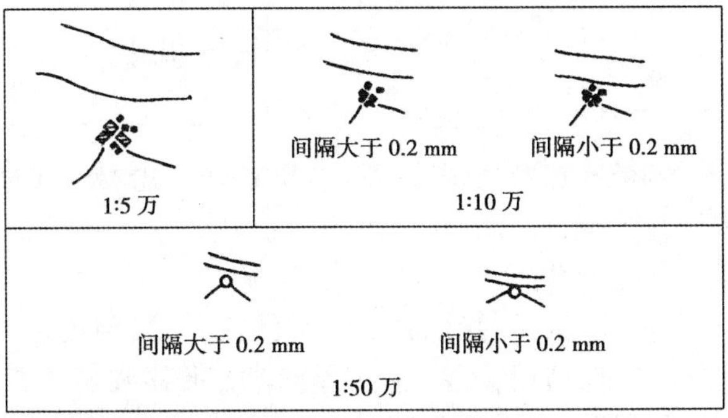

图9-5　居民地与岸线相离时关系的处理

4.1.1.2　海、湖、河岸线与岸边道路的关系

海、湖、河岸线与岸边道路的关系:一种是道路依岸平行,一种是道路通过浅滩连接大陆和岛屿。在处理这两种关系时,对于前者,应保持岸线位置不动,平移道路符号,并使其保持0.2 mm间隔(如图9-6所示);对于后者,保持通过岸线的道路的走向不变,中断岸线,通过水域的路段不加绘岸线(如图9-7所示)。

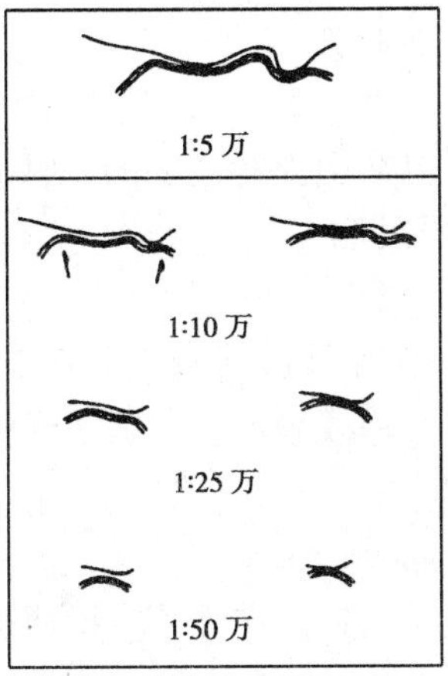

图9-6　道路依岸平行时关系的处理图

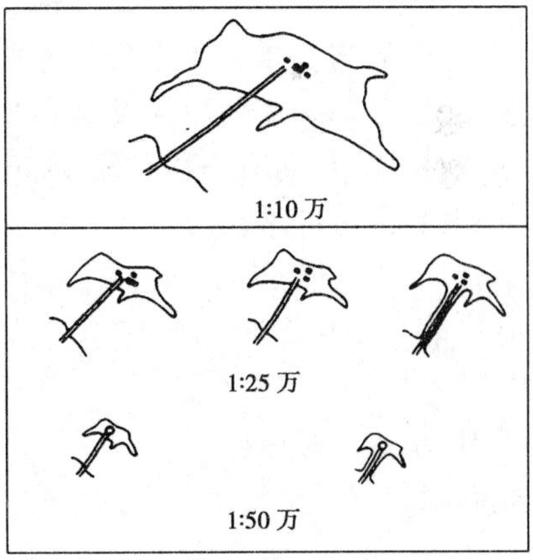

图9-7　道路通过水域时关系的处理

4.1.1.3　海、湖、河内岸线与岸边人工堤的关系

沿海、湖、河岸修渠的防浪、防洪、围垦堤坝与岸线的关系:一是堤坝边缘直接与水域毗连,一是堤坝边缘与岸线间有一宽窄不一的滩地。对于前者,以堤为主,堤坝基线不动,以堤坝基线代替岸线(如图9-8所示);对于后者,以岸线为主,岸线不动,向内陆方向平移堤坝,使堤坝与岸线间保持0.2 mm间隔(如图9-9所示)。

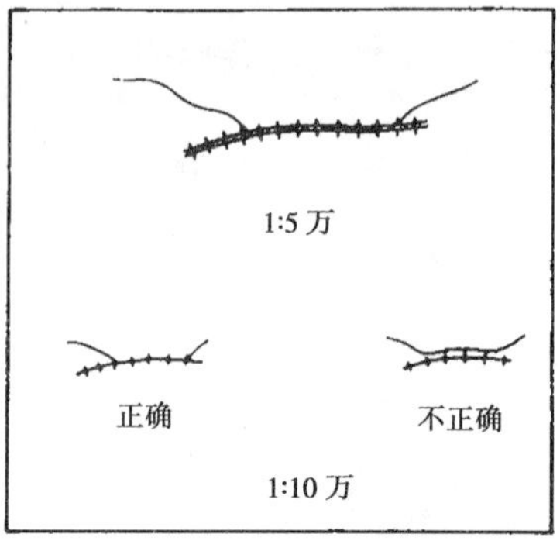

图 9-8　堤坝边缘直接与水域相毗连时关系的处理

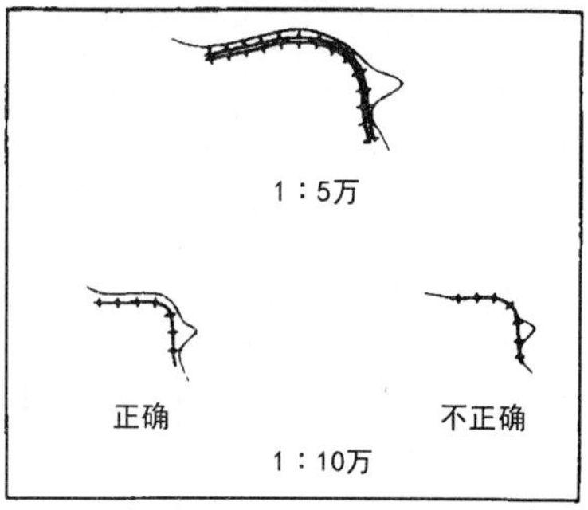

图 9-9　堤坝外有滩地时关系的处理

4.1.2　城市中各要素关系的处理

如图 9-10 所示，在有河流、铁路通过的城市中，河流、铁路与街道、街区比起来，前者是主要的，而后者是次要的，应保持河流或铁路位置不动，平移或缩小街区；铁路位于河流边时，保持河流位置不动，依次平移铁路和街区。

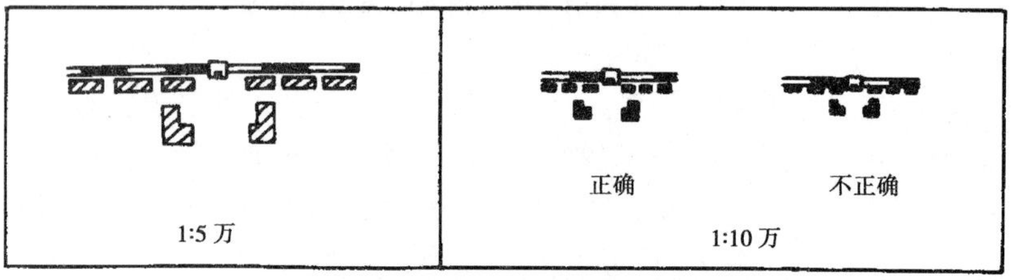

图 9-10　居民地内铁路与街区关系的处理

4.1.3　高级道路与小居民地关系的处理

铁路、公路等高级道路与县级以下居民地比较起来，铁路、公路是主要的，居民地是次要的。为了保持两者相切、相通和相离的正确关系，应移动居民地。

4.1.3.1　*居民地与道路相切*

居民地用平面图形表示且与铁路相切时（如图 9-11（a）所示），其间应空 0.2 mm；与公路相切或间隔小于 0.2 mm 时（编绘底图上），街区与公路共边线表示。若以圈形符号表示，则以圈形符号切于道路符号边线。

4.1.3.2　*道路通过居民地*

当道路通过居民地街区平面图形时（如图 9-11（b）所示），铁路应连续直接通过，并与街区保持 0.2 mm 间距；对于散列式居民地，公路连续通过，若居民地有完整的街道，则道路与街道口衔接处应平齐间断。居民地用圈形符号表示时，道路符号与居民地圈形符号正接。

4.1.3.3　*居民地与道路相离*

此时，与处理“居民地同岸线的相离关系”方法相同（如图 9-11（c）所示）。

4.1.4　河流与居民地关系的处理

河流对居民地有重要的制约作用，在处理相互关系时，应保持河流位置不变，移动居民地符号。居民地与河流符号的关系主要有相切、相通、相离三种形式（如图 9-12 所示）。

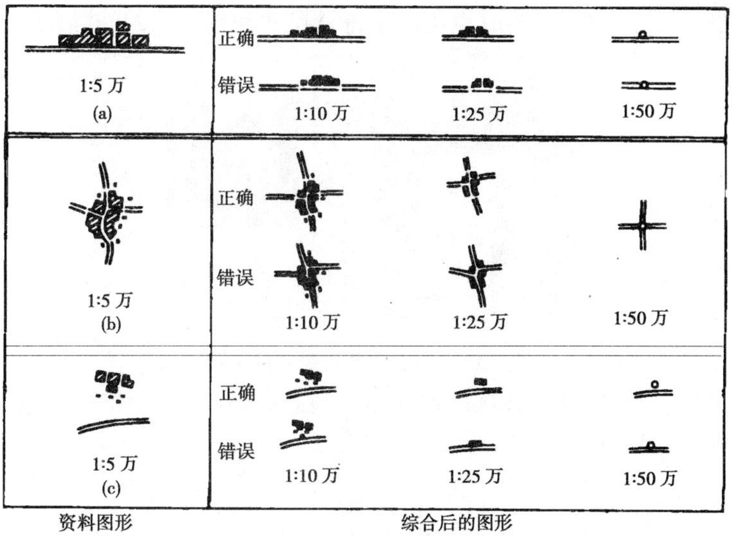

图 9-11 高级道路与小居民地关系的处理

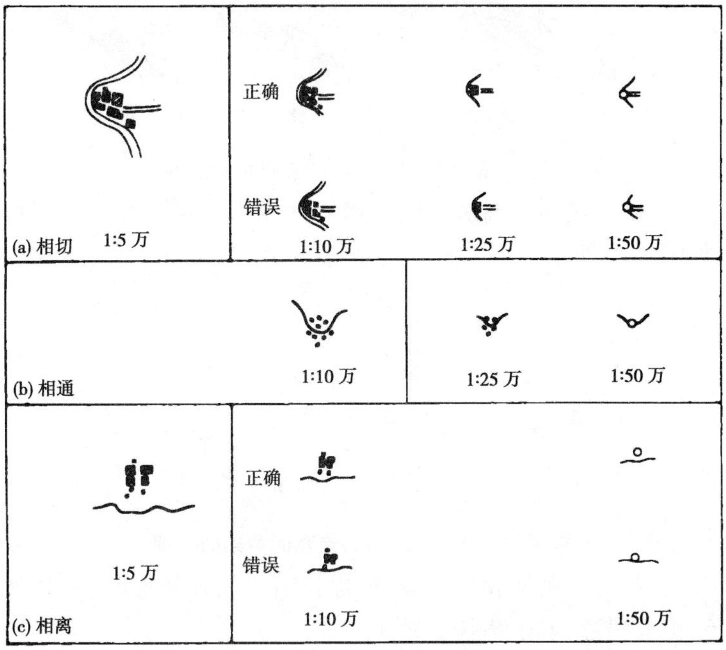

图 9-12 河流与居民地关系的处理

4.2 特殊情况下,要考虑地区特点、要素制约关系、图表特征、移位难易等条件

在一般情况下,应当按前述原则和方法处理各要素相互关系。但是在某些特殊情况下,则不能千篇一律,而应考虑地区特点、要素制约关系、图形特征、移位难易程度等条件。例如:

(1)处理峡谷中各要素相互关系的基本方法是:保持谷底河流位置正确,依次平移铁路、公路。不论等级高低,其次序是先移动靠近河流的,后移动远离河流的。为了减少移位,

平行的高级道路可共用边线，必要时也可缩小符号尺寸和相互间的间隔（如图 9-13 所示）。

图 9-13　峡谷中要素关系的处理

（2）位于等高线稀疏的开阔地区的单线河流与高级道路，应保持高级道路的位置不动，而移动单线河流（如图 9-14 所示）。

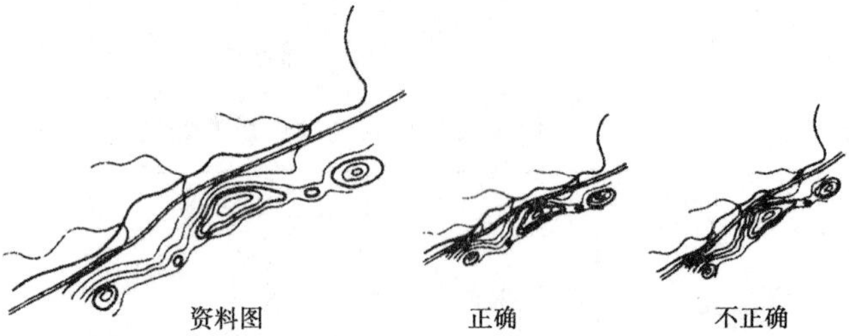

图 9-14　单线河流与铁路相近时关系的处理

（3）沿海、湖狭长陆地延伸的高级道路与岸线的关系，应移动岸线，保持高级道路完整而准确的绘出（如图 9-15 所示）。

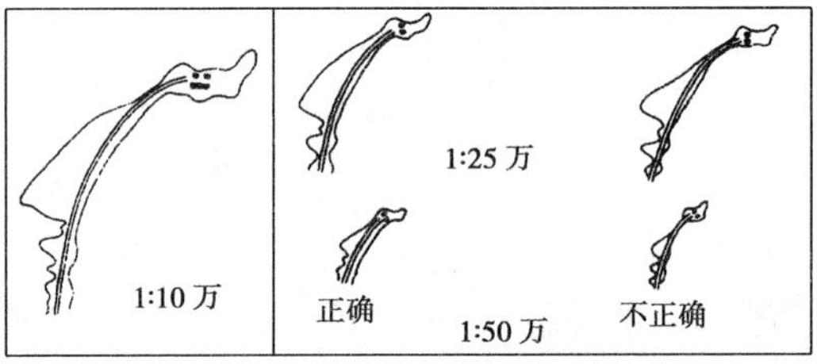

图 9-15　公路通过狭长海角时关系的处理

（4）狭长河湾与道路、居民地相毗邻时，应保持道路位置和走向不变（居民地位置亦不变），而平移河流，扩大河湾（如图 9-16 所示）。

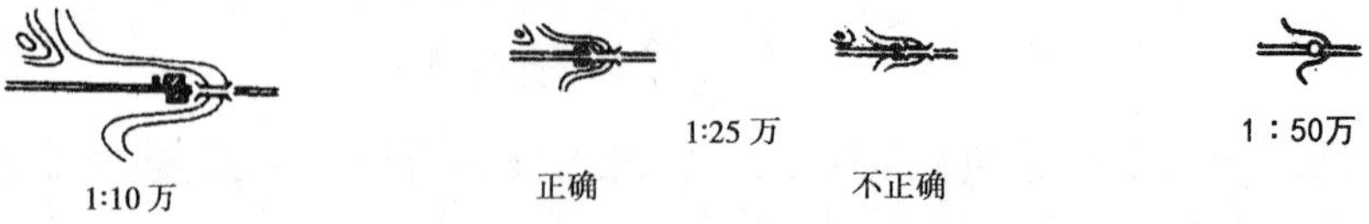

图 9-16　河湾中的居民地、道路与河流关系的处理

（5）海、湖、河岸线与独立地物的关系，应保持独立地物的点位准确，而中断或移动岸线（如图 9-17 所示）。

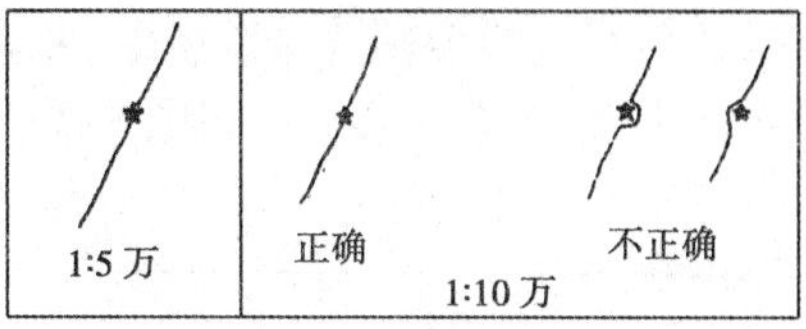

图 9-17　独立地物与岸线关系的处理

4.3　不同等级的相同要素地物之间相互关系的处理

这种情况多见于道路。各种不同等级的道路组成复杂的图形,有的在同一平面上相交、平行,有的在不同平面上相交、平行。处理这类图形关系时,有的是要位移,有的是要化简图形。

(1)在同一平面相交时,对等级相同的高级道路,应断开其叉口内的交叉边线;对不同等级的高级道路,应保持高一级的道路符号完整连贯,道路在交叉点处衔接;低级道路(单线)均应以实部相交,并保持交点位置准确(如图 9-18 所示)。

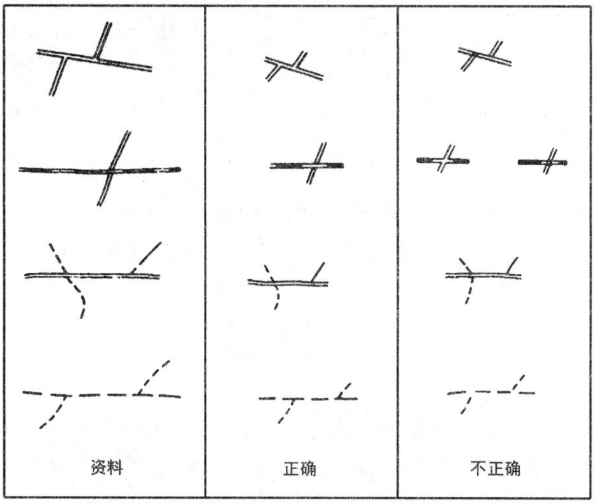

图 9-18　不同等级道路在同一平面上相交时的处理

(2)在同一平面上平行时,高级道路及桥梁采用共边线的方法表示;或保持高一级的道路不动,移动低一级的道路;相同等级的道路则视具体情况,或者移动一条,或者两条同时向两侧移动(如图 9-19 所示)。

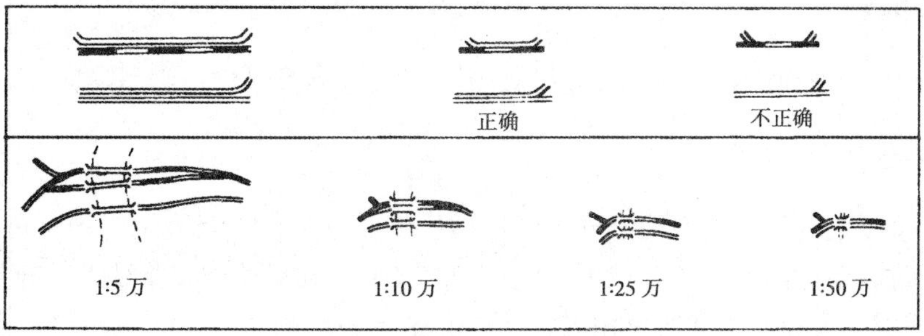

图 9-19　各级道路平行关系的处理

(3)在不同平面上相交时,位于上面的道路不论等级高低,一律压盖下面的道路。压盖方式:一是通过桥梁、涵洞符号,二是通过道路符号(如图 9-20(a)所示)。对立体交叉的道路,可作较大化简(如图 9-20(b)所示)。

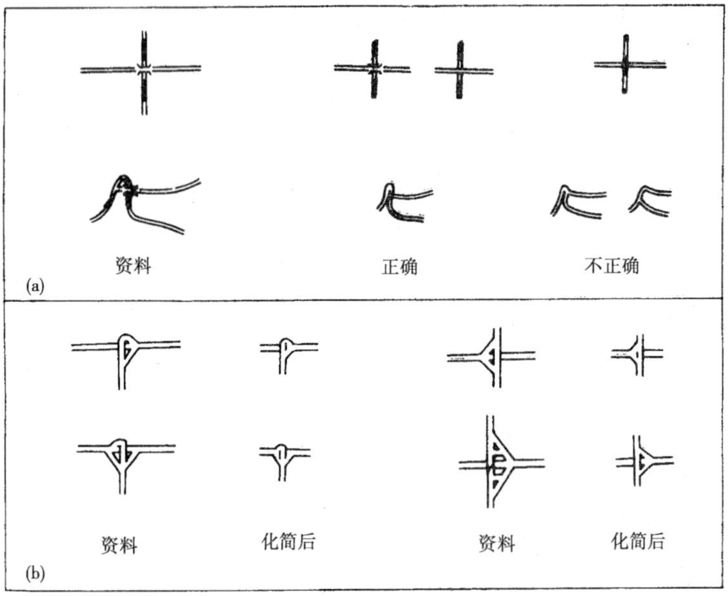

图 9-20　道路在不同平面相交时的表示

(4)在不同平面上平行时,可保持高级道路不动,移动低级道路,或共边线表示。

项目实施

本项目是将四幅 1∶1万地形图缩小编绘为一幅 1∶2.5 万地形图,如图 9-21 所示。将从计算缩放倍数,底图数据的处理,底图的编绘、接边、整饰等方面进行实习。

技术资料:《1∶25 000　1∶50 000　1∶100 000 地形图编绘规范》《1∶25 000　1∶50 000　1∶100 000地形图图式》。

任务 1　编辑准备

1.1　任务内容

学习 1∶2.5 万地形图编绘规范,分析底图,结合《地形图图式》,编写参数表。

1.2　任务要求

对于编绘规范的学习和底图的分析是每一位作业人员应该具有的专业技能,不能盲目上图。由于每幅地形图的制图区域不相同,因此应结合《地形图图式》对图内的各类符号进行归纳,并根据实习指导书和所使用的软件情况制定相应的参数表。这不仅可以帮助我们充分认识地形图各类符号,同时也可以保证地图数据的符号统一及作业的速度,从中可以得到全面的锻炼。

1.3 资料说明

国家基本比例尺地图编绘规范第1部分规定了编绘1:25 000、1:50 000、1:100 000地形图的基本要求、技术方法和地形图各要素的综合技术指标，这些规定在实际的测绘生产工作中起到了重要的作用，通过学习规范，可以更系统地掌握新编比例尺地形图的各要素精度要求及编绘原则。

1.4 作业方法

认真读图，如图9-21所示，将在图上找到的地形图符号的名称归纳总结填写至表格内。参数表格样式如图9-22所示。

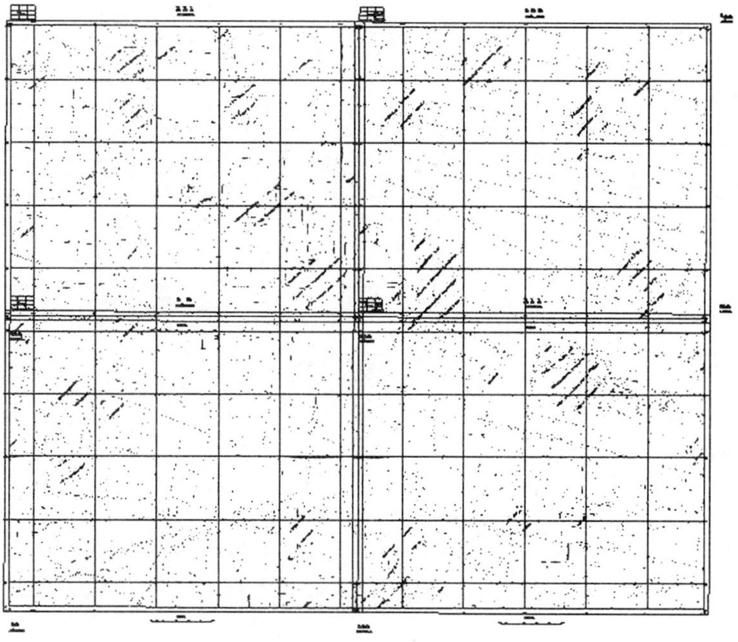

图9-21　编绘底图示意图

1.5 作业要求

(1)根据《地形图图式》正确写出符号名称。

(2)能够正确绘制相关的符号样式。

(3)参数表按类型排列，同一类要素图层设置合理。

(4)由于符号库中符号大小与图式设定的有出入，因此符号大小可统一制定，但符号的颜色和注释的字体可根据图式要求正确写出。

1.6 作业步骤

(1)拷贝底图、电子版图式至作业目录。

(2)浏览底图，结合图式将符号进行归纳总结。

(3)将符号名称正确填入参数表。

《高家庄》　参数表

一、线参数

名称	符号样式	线型	线颜色	线宽	X参数	Y参数	辅助线型	辅助颜色	图层	备注
内图框		1	1	0.15	10	10	0	0	1	
外图框		1	1	0.3	10	10	0	0	1	
双线河(湖)		1	2	0.15	10	10	0	0	2	
单线河(常年)		-1	2	0.15	0.08(0.1)	0.15-0.3	1	0	2	
流向		1	2	0.12	10	10	0	0	2	
居民地		1	1	0.15	10	10	0	0	3	
铁路		14	1	0.12	16	10	0	0	4	
公路（边线）		1	1	0.15	10	10	0	0	4	双线距离2.0
乡村路		39	1	0.3	10	10	0	0	4	
小路		39	1	0.2	5	10	0	0	4	
电力线		48	1	0.12	12	10	0	0	5	
围墙		22	1	0.15	2	4	0	0	5	
异宽陡坎		92	162	0.12	2	10	0	0	6	
陡坎、冲沟		67	162	0.12	2	3	0	0	6	
首曲线		1	162	0.1	10	10	0	0	6	
计曲线		1	162	0.2	10	10	0	0	6	
示坡线		1	162	0.12	10	10	0	0	6	
地类界		41	1	0.1	1.2	0.8	0	0	7	

二、点参数（子图）

名称	符号样式	子图号	子图高	子图宽	子图颜色	图层号	备注
三角点		1	2.4	2.4	1	1	
埋石点		5	1.6	1.6	1	1	
烟囱		19	5.5	5.5	1	2	
庙宇		64	5	5	1	2	
宝塔		66	5.5	5.5	1	2	
高程点		117	0.4	0.4	1	3	
不依比例尺的车行桥		191	1.2	2	1	4	
不依比例尺的独立坟		72	3	3	1	5	
疏林		130	1.2	1.2	1	6	
密集灌木林		132	1.8	1.8	1	6	
行树		129	0.8	0.8	1	6	间隔10
成林		129	1.2	1.2	1	6	
经济林		135	3.8	3.8	1	6	

三、点参数（注释）

名称	符号样式	注释高	注释宽	字体	字形	注释颜色	图层号	备注
河流	淮河	3	3	1	1	2	2	
村庄	高庄	3.5	3.5	3	0	1	4	
单位	农机厂	2.5	2.5	1	0	1	5	
山峰	凤凰岭	3	2.5	3	0	1	3	间隔0.5
说明注记	人渡	2	2	1	0	1	9	
高程	185.3	3	3	2	0	1	3	
图名	高家庄	5	5	3	0	1	10	间隔1，距外图框0.5
图外说明	图式	3	3	2	0	1	10	距外图框0.5

四、区参数

名称	符号样式	填充色	填充图案	图案高	图案宽	图案颜色	图层号	备注
居民地		9	1	3	3	1	3	
水系		61	0	0	0	0	2	
平沙地		9	91	1	1	162	11	

注：本图所采用的系统库为mapgis/SLIB5000，其中所有参数单位为mm 。

图 9-22　参数表样式

(4)将符号样式正确填入参数表。

(5)将符号的颜色、字体正确填入参数表。

1.7　作业时限

4 学时。

任务 2　底图编绘

2.1　任务内容

这是本项目中最重要的一个环节。根据所学的编绘知识,编绘 1∶2.5 万全要素地形图。

2.2　任务要求

通过实习,使学生能够全面掌握各要素的编绘方法,正确处理各要素间的关系,熟悉编图的各项技术规定与要求。

2.3　资料说明

底图由四幅1∶1万地形图拼合缩小而成,成图比例尺为1∶2.5万,拼合底图由教师处理之后提供给学生。该制图区域地处平原,要素构成并不复杂,居民地布局较整齐,地势平坦,等高线稀疏,水系多为水渠,植被以菜地和稻田为主,交通要素有等外公路、乡村路、大车路、小路,图幅所使用的为1996年版图式。

2.4　编绘方法

等大编绘。

2.5　编绘要求

(1)结合参数表,按照绘图程序完成每个要素的编绘工作。

(2)水系的绘制要求主支分明、光滑自然;道路要求走向正确、主支取舍合理;各级街道要求关系正确,密度对比恰当;街区中建筑区和非建筑区表示要正确;要正确表示各要素间的关系。图形概括合理,要素选取恰当,能够反映制图区域地理特征,保证地图的精度。

(3)对于文件存储,要求名称清楚、合理,路径设置清晰,图层设置明确。

2.6　作业步骤

在编绘大、中比例尺地图时,应按有利于要素关系协调的原则和重要要素在先、次要要素在后的顺序进行。一般顺序为:

(1)内图廓线。

(2)控制点、高程点、独立地物。

(3)水系。

(4)铁路。

(5)主要居民地。

(6)公路及附属物。

(7)次要居民地。

(8)一般道路。

(9)管线。

(10)地貌。

(11)境界、植被与土质。

(12)注记。

(13)直角坐标网(套合标准图框)。

(14)图幅接边。

(15)图廓整饰。

2.7 作业时限

10 学时。

注意:如果是在学校对学生实施教学的过程中,由于作业时间有限,为充分保证作业的速度和质量,可将作业人员分组,并指定人员协助老师负责图幅的分配和质量的检查。同时,按照图幅的难易程度和人数分成若干个图块,并进行编号,在保证完成的情况下,让每个人都能体会编图的全过程。

2.8 数据质量检查

编绘完成后,应做到自查、互查、老师抽查,以保证图幅的质量和后期工作的顺利进行。检查的主要内容包括:要素综合是否合理,是否有丢漏,符号使用是否正确,注记有无错漏等。

2.9 编绘示例

编绘示意图(局部)见图 9-23。

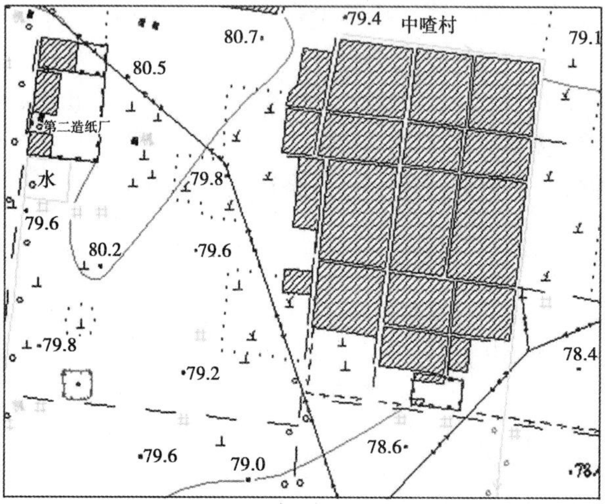

图 9-23　编绘示意图(局部)

任务 3　图幅接边

3.1 任务内容

将编绘完成的图幅,与相邻图幅进行接边。

3.2 任务要求

通过完成任务,能够掌握接边的规则和方法。

3.3 资料说明

用来接边的图幅是已经编绘完成并且通过审校的图幅,无大的错漏,符合编绘要求。

3.4　作业方法

原则上本图幅负责西、北图廓边与相邻图廓边的接边工作，但由于后期的图幅作业较慢，后期也应负责与前期图幅的接边。如图9-24所示，编号9的图幅北边是2号、西边是8号，则作9号图的人员应负责接2号图幅和8号图幅的边。接边时，要沿图廓线对各种要素分别接边。

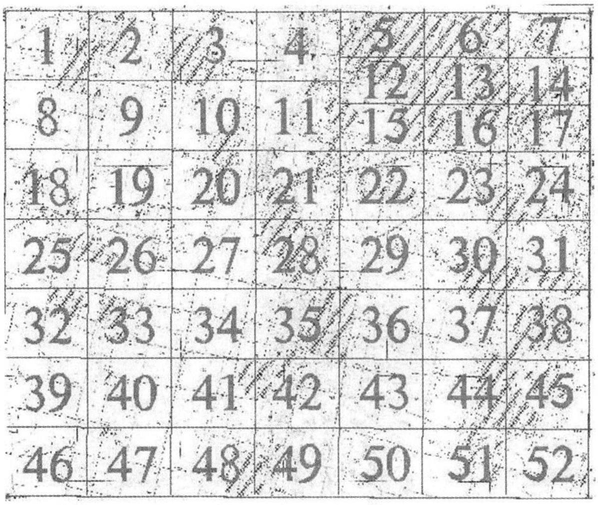

图9-24　接边示意图

3.5　作业要求

3.5.1　接边过程中的文件管理要求

接边是一个非常重要的环节，不仅有质量的要求，而且在接边的过程中也要保证数据的完整和及时更新。因此，这就要求各图幅之间要相互协调，及时沟通，也可安排专人来协调和组织，以保证接边工作能够有序地开展，要做到以下几点：

(1)在接边之前首先要做好文件的备份。

(2)应做到正在接边的图幅只有在接完一个边后才能与其他图幅接边。

(3)负责接边的作业人员，接完边后要及时将接完边的图幅返回给邻边作业人员。

3.5.2　数据接边的质量要求

相邻图幅之间的接边要素不应重复、遗漏，在图上相差0.3 mm以内的，可只移动一边要素直接接边；相差0.6 mm以内的，应图幅两边要素平均移位进行接边；超过0.6 mm的要素应检查和分析原因，由技术负责人根据实际情况决定是否进行接边，并需记录在元数据及图历簿中。

接边处因综合取舍而产生的差异应进行协调处理。经过接边处理后的要素应保持相对位置正确、属性一致、线划光滑流畅、关系协调合理，如图9-25所示。

3.6　作业步骤

(1)东、南边已完成的图幅，找已完成的西、北边图幅接边。

(2)将东西或南北边图幅文件添加到一个工程当中,与相邻内图廓进行要素的接边。

(3)在接边过程中,发现错误的核对底图后改正,发现遗漏的参照底图进行补充。

(4)接边完成后,图幅分别保存,老师进行接边检查,无问题后,东、南边负责接边的作业人员将已接完的西、北边的图返还给相应的作业人员,并做好记录。

(5)已接边完成图幅的西、北边作业人员,可再进行其他边的接边。

3.7　作业时限

4 学时。

3.8　接边示例

接边示意图见图 9-25。

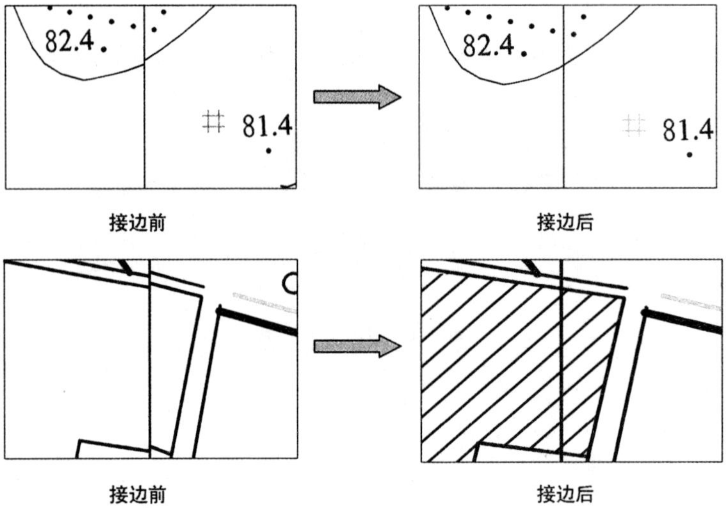

图 9-25　接边示意图

任务 4　数据整理

4.1　任务内容

编绘并接边完成后的图幅,进行数据的合并,再套合标准的 1∶2.5 万图框,最后进行图外整饰。

4.2　任务要求

通过对最终数据的整理,了解成图过程。

4.3　资料说明

进行数据整理的为编绘并接边完成后的图幅。

4.4　作业方法

4.4.1　数据合并

接完边的地图数据可进行数据的合并。此工作可先由各小组负责人将本小组的图幅合并,最终由一人将合并后的四幅1:1万图合并成一幅1:2.5万地形图。文件上交时,应将文件名按统一的标准按图块标注清楚,同时检查数据是否为最新数据;合并文件时要注意数据的备份,合并时切勿重复添加。合并后的数据要进行检查。

4.4.2　套合图框

根据编绘图的经纬度可生成图框,经过地图数据校正,将合并后的数据与1:2.5万标准图框进行套合。为保证图边各要素与图框的衔接,套合后要进行检查,可使用图框对线状要素进行裁切或对线状要素进行靠近处理。

4.4.3　图外整饰

已套合标准图框的地图数据要进行图外整饰,必须按照1:2.5地形图图式的规定进行。

4.5　作业要求

数据合并正确,图框套合符合精度要求,图外整饰符合图式要求。

4.6　作业步骤

(1)合并图幅。

(2)将合并后的图幅套合在1:2.5万标准图框。

(3)进行图外整饰。

(4)上交数据。

注:若是在学校教学的过程中实施前两项可交由每组的小组长进行,每组均要合并一幅完整的1:2.5万地形图,然后组内每位成员对这一幅地形图分别进行图外整饰,即每个人都要上交一幅完整的1:2.5万地形图,同时上交的还有每个人负责的相应图块。

4.7　作业时限

4学时。

4.8　成图示例

成图示意图(局部)见图9-26。

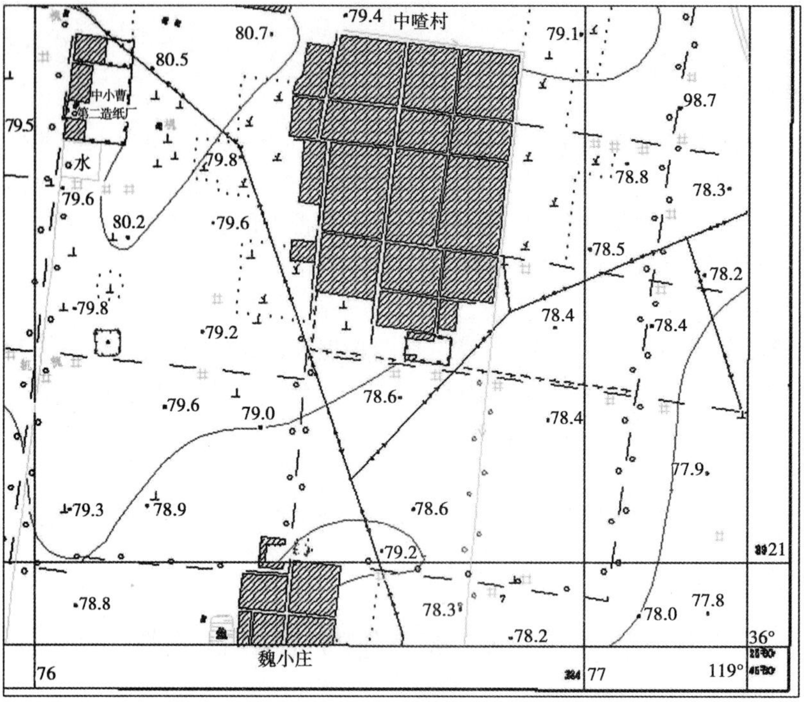

图 9-26　成图示意图(局部)

思考题

1. 什么是地图设计与地图编辑?
2. 编绘地图的技术方法是什么?
3. 地形图数据的处理包括哪些?
4. 根据长期制图实践经验,地图上各要素间的相互关系一般可按哪些原则处理?

参考文献

[1] 祝国瑞,郭礼珍,尹贡白,等. 地图设计与编绘[M]. 武汉:武汉大学出版社,2000.
[2] 何宗宜. 计算机地图制图[M]. 北京:测绘出版社,2007.
[3] 胡毓钜,龚剑文,黄伟. 地图投影[M]. 北京:测绘出版社,1980.
[4] 祝国瑞,等. 地图学[M]. 北京:测绘出版社. 2003.
[5] 王莉莉,胡安宇. 地图编制[M]. 哈尔滨:哈尔滨地图出版社,1988.
[6] 王家耀,等. 普通地图制图综合原理[M]. 北京:测绘出版社,1993.
[7] 黄国寿,季明月. 地图编制[M]. 北京:测绘出版社,1983.
[8] 尹贡白,王家耀,等. 地图概论[M]. 北京:测绘出版社,1980.